高等职业教育新形态系列教材

特种加工技术

主　编　赵　熹　甘代伟

副主编　赵小刚　刘晓青　杨茂芽

主　审　李俊涛

北京理工大学出版社
BEIJING INSTITUTE OF TECHNOLOGY PRESS

内 容 简 介

本书内容主要包括电火花加工、电火花线切割加工、快速成形、电化学加工、高能束加工、物料切蚀加工、微细特种加工等特种加工技术的基本原理、设备、工艺规律、主要特点和应用范围，将特种加工知识贯穿于各个项目任务中，内容循序渐进，标注清晰，注重实践，可操作性强。

本书内容选择合理、层次分明、结构清楚、图文并茂，适合作为高等院校和高职院校数控技术、机械制造及自动化、机械设计与制造等专业的教学用书，也可作为企业培训机构、职业技能鉴定机构培训以及生产一线相关技术人员的参考用书。

图书在版编目（CIP）数据

特种加工技术 / 赵熹，甘代伟主编. --北京：北京理工大学出版社，2022.11（2023.8 重印）

ISBN 978-7-5763-1790-9

Ⅰ. ①特… Ⅱ. ①赵… ②甘… Ⅲ. ①特种加工

Ⅳ. ①TG66

中国版本图书馆 CIP 数据核字（2022）第 195058 号

出版发行 / 北京理工大学出版社有限责任公司

社　　址 / 北京市海淀区中关村南大街 5 号

邮　　编 / 100081

电　　话 / （010）68914775（总编室）

　　　　　（010）82562903（教材售后服务热线）

　　　　　（010）68944723（其他图书服务热线）

网　　址 / http：//www.bitpress.com.cn

经　　销 / 全国各地新华书店

印　　刷 / 三河市天利华印刷装订有限公司

开　　本 / 787 毫米×1092 毫米　1/16

印　　张 / 21.5　　　　　　　　　　　　　　　责任编辑 / 孟祥雪

字　　数 / 502 千字　　　　　　　　　　　　　文案编辑 / 辛丽莉

版　　次 / 2022 年 11 月第 1 版　2023 年 8 月第 2 次印刷　　责任校对 / 周瑞红

定　　价 / 59.80 元　　　　　　　　　　　　　责任印制 / 李志强

前　言

　　特种加工技术就是借助电能、电化学能、热能、声能、光能、化学能及特殊机械能等多种能量，将其施加或复合施加到工件的被加工部位上，从而实现材料去除、变形、改变性能或镀覆等非传统加工方法的统称。近年来，特种加工技术飞速发展，在航空航天、军工、汽车、模具、冶金、机械、电子、轻纺、交通等领域得到了广泛的应用。特种加工技术已成为衡量一个国家先进制造技术水平和能力的重要标志。

　　本书主要介绍了电火花加工技术、电火花线切割加工技术、快速成形技术、电化学加工技术、高能束加工技术、物料切蚀加工技术、微细特种加工技术以及其他特种加工技术等。本书在编写过程中力求体现实用技术与必要的理论知识相统一、应用思路与技巧相统一的原则。本书编写模式新颖，文字简练，图文并茂，在每个项目结束都提供了"拓展知识"环节，以契合新课程内容的要求，同时书中的二维码部分包含了大量的拓展知识，确保良好的教学效果。全书注重实用性，强调动手操作技能的培养。考虑广大学生或相关专业技术人员的自主学习的需要，本书图文结合，并从"任务实施"中的技能需求向理论方向寻求界定相关知识的外延和内涵，避免出现"遗漏"或者"过多、过深、过难"的内容。

　　本书在内容处理上主要有以下几点说明：本书中介绍的加工方法很多，在讲授时，应着重讲解每种加工方法的相异之处，通过比较可以加深同学们对各种加工方法的理解；本书的特点是多学科交叉、知识面宽（电火花、电化学、化学、光等方面）、知识跨度大；特种加工方法很多，内容非常丰富，但教学课时有限，在教学过程中，应根据目前制造领域对特种加工技术的应用情况整合教学内容，重点介绍电火花加工技术、电火花线切割加工技术和快速成形技术，而其他加工技术如电化学加工技术等可以只做简单介绍。

　　本书由陕西国防工业职业技术学院赵熹、甘代伟担任主编，陕西国防工业职业技术学院赵小刚、刘晓青、杨茂芽担任副主编。全书共包含九个项目，具体分工如下：陕西国防工业职业技术学院赵熹编写项目一、项目二；甘代伟编写项目四、项目八、项目九；赵小刚编写项目六、项目七；刘晓青编写项目三；杨茂芽编写项目五。陕西国防工业职业技术学院李俊涛担任本书的主审。

　　在本书编写过程中，大量参阅了国内外同行有关资料，得到了特种加工界许多专家和朋友以及众多特种加工企业技术人员的支持与帮助，在此表示衷心的感谢。

　　本书力求结构体系清晰，取材新颖，便于学以致用，但科学技术发展迅猛，知识更新速度不断加快，加之编者水平有限，对内容的取舍及繁简深浅的把握难以准确，缺点错误在所难免，恳请广大读者批评指正。

编　者

目　　录

项目1 特种加工概述

项目学习导航

学习目标	➤ 素质目标 1）塑造学生爱国敬业、使命奉献的核心价值观。 2）培养学生严谨细致、精益求精的工匠精神。 3）培养学生实践应用、自主探究的创新精神。 4）培养学生团队协作、安全文明的职业素养。 ➤ 知识目标 1）了解特种加工的产生及其发展趋势。 2）掌握特种加工的特点及分类。 3）理解特种加工对材料可加工性和结构工艺性等的影响。 ➤ 能力目标 1）能根据特种加工的产生和发展举例分析科学技术中有哪些事例是"物极必反"？ 2）能指出特种加工发展过程中的难点、创新点，以启发创新性思维和科学发展观。 3）具备通过调查和查阅资料，培养学生收集、整理和分析资料的能力
教学重点	特种加工的特点及分类
教学难点	特种加工对材料可加工性和结构工艺性的影响
建议学时	2学时

项目导入

在金工实习时接触到的车、铣、刨、磨通常称为传统加工，在传统加工时必须使用比加工对象硬的刀具，通过刀具与加工对象的相对运动以机械能的形式完成加工。但目前难切削加工的材料越来越多，如硬质合金、淬火钢，甚至目前世界上最硬的金刚石，那么如何对它们进行加工正是特种加工的主要应用范畴之一。特种加工可以使用比加工对象硬度低的工具甚至没有成形的工具，通过电能、化学能、光能、热能等形式对材料进行加工，并且特种加工的形式也很多，下面就让我们了解一下特种加工吧。

1

任务分组

学生任务分配表

班级			组号		指导教师	
组长			学号			

	学号	姓名	学号	姓名
组员				

任务分工

任务描述

通过学习本部分内容，能够复述特种加工的发展趋势、特点、分类，并能够理解特种加工对材料可加工性和结构工艺性的影响。要求：以小组为单位，通过查阅相关文献、网站等，提交一份关于特种加工发展趋势的研究分析报告。

学前准备

特种加工是指那些不属于传统加工工艺范畴的加工方法。它不同于使用刀具、磨具等直接利用机械能切除多余材料的传统加工方法，泛指利用电能、热能、光能、电化学能、化学能、声能及特殊机械能等达到去除或增加材料的加工方法，从而实现材料的去除、变形、改变性能或镀覆等工艺。在学习具体特种加工方法前，先要了解特种加工的发展趋势、特点、

分类以及特种加工对材料可加工性和结构工艺性的影响等基础知识，为后面的项目实施做好
铺垫。请扫描二维码进行任务学前的准备。

学习目标

1）能复述特种加工的产生及其发展趋势。

2）能概括特种加工的特点及分类。

3）能掌握特种加工对材料可加工性和结构工艺性等的影响。

知识导图

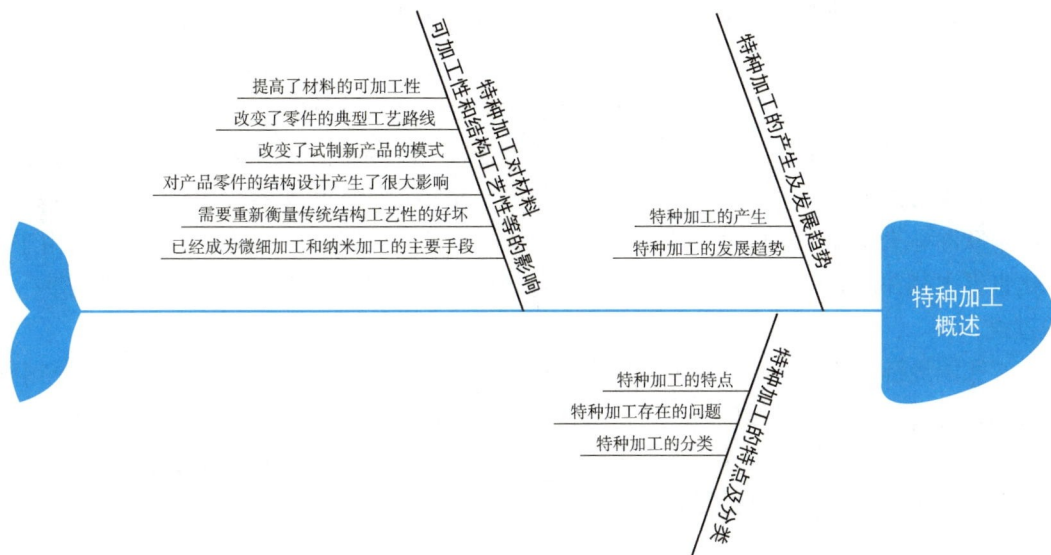

相关知识

1.1　特种加工的产生及发展趋势

1.1.1　特种加工的产生

特种加工技术的广泛应用主要始于 20 世纪 50 年代。当时出现了第一台商业化的电火花
加工机床，并且也相继发明了能满足零件几何尺寸、几何形状和精度要求的电解、电解磨削
及电铸成形等工艺技术。20 世纪 60 年代，半导体工业的振兴为电火花加工的发展提供了良

机，提高了电火花成形机床的可靠性，而且加工表面质量也得到改善。在这个时期，电火花线切割开始起步。20 世纪 60 年代末至 70 年代初，数控技术的介入使加工更加精确，同时也使电火花线切割加工技术前进了一大步。通过几十年的努力，电火花加工的电源技术、自动化技术以及控制功能都得到了极大的提高。

多学一点

中国第一台电火花加工机床诞生于 1954 年。1958 年研制成功的 DM5540 型电火花机床具有效率高、电极损耗小的优点，从而开始了电火花加工机床进入以模具加工为主的时期。

近年来，电火花加工机床产量有了飞速的增长。20 世纪末我国各种电火花加工机床年总产量在 1 万台左右，目前年产量已经增长到 5 万台左右，产量及拥有量均居世界前列。其中电火花线切割（Wire Cut Electrical Discharge Machining，WEDM）机床产量占电火花加工机床的 90%以上，已成为国内外冲压模具制造及零部件生产中不可缺少的重要装备。

目前，电火花加工机床的生产企业主要分布在日本及欧洲地区。美洲地区很少，其主要原因是日本在第二次世界大战中基础工业设施遭受毁灭性的打击，因此对于电火花加工这种新型的加工方式十分愿意接纳，同时也投入相当的精力促成了电火花加工业在日本的发展；同样在欧洲电火花加工业借助于苏联的研究成果也迅速进行了推广；对于美国而言，由于第二次世界大战并没有触及其工业基础，因此直到现在对电火花加工产业的接受仍然需要一定的过程。

在我国经济持续发展的背景下，作为特种加工最重要工艺方法的电火花加工在生产中已日益获得广泛的应用，发展极为迅速，在航空航天、军工、家电、建材等相关行业尤其是乡镇工业和家庭作坊式个体企业获得了广泛的应用，应用领域已经从传统的模具加工及特殊零件的试制加工发展到中小批量零件的加工生产。

1.1.2　特种加工的发展趋势

1）加大对特种加工的基本原理、加工机理、工艺规律、加工稳定性的研究力度，同时融合电子技术、计算机技术、信息技术和精密制造技术，使加工设备向自动化和柔性化方向发展。

2）大力开发特种加工领域中的新方法，包括难加工材料、细微加工、特殊型面加工等方面，尤其是质量高、效率高、经济型的复合加工，并与适宜的制造模式匹配，充分发挥特种加工的优势。

3）某些特种加工方法的应用会造成环境污染，甚至影响操作人员的身心健康，必须加以重视，充分做好防污、治污工作，向绿色加工方向发展。

特种加工方法的广泛应用，使机械制造技术不断面临新的挑战，也使特种加工技术获得了新的机遇。随着各种新型材料的不断问世和新工艺的不断提出，特种加工技术正在以崭新的面貌出现在加工制造领域。

1.2 特种加工的特点及分类

1.2.1 特种加工的特点

特种加工无论是在加工原理还是在加工形式上都与传统的切削加工有着本质的区别，主要体现在以下几点。

1）不是主要依靠机械能，而是采用其他能量（电能、热能、光能、化学能和电化学能等）去除工件上多余的材料；与加工对象的力学性能无关，故可加工各种硬、软、脆、耐腐蚀、高熔点、高强度等金属或非金属材料。

2）非接触加工，即加工时工具与工件不发生直接接触，工具与工件间不存在作用力，故可加工高耐磨、刚性低的工件和弹性工件。

3）由于加工时工具与工件不发生直接接触，故热应力、残余应力、冷作硬化等均比较小，可获得较低的表面粗糙度值，尺寸稳定性好。

4）两种或两种以上不同类型的能量可以相互组合，形成新的复合加工，更突出其优越性，综合加工效果明显，且便于推广使用。

总体而言，特种加工可以加工任何硬度、强度、韧性、脆性的金属或非金属材料，且专长于加工复杂、细微表面或型腔零件。

1.2.2 特种加工存在的问题

虽然特种加工已解决传统切削加工难以解决的许多问题，在提高产品质量、生产率和经济效益上显示了很大的优越性，但目前仍存在一些问题与不足。

1）有些特种加工原理（如超声波加工和激光加工等）还不十分清楚，其工艺参数的选择和加工过程的稳定性均需进一步提高。

2）有些特种加工（如电化学加工）在加工过程中会产生有毒的废渣和废气，若排放和处理不当会造成环境污染，影响人体健康。

3）有些特种加工（如快速成形和等离子弧加工等）的加工精度和生产率还有待提高。

4）有些特种加工（如电火花成形加工和电火花线切割加工等）只能加工导电材料，加工领域有待拓宽。

1.2.3 特种加工的分类

特种加工的分类在国际上还没有明确规定，目前大多是按能量形式、作用形式和加工原理进行分类，见表1-1。

表 1-1　特种加工分类

特种加工方法		能量来源及形式	作用原理	英文缩写
电火花加工	电火花成形加工	电能、热能	熔化、汽化	EDM
	电火花线切割加工	电能、热能	熔化、汽化	WEDM
电化学加工	电解加工	电化学能	金属离子阳极溶解	ECM
	电解磨削	电化学、机械能	阳极溶解、磨削	EGM（ECG）
	电解研磨	电化学、机械能	阳极溶解、研磨	ECH
	电铸	电化学能	金属离子阴极沉积	EFM
	涂镀	电化学能	金属离子阴极沉积	EPM
激光加工	激光切割、打孔	光能、热能	熔化、汽化	LBM
	激光打标记	光能、热能	熔化、汽化	LBM
	激光处理、表面改性	光能、热能	熔化、相变	LBT
电子束加工	切割、打孔、焊接	电能、热能	熔化、汽化	EBM
离子束加工	蚀刻、镀覆、注入	电能、动能	原子撞击	IBM
等离子弧加工	切割（喷镀）	电能、热能	熔化、汽化（涂覆）	PAM
化学加工	化学铣削	化学能	腐蚀	CHM
	化学抛光	化学能	腐蚀	CHP
	光刻	光能、化学能	光化学腐蚀	PCM
快速成形	液相固化法	光能、化学能	增材法加工	SL
	粉末烧结法	光能、热能		SLS
	纸片叠层法	光能、机械能		LOM
	熔丝堆积法	电能、热能、机械能		FDM
物料切蚀加工	超声波加工	声能、机械能	切蚀	USM
	磨料流加工	流体能、机械能	切蚀	AFM
	液体喷射加工	流体能、机械能	切蚀	LJC

在发展过程中也形成了某些介于常规机械加工和特种加工工艺之间的过渡性工艺。例如，在切削、磨削、研磨、疏磨过程中引入超声振动或低频振动的切削，在切削过程中通以低电压、大电流的导电切削、加热切削以及低温切削等。这些加工方法是在切削加工的基础上发展起来的，目的是改善切削条件，基本上还是属于切削加工。

在特种加工范围内还有一些属于减小表面粗糙度或改善表面性能的工艺，前者如电解抛光、化学抛光、离子束抛光等，后者如电火花表面强化、镀覆、刻字，激光表面处理、改性，电子束曝光，离子镀、离子束注入掺杂等。

为满足半导体大规模集成电路生产发展的需要，上述的电子束、离子束加工就是近年来提出的超精微加工，即所谓原子、分子单位的纳米加工方法。

此外，还有一些不属于尺寸加工的特种加工，如液中放电成形加工、电磁成形加工、爆炸成形加工及放电烧结等，本书对此未予阐述。

几种常见特种加工方法的性能、用途和工艺参数见表1-2。

表 1-2 几种常见特种加工方法的综合比较

加工方法	可加工材料	工具损耗率/% 最低/平均	材料去除率/($mm^3 \cdot min^{-1}$) 平均/最高	可达到的尺寸精度/mm 平均/最高	可达到的表面粗糙度 $Ra/\mu m$ 平均/最高	主要适用范围
电火花成形加工	任何导电的金属材料，如硬质合金、耐热钢、不锈钢、淬火钢、钛合金等	0.1/10	30/3 000	0.03/0.003	10/0.04	从数微米的孔、槽到数米的超大型模具、工件等，如圆孔、方孔、异形孔、深孔、微孔、弯孔、螺纹孔以及冲模、锻模、压铸型、塑料模、拉丝模，还可刻字、表面强化和涂覆加工
电火花线切割加工		较小可补偿	20/200①	0.02/0.002	5/0.32	切割各种冲模、塑料模、粉末冶金模等二维及三维直纹面组成的模具及零件。可直接切割各种样板、磁钢、硅钢片冲片。也常用于钼、钨、半导体材料或贵重金属的切割
短电弧加工		1/10	1 000/10^5	0.5/0.1	500/50	水泥、煤、矿石磨辊、大型钢轧辊的修复和再制造加工

续表

加工方法	可加工材料	工具损耗率/% 最低/平均	材料去除率/($mm^3 \cdot min^{-1}$) 平均/最高	可达到的尺寸精度/mm 平均/最高	可达到的表面粗糙度 $Ra/\mu m$ 平均/最高	主要适用范围
电解加工	任何导电的金属材料，如硬质合金、耐热钢、不锈钢、溶火钢、钛合金等	不损耗	100/10 000	0.1/0.01	1.25/0.16	从细小零件到1 t的超大型工件及模具，如仪表微型小轴、齿轮上的毛刺、涡轮叶片、炮管膛线、螺旋花键孔等各种异形孔、锻模、铸型以及抛光等
电解磨削		1/50	1/100	0.02/0.001	1.25/0.04	硬质合金等难加工材料的磨削，如硬质合金刀具、量具、轧辊、小孔、深孔、细长杆磨削，以及超精光整研磨、珩磨
超声加工	任何脆性加工	0.1/10	1/50	0.03/0.005	0.63/0.16	加工、切割脆硬材料，如玻璃、石英、宝石、金刚石、半导体单晶锗和硅等。可加工型孔、型腔、小孔、深孔以及切割等
激光加工	任何材料	不损耗（三种加工方法没有成形的工具）	瞬时去除率很高，受功率限制，平均去除率不高	0.01/0.001	10/1.25	精密加工小孔、窄缝及成形切割、刻蚀，如金刚石拉丝模、钟表宝石轴承、化学纤维喷丝孔、镍、不锈钢板上的小孔，钢板、石棉、纺织品、纸张，还可进行焊接和热处理
			很低[2]	/0.01 μm		

加工方法	可加工材料	工具损耗率/% 最低/平均	材料去除率/($mm^3 \cdot min^{-1}$) 平均/最高	可达到的尺寸精度/mm 平均/最高	可达到的表面粗糙度 Ra/μm 平均/最高	主要适用范围
电子束加工	任何材料	不损耗（三种加工方法没有成形的工具）	瞬时去除率很高，受功率限制，平均去除率不高	0.01/0.001	1.25/0.2	在各种难加工材料上打微孔、切缝、蚀刻、曝光以及焊接等，现常用于制造中、大规模集成电路微电子器件
离子束加工			很低②	0.01μm	/0.01	对零件表面进行超精密、超微量加工、抛光、蚀刻、掺杂、镀覆、注入等表面改性等
水射流切割	钢铁、石材	无损耗	>300	0.2/0.1	20/5	下料、成形切割、剪裁
快速成形	增材加工，无可比性			0.3/0.1	10/5	快速制作样件、模具

注：①线切割加工的金属去除率按惯例均以 mm^3/min 为单位。单向走丝和往复走丝机床间指标差异较大。

②这类工艺主要用于精微和超精微加工，不能单纯比较材料的去除率。

1.3　特种加工对材料可加工性和结构工艺性等的影响

由于上述各种特种加工工艺的特点以及逐渐广泛的应用，引起了机械制造工艺技术领域内的许多变革，如对材料的可加工性、工艺路线的安排、新产品的试制过程、产品零件设计的结构、零件结构工艺性好坏的衡量标准等产生了一系列影响，归纳起来主要有以下 6 个方面。

1. 提高了材料的可加工性

以往认为金刚石、硬质合金、溶火钢、石英、玻璃、陶瓷等材料都是很难加工的，现在已广泛采用金刚石、聚晶（人造）金刚石、硬质合金制造的刀具、工具、拉丝模具，可用电火花、电解、激光等多种方法来对它们进行加工。材料的可加工性不再与硬度、强度、韧性、脆性等成直接、比例关系。对电火花、线切割加工而言，溶火钢比未溶火钢更易加工。特种加工方法使材料的可加工范围从普通材料发展到硬质合金、超硬材料和特殊材料。

2. 改变了零件的典型工艺路线

以往除磨削外，其他切削加工、成形加工等都必须安排在淬火热处理工序之前。而特种加工的出现改变了这种一成不变的程序格式。由于它基本上不受工件硬度的影响，而且为了避免加工后淬火引起热处理变形，一般都是先淬火后加工。最典型的是电火花线切割加工、电火花成形加工和电解加工等。

3. 改变了试制新产品的模式

以往在试制新产品时，必须先设计、制造相应的刀具、夹具、量具、模具以及二次工装，现在采用数控电火花线切割，可以直接加工出各种标准和非标准直齿轮（包括非圆齿轮、非渐开线齿轮），微型电动机定子、转子硅钢片，各种变压器铁芯，各种特殊、复杂的二次曲面体零件。这样可以省去设计和制造相应的刀具、夹具、量具、模具及二次工装，大大缩短了试制周期。快速成形技术更是试制新产品的必要手段，它改变了过去传统的产品试制模式。

4. 对产品零件的结构设计产生了很大影响

特种加工对产品零件结构的影响主要表现为由部件拼镶结构改为整体结构，如各种变压器的山形硅钢片硬质合金冲模，过去由于不易制造，往往采用拼镶结构，而采用电火花线切割加工以后，可做成整体结构。喷气发动机涡轮也由于电加工的出现而采用扭曲叶片带冠整体结构，大大提高了发动机的性能。特种加工使产品零件可以更多地采用整体结构。

5. 需要重新衡量传统结构工艺性的好坏

过去认为方孔、小孔、深孔、弯孔、窄缝等是工艺性很差的典型，是设计和工艺技术人员非常忌讳的，有的甚至是禁区。特种加工改变了这种情况。对于电火花穿孔、电火花线切割工艺来说，加工方孔和加工圆孔的难易程度是一样的。喷油嘴小孔，喷丝头小异形孔，涡轮叶片上的大量小冷却深孔，窄缝，静压轴承、静压导轨的内油囊型腔，采用电加工后变难为易了。以前如果淬火前忘记钻定位销孔、铣槽等，则淬火后的工件只能报废，现在却可用电火花打孔、切槽进行补救。以前很多不可修复的废品，现在都可用特种加工方法修复。例如，啮合不好的齿轮，可用电火花跑合；尺寸磨小的轴、磨大的孔以及工作中磨损的轴和孔，可用电刷镀修复。特种加工使现代产品结构中可以大量采用小孔、小深孔、小斜孔、深槽和窄缝。

6. 已经成为微细加工和纳米加工的主要手段

近年来出现并快速发展的微细加工和纳米加工技术，主要是电子束、离子束、激光、电火花、电化学等电物理、电化特种加工技术。学习和掌握了特种加工技术，设计和工艺技术人员就能在产品设计中采用制造更易、性能更好、尺寸结构更小，甚至是微细的结构。

任务实施

步骤一：在中国知网上检索近年来特种加工技术发展的相关文献。

步骤二：总结近年来特种加工技术发展现状。

步骤三：针对特种加工对材料可加工性和结构工艺性等的影响做具体论述。

问题探究

1）常见的特种加工主要有＿＿＿＿＿、＿＿＿＿＿、＿＿＿＿＿、＿＿＿＿＿、＿＿＿＿＿、＿＿＿＿＿、＿＿＿＿＿、＿＿＿＿＿等加工方法。

2）特种加工主要有＿＿＿＿＿、＿＿＿＿＿、＿＿＿＿＿、＿＿＿＿＿等特点。

3）特种加工对材料的可加工性和结构工艺性有＿＿＿＿＿、＿＿＿＿＿、＿＿＿＿＿、＿＿＿＿＿、＿＿＿＿＿、＿＿＿＿＿等影响。

任务评价

任务评价按照学生任务分配表中的项目和评分标准进行。

活动过程小组评价表

		特种加工概述					
序号	考核评价指标		评价要素	学生自评	小组互评	教师评价	配分	成绩
1	过程考核	专业能力	了解特种加工及其发展趋势				30	
			掌握特种加工的特点					
			掌握特种加工的分类					
			熟悉特种加工方法采用的能量形式					
			掌握特种加工对材料可加工性和结构工艺性的影响					
2		方法能力	特种加工基础知识信息搜集，自主学习，分析、解决问题，归纳总结及创新能力				30	
3		社会能力	团队协作、沟通协调、语言表达能力				10	
4	常规考核		自学笔记				10	
5			课堂纪律				10	
6			回答问题				10	

总结反思

1）学到的新知识有哪些？

_____

_____

2）掌握的新技能有哪些？

_____

_____

3）你对自己在本次任务中的表现是否满意？写出课后反思。

_____

_____

_____

拓展知识

请扫描二维码进行拓展知识的学习。

项目思考与练习

1-1　何谓特种加工？特种加工主要有哪些加工方法？

1-2　为什么特种加工能用来加工难加工的材料和形状复杂的工件？

1-3　特种加工对材料的可加工性和结构工艺性有哪些影响？

1-4　试举出几种特种加工工艺对材料的可加工性和结构工艺性产生重大影响的实例。

1-5　试从每种特种加工方法从无到有，从不完善逐步发展到较为完善，写一篇或多篇科普性论文，指出发展过程中的难点、创新点，以启发创新性思维和科学发展观。

项目 2　电火花加工技术

学习目标	➢ 素质目标 　1）塑造学生爱国敬业、使命奉献的核心价值观。 　2）培养学生严谨细致、精益求精的工匠精神。 　3）培养学生实践应用、自主探究的创新精神。 　4）培养学生团队协作、安全文明的职业素养。 ➢ 知识目标 　1）掌握电火花加工的原理及类型。 　2）理解电火花加工的微观过程。 　3）理解电火花加工的基本规律。 　4）了解电火花成形加工机床的结构及分类。 　5）掌握电火花成形加工方法。 　6）理解电火花加工工艺。 　7）掌握数控电火花编程。 ➢ 能力目标 　1）能理解电火花加工的原理、分类、微观过程及基本规律。 　2）能掌握电火花成形加工方法和电火花加工工艺。 　3）能掌握数控电火花编程方法
教学重点	电火花成形加工机床的结构及组成、电火花加工工艺及编程方法
教学难点	电火花加工的原理、微观过程、基本规律及电火花成形加工方法
建议学时	8 学时

项目导入

　　提到电火花加工必然会联想到模具制造，这是因为电火花加工与模具制造有着密不可分的联系，如人们日常生活中用到的塑料制品都是采用注塑模具生产的，其模具加工过程基本上是采用机械切削加工模具的外表及粗铣型腔的，而对于采用刀具精铣困难或无法精铣的部位则采用电火花成形加工的方式用纯铜（俗称"紫铜"）或石墨成形电极进行拷贝式加工，

13

将电极的形状拷贝到工件表面，因此电火花成形加工是模具加工的必要手段。

图 2-1 所示为孔形模具型腔零件，这类零件加工的特点是：材料较硬、尺寸精度高、表面粗糙度要求高、位置精度高。如何用电火花加工该零件呢？通过本项目相关内容的学习，就可以完成该零件的加工。同时将学习什么是电火花加工；其加工的微观过程有什么特征和规律；其用于成形加工的电火花成形加工机床的主要组成有哪几部分；加工的工艺及规律如何；加工过程需要注意什么；除了电火花成形加工外，还有哪些电火花加工的方式等内容。

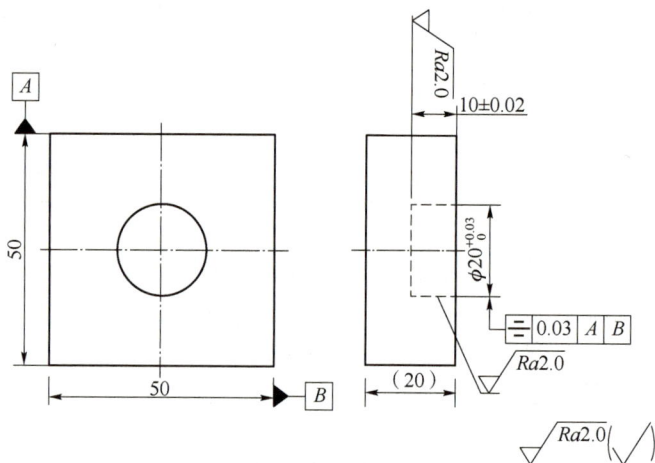

图 2-1 孔形模具型腔零件

任务分组

学生任务分配表

班级		组号		指导教师	
组长		学号			
组员	学号	姓名	学号	姓名	
	任务分工				

2.1　电火花加工的原理及分类

任务描述

　　通过学习本部分内容，能够复述电火花加工的原理及分类。要求：以小组为单位，通过查阅相关文献、网站等，总结关于当前电火花加工的应用，并提交一份对应的研究分析报告。

学前准备

　　电火花加工又称放电加工，从 20 世纪 40 年代开始研究并逐步应用于生产。它是在加工过程中，使工具和工件之间不断产生脉冲性的火花放电，靠放电时局部、瞬时产生的高温把金属蚀除下来。因加工时放电过程中可见到火花，故我国称之为电火花加工。日本、英国、美国称之为放电加工，俄罗斯称为电蚀加工。通过本任务的学习，可以了解电火花加工的原理及分类。请扫描二维码进行任务学前的准备。

学习目标

1）了解电火花加工的产生。
2）能复述电火花加工的基本原理。
3）能复述电火花加工的特点。
4）能概括电火花加工的类型及适用范围。

知识导图

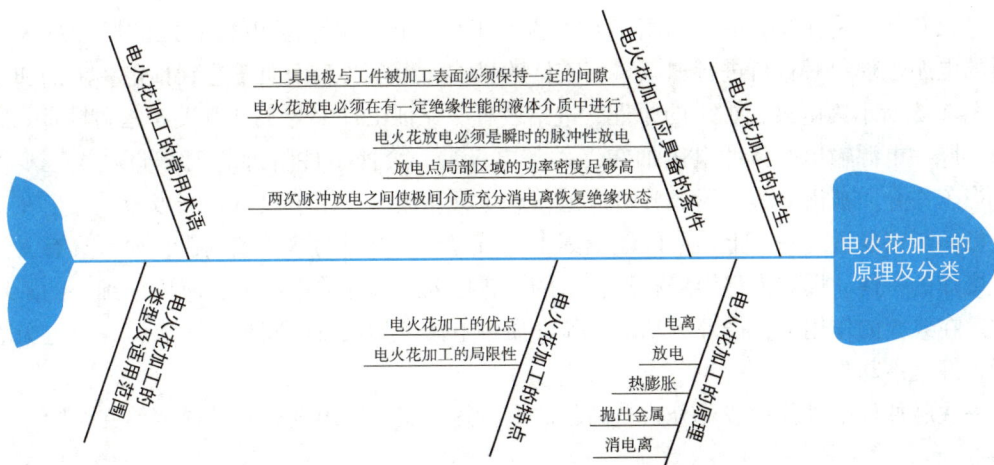

相关知识

2.1.1 电火花加工的产生

在日常生活中，我们经常使用各种电器开关，尤其是当开关破损时，常常会伴随"噼噼啪啪"声，还时常见到蓝色的火花，开关处会出现小黑点，产生接触不良。1870 年，英国科学家普里斯特利（Priestley）最早发现电火花对金属的腐蚀作用。1943 年，苏联科学家拉扎连科夫妇率先对这种电腐蚀现象做了进一步研究，从而发现了一种新的金属加工方法——电火花加工。

电火花加工又称电蚀加工或放电加工，其加工过程与传统的机械加工完全不同。它是利用工件电极与工具电极之间的间隙脉冲放电所产生的局部、瞬时高温将工件表面材料熔化甚至汽化，逐步蚀除工件上的多余材料，以达到加工的目的。目前世界各国统称电火花加工为放电加工，简称电加工。

多学一点

电火花加工是在一定的加工介质（工作液）中，通过工具电极和工件电极之间脉冲放电时的电腐蚀作用，对工件进行加工的一种工艺方法。电火花加工是模具制造中的一种重要的加工手段。它利用电极和工件在工作介质（煤油）中进行小间隙的脉冲放电，使工件产生电腐蚀。由于电极和工件微观表面凹凸不平，工作介质中也混有杂质，在工件和电极间施加电压后所产生的电场强度分布很不均匀，距离最近且绝缘最差的部分最先被击穿而放电。经过连续多次的脉冲放电，最后把工件加工成与电极表面凹凸情况刚好相反的形状。

2.1.2 电火花加工的原理

电火花加工是在介质中，利用工具电极和工件电极（正、负电极）之间脉冲性火花放电时的电腐蚀现象对材料进行加工，使零件的尺寸、形状及表面质量达到预定要求的加工方法。图 2-2 所示为电火花加工的原理，进给装置 2 保证工件 1 与工具电极 3 之间具有一定的间隙，脉冲电源输出的脉冲电压加在工件与电极上，会使工件附近的工作介质 4 逐步被电离。当工作介质被击穿时，形成放电通道，产生火花放电。由于放电时间极短且发生在工件与电极间距离最近的一点上，所以能量集中，引起金属材料的熔化或汽化，而且具有突然膨胀、爆炸的特性。爆炸力将熔化和汽化了的金属抛入工作介质中冷却，凝固成细小的圆球状颗粒。在泵 5 的作用下，循环流动的工作介质将电蚀产物从放电间隙中排出，并对电极表面进行较好地冷却。

一次脉冲放电过程一般可分为电离、放电、热膨胀、抛出金属和消电离等几个阶段，如图 2-3 所示。

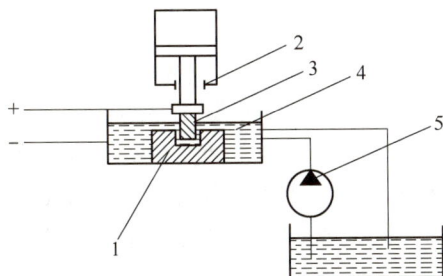

图 2-2 电火花加工的原理

1—工件；2—进给装置；3—工具电极；4—工作介质；5—泵

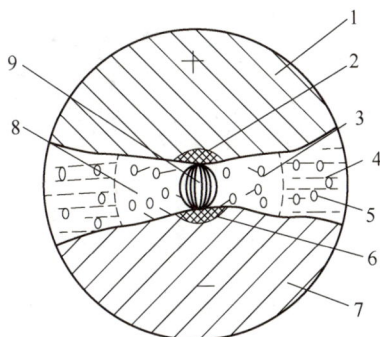

图 2-3 电火花放电微观示意图

1—阳极；2—阳极汽化、熔化区；3—熔化的金属颗粒；4—工作介质；5—凝固的金属颗粒；
6—阴极气化、熔化区；7—阴极；8—气泡；9—放电通道

（1）电离

由于工件和电极表面存在着微观的凹凸不平，在两者间相距最近的点上电场强度最大，会使附近的工作介质首先被电离为电子和正离子。

（2）放电

在电场作用下，电子高速奔向阳极，正离子奔向阴极，产生火花放电，形成放电通道。

（3）热膨胀

由于放电通道中电子和正离子高速运动时相互碰撞，产生大量热能。阳极和阴极表面受高速电子和正离子流的撞击，启动能也转化为热能。在热源作用区的电极和工件表层金属很快熔化，甚至汽化，具有突然膨胀、爆炸的特性（可听到"噼啪"声）。

（4）抛出金属

热膨胀具有的爆炸力将熔化和汽化了的金属抛入附近的工作介质中冷却，凝固成细小的圆球状颗粒，其直径因脉冲能量而异。

（5）消电离

在一次脉冲放电后的停顿间歇时间，放电区的带电粒子复合为中性粒子，工作介质恢复绝缘性，以实现下一次脉冲放电。

多学一点

当两电极间的间隙达到一定距离时，两电极上施加的脉冲电压将工作介质击穿，产生电火花放电。在放电的微细通道中瞬时集中大量的热能，温度可高达1万℃以上，压力也有急剧变化，从而使这一点工作表面局部微量的金属材料立刻熔化、汽化，并爆炸式地飞溅到工作液中，迅速冷凝，形成固体的金属微粒，被工作液带走。这时在工件表面上便留下一个微小的凹坑痕迹，放电短暂停歇，两电极间工作液恢复绝缘状态，如图2-4所示。

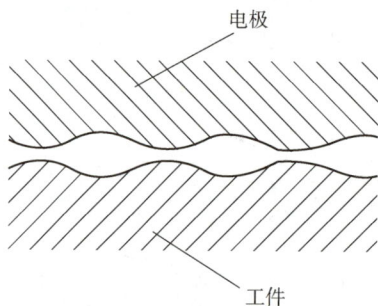

图2-4　工件加工表面局部放大图

利用电火花放电产生的电腐蚀效果加工工件，必须解决以下几个问题。

1）工具和工件之间必须保持一定的放电间隙，其间隙数值视具体的加工条件而定，一般为0.01~0.50 mm。如果间隙过大，两极间电压可能无法击穿工作介质，无法产生电火花；反之，如果间隙过小，有可能引起短路，产生持续放电，烧毁工件。所以，需要一个伺服进给系统，来确保工件和电极之间的间隙保持一个合适的数值。

2）电火花放电必须是脉冲放电，一般脉冲延续时间为$t_i = 1 \sim 1\,000$ μs，而脉冲停歇时间一般为$t_0 = 20 \sim 100$ μs，这样才能使放电产生的热量和腐蚀下来的金属材料被流动的工作介质带走，否则便会产生电弧放电，烧伤工件而无法达到加工的目的。因此，电火花加工需要脉冲电源。

3）电火花放电必须在一定的绝缘介质中进行（如煤油、乳化液和去离子水等），以利于产生脉冲性火花放电，同时带走放电产物并对工件进行冷却。因此，电火花加工需要工作介质循环系统。

2.1.3　电火花加工应具备的条件

实现电火花加工应具备以下条件。

1）工具电极与工件被加工表面必须保持一定的间隙，一般是几微米至数百微米。若两电极间隙过大，则脉冲电压不能击穿介质而产生电火花放电；若间隙过小，两极间形成短路接触，同样也不能产生电火花放电。因此加工中必须用自动进给调节机构来保证加工间隙随加工状态而变化。

2）电火花放电必须在有一定绝缘性能的液体介质中进行，如煤油、皂化液或去离子水等。液体介质有压缩放电通道的作用，同时液体介质还能把电火花加工过程中产生的金属蚀除产物、炭黑等从放电间隙中排出去，并对电极和工件起到较好地冷却作用。

3）电火花放电必须是瞬时的脉冲性放电，如图 2-5 所示，放电间隙加上电压后，延续一段时间 t_i 需停歇一段时间 t_0，延续时间 t_i 一般为 $1 \sim 1\ 000\ \mu s$，停歇时间 t_0 一般需 $20 \sim 100\ \mu s$，由于放电时间短，放电所产生的热量来不及传导扩散到其余部分，能量集中，温度高，放电点集中在很小的范围内。否则，会形成持续电弧放电，使表面烧伤而无法用作尺寸加工。图 2-5 上部为脉冲电源的空载、火花放电、短路电压波形，其下对应地为空载电流、火花放电电流和短路电流。图中 t_i 为脉冲延续时间（脉冲宽度），t_0 为脉冲间隔时间，t_d 为击穿延时，t_e 为放电时间，t_p 为脉冲周期，$\hat{u}_i$ 为脉冲峰值电压或空载电压，一般为 $80 \sim 100$ V，$\hat{i}_e$ 为脉冲峰值电流，$\hat{i}_s$ 为短路峰值电流。

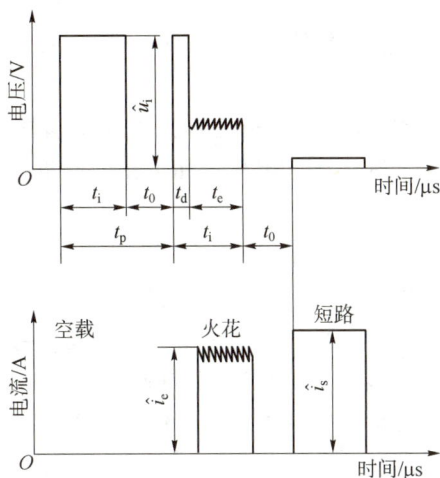

图 2-5　晶体管脉冲电源的电压及电流波形

4）放电点局部区域的功率密度足够高，即放电通道要有很高的电流密度。放电时所产生的热量足以使放电通道内金属局部产生瞬时熔化甚至汽化，从而在被加工材料表面形成一个电蚀凹坑。

5）在先后两次脉冲放电之间，需要有足够的停歇时间去排除电蚀产物，使极间介质充分消电离恢复绝缘状态，以保证下次脉冲放电不在同一点进行，避免形成电弧放电，使重复性脉冲放电顺利进行。

2.1.4　电火花加工的特点

电火花加工是靠局部热效应实现的，它和机械加工相比有独特的特点。

1. 电火花加工的优点

1）适合于难切削材料的加工。由于加工中材料的去除是靠放电时的电热作用实现的，材料的可加工性主要取决于材料的导电性及其热学特性，如熔点、沸点、比热容、热导率、电阻率等，而几乎与其力学性能（硬度、强度等）无关。因此可以突破传统切削加工中对刀具的限制，实现用软的工具加工硬、韧的工件，适合难以切削加工甚至无法加工的特殊材料，如溶火钢、硬质合金、耐热合金，甚至可以加工像聚晶金刚石、立方氮化硼一类的超硬材料。目前电极材料多采用纯铜（俗称紫铜）、黄铜或石墨制造，因此工具电极较容易加工。

2）可以加工特殊及复杂形状的表面和零件。由于加工中工具电极和工件不直接接触，没有机械加工宏观的切削力，因此适宜加工低刚度工件及做微细加工。由于可以简单地将工具电极的形状复制到工件上，因此特别适用于复杂表面形状工件的加工，如复杂型腔模具加工等。数控技术的采用使用简单电极加工形状复杂的工件也成为可能。

3）易于实现加工过程的自动化。电火花加工直接利用电能加工，而电能、电参数较机械量易于实现数字控制、适应控制、智能化控制和无人化操作等。

4）可以通过改进结构设计，改善结构的工艺性。可以将拼镶结构的硬质合金冲模改为用电火花加工的整体结构，减少加工和装配工时，延长使用寿命。例如，喷气发动机的叶轮采用电火花加工后可以将拼镶、焊接结构改为整体叶轮制造，既大大提高了工作的可靠性，又可减小体积和质量。

5）脉冲放电持续时间极短，放电时产生的热量传导范围小，材料受热影响范围小。

2. 电火花加工的局限性

1）一般只能加工金属等导电材料。电火花加工不像切削加工那样可以加工塑料、陶瓷等绝缘的导电材料。但近年来研究表明，电火花加工在一定条件下也可加工半导体和聚晶金刚石等非导体超硬材料。

2）加工速度一般较慢。电火花加工蚀除率不高，因此通常安排工艺时多采用切削方法去除大部分余量，然后再进行电火花加工，以从而提高生产率。但已有研究成果表明，采用特殊水基不燃性工作液进行电火花加工，其粗加工生产率基本接近于切削加工。

3）存在电极损耗。由于电火花加工靠电热来蚀除金属，电极也会产生损耗，而且电极损耗多集中在尖角或底面，因此会影响成形精度。但近年来粗加工时已能将电极相对损耗率降至0.1%，甚至更小。

4）最小角部半径有限制。一般电火花加工能得到的最小角部半径略大于加工放电间隙（通常为0.02~0.03 mm），若电极有损耗或采用平动头加工，则角部半径还要增大。但近年来的多轴数控加工机床采用X、Y、Z轴数控摇动加工，可以棱角分明地加工出方孔、窄槽的侧壁和底面。

5）加工表面有变质层甚至微裂纹。

想一想

电火花加工为什么一般只能加工金属等导电材料？请同学们查阅资料了解相关内容。

2.1.5 电火花加工的常用术语

多学一点

根据中国机械工程学会电加工学会公布的材料，电火花加工常用的术语包含放电加工、放电间隙、放电时间、峰值电流等具体概念，请同学们扫码学习。

2.1.6　电火花加工的类型及适用范围

按工具电极和工件相对运动的方式和用途不同，电火花加工大致可分为电火花穿孔成形加工、电火花线切割加工、电火花内孔、外圆和成形磨削电火花同步共轭回转加工、电火花高速小孔加工、电火花表面强化与刻字六大类。前五类属于电火花成形、尺寸加工，是用于改变工件形状和尺寸的加工方法；后者则属于表面加工方法，用于改善或改变零件表面性能。目前以电火花穿孔成形和电火花线切割应用最为广泛。表 2-1 所示为电火花加工的类型及适用范围。

表 2-1　电火花加工的类型及适用范围

类别	工艺类型	特点	适用范围	备注
1	电火花穿孔成形加工	（1）工具电极和工件间有一个相对的伺服进给运动；（2）工具为成形极，与被加工表面有相对应的形状	（1）穿孔加工：各种冲模、挤压模、粉末冶金模、异形孔及微孔等；（2）型腔加工：各类型腔模及各种复杂的型腔工件	约占电火花加工机床总数的 20%，典型机床有 DK7125、D7140 等电火花穿孔成形机床
2	电火花线切割加工	（1）工具电极为移动的线状电极；（2）工具与工件在水平方向同时有相对伺服进给运动	（1）切割各种冲模和具有直纹面的零件；（2）下料、截割和窄缝加工	约占电火花加工机床总数的 70%，典型机床有 DK7725、DK7632 等数控电火花线切割机床
3	电火花内孔、外圆和成形磨削	（1）工具与工件有相对的旋转运动；（2）工具与工件间有径向和轴向的进给运动	（1）加工高精度、表面粗糙度值小的小孔，如拉丝模、挤压模、微型轴承内环、钻套等；（2）加工外圆、小模数滚刀等	占电火花加工机床总数的 2%～3%，典型机床有 D6310 电火花小孔内圆磨床等
4	电火花同步共轭回转加工	（1）成形工具与工件均做旋转运动，但两者角速度相等或成整倍数，相对应接近的放电点可有切向相对运动速度；（2）工具相对工件可做纵、横向进给运动	以同步回转、展成回转、倍角速度回转等不同方式，加工各种复杂型面的零件，如高精度的异形齿轮精密螺纹环规，高精度、高对称度、表面粗糙度值小的内、外回转体表面等	占电火花加工机床总数不足 1%，典型机床有 JN-2、JN-8 内外螺纹加工机床等

续表

类别	工艺类型	特点	适用范围	备注
5	电火花高速小孔加工	（1）采用细管（通常直径为 $\phi 0.3 \sim 3.0$ mm）电极，管内充入高压水； （2）细管电极旋转； （3）穿孔速度高（30~60 mm/min）	（1）线切割的穿丝孔； （2）深径比很大的小孔，如喷嘴等	约占电火花加工机床总数的5%，典型机床有 D703A 电火花高速小孔加工机床等
6	电火花表面强化、刻字	（1）工具在工件表面上振动，在空气中火花放电； （2）工具相对工件移动	（1）模具刃口，刀量具刃口表面强化和镀覆； （2）电火花刻字、打印记	占电火花加工机床总数的1%~2%，典型设备有 D9105 电火花强化机等

任务拓展

了解电火花加工技术的发展，请扫描二维码进行学习。

任务实施

步骤一：查阅电火花加工原理及分类的相关文献资料。
步骤二：总结电火花加工应具备的条件及特点。
步骤三：针对电火花加工应用领域做具体论述。

问题探究

1）电火花加工又称为_____加工或_____加工。

2）一次脉冲放电过程一般可分为_____、_____、_____、_____和_____等几个阶段。

3）工具电极与工件被加工表面必须保持一定的间隙，一般是_____微米至数百微米。

4）按工具电极和工件相对运动的方式和用途不同，电火花加工大致可分为_____、_____、_____、_____、_____、电火花表面强化与刻字六大类。

任务评价

任务评价按照学生任务分配表中的项目和评分标准进行。

活动过程小组评价表

电火花加工的原理及分类							
序号	考核评价指标		评价要素	学生自评	小组互评	教师评价	配分	成绩
1	过程考核	专业能力	电火花加工的原理				30	
			电火花加工应具备的条件					
			电火花加工的特点					
			电火花加工的常用术语					
			电火花加工的类型及适用范围					
2		方法能力	电火花加工基础知识信息搜集，自主学习，分析、解决问题，归纳总结及创新能力				30	
3		社会能力	团队协作、沟通协调、语言表达能力				10	
4	常规考核		自学笔记				10	
5			课堂纪律				10	
6			回答问题				10	

总结反思

1）学到的新知识有哪些？

_____

_____

2）掌握的新技能有哪些？

_____

_____

3）你对自己在本次任务中的表现是否满意？写出课后反思。

_____

_____

_____

2.2　电火花加工的微观过程

任务描述

通过学习本部分内容，能够熟悉电火花放电的 4 个连续阶段。要求：以小组为单位，查阅相关文献或网站，总结复述电火花加工的整个微观过程。

学前准备

在电火花放电时，在微小的电火花加工放电间隙中，电极表面的金属材料究竟是怎样被蚀除下来的？这一微观的物理过程是电火花加工的物理本质。了解这一微观过程，有助于掌握电火花加工的基本规律，从而对脉冲电源、进给装置、机床设备等提出合理的要求。请扫描二维码进行任务学前的准备。

学习目标

1）能复述如何形成放电通道。
2）能复述电极材料的熔化、汽化、热膨胀。
3）能复述电极材料的抛出。
4）能复述极间介质的消电离。

知识导图

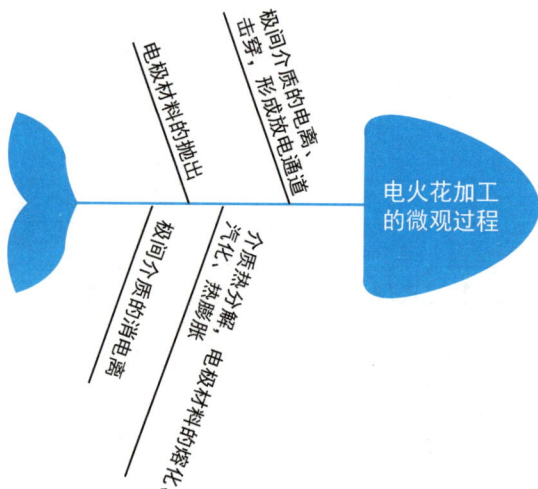

极间介质的电离、击穿，形成放电通道

电极材料的抛出

电火花加工的微观过程

介质热分解、汽化、热膨胀，电极材料的熔化、

极间介质的消电离

相关知识

每次电火花放电的微观过程都是电场力、磁力、热力、流体动力、电化学和胶体化学等综合作用的过程。这一过程大致可分以下 4 个连续阶段：极间介质的电离、击穿，形成放电通道；介质热分解，电极材料的熔化、汽化、热膨胀；电极材料的抛出；极间介质的消电离。

2.2.1　极间介质的电离、击穿，形成放电通道

当脉冲电压施加于工具电极与工件之间时，两极之间立即形成一个电场。电场强度与电压成正比，与距离成反比，随着极间电压的升高或者极间距离的减小，极间电场强度将增大。由于工具电极和工件的微观表面是凹凸不平的，极间距离又很小，因而极间电场强度是很不均匀的，两极间距离最近的 A、B 处电场强度最大，如图 2-6（a）所示。

工具电极与工件电极之间充满着液体介质，液体介质中不可避免地含有杂质及自由电子，它们在强大的电场作用下形成了带负电的粒子和带正电的粒子，电场强度越大，带电粒子就越多，最终导致液体介质电离、击穿，形成放电通道。放电通道是由大量高速运动的带正电和带负电的粒子及中性粒子组成的。由于通道截面很小，通道内因高温热膨胀形成的压力高达几万帕，高温高压的放电通道急速扩展，产生一个强烈的冲击波向四周传播。在放电的同时还伴随着光效应和声效应，这就形成了肉眼所能看到的电火花。

2.2.2　介质热分解，电极材料的熔化、汽化、热膨胀

液体介质被电离、击穿，形成放电通道后，通道间带负电的粒子奔向正极，带正电的粒子奔向负极，粒子间相互撞击，产生大量的热能，使通道瞬间达到很高的温度。通道高温首先使工作液汽化，进而气化，然后高温向四周扩散，使两电极表面的金属材料开始熔化直至沸腾汽化。汽化后的工作液和金属蒸气瞬间体积猛增，形成了爆炸的特性，如图 2-6（b）、图 2-6（c）所示。所以在观察电火花加工时，可以看到工件与工具电极间有冒烟的现象，并听到轻微的爆炸声。

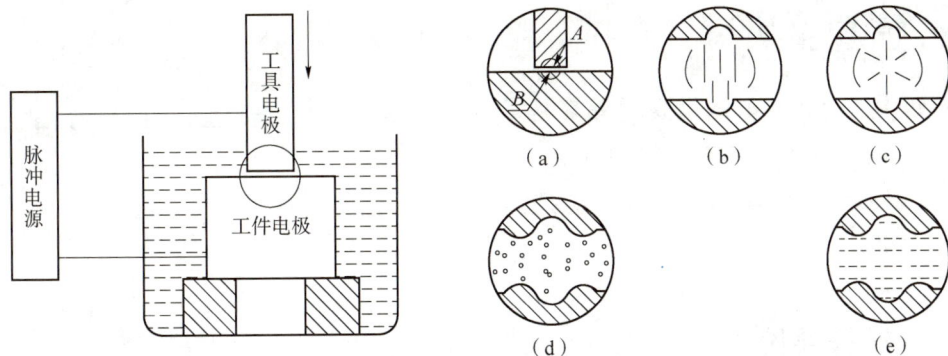

图 2-6　电火花加工的微观过程

2.2.3 电极材料的抛出

正负电极间产生的电火花使放电通道产生高温高压。通道中心的压力最高，工作液和金属汽化后不断向外膨胀，形成内外瞬间压力差，高压力处的熔融金属液体和蒸气被排挤，抛出放电通道，大部分被抛入工作液中。由于表面张力和内聚力的作用，抛出的材料具有最小的表面积，冷凝时凝聚成细小的圆球颗粒，如图 2-6（d）所示。仔细观察电火花加工，可以看到橘红色的火花四溅，这就是被抛出的高温金属熔滴和碎屑。熔化和汽化了的金属在抛离电极表面时，向四处飞溅，除绝大部分抛入工作液中并收缩成小颗粒以外，还有一小部分飞溅、镀覆、吸附在对面的电极表面上。这种互相飞溅、镀覆及吸附的现象，在某些条件下可以用来减少或补偿工具电极在加工过程中的损耗。

2.2.4 极间介质的消电离

工作液流入放电间隙，将电蚀产物及残余的热量带走，并恢复绝缘状态，如图 2-6（e）所示。若电火花放电过程中产生的电蚀产物来不及排除和扩散，产生的热量将不能及时导出，使该处介质局部过热，局部过热的工作液高温分解、积炭，使加工无法继续进行，并烧坏电极。因此，为了保证电火花加工过程的正常进行，在两次放电之间必须有足够的时间间隔让电蚀产物充分排出，恢复放电通道的绝缘性，使工作液介质消电离。

到目前为止，人们对于电火花加工的微观过程的了解还很不足，诸如工作液成分的影响、间隙介质的击穿、放电间隙内的状况、正负电极间能量的转换与分配、材料的抛出，以及电火花加工过程中热场、流场、力场的变化，通道结构及其高频振荡等，都还需要进一步研究。

任务实施

步骤一：上网检索电火花放电时电极表面的金属材料究竟是怎样被蚀除下来的？
步骤二：针对电火花放电的 4 个连续阶段做具体论述。

问题探究

1）每次电火花放电的微观过程都是_____、_____、_____、_____、_____和胶体化学等综合作用的过程。

2）电火花放电的微观过程大致分为_____、_____、_____、_____ 4 个阶段。

任务评价

任务评价按照学生任务分配表中的项目和评分标准进行。

26

活动过程小组评价表

序号	考核评价指标		评价要素	学生自评	小组互评	教师评价	配分	成绩
	电火花加工的微观过程							
1	过程考核	专业能力	极间介质的电离、击穿，形成放电通道				30	
			电极材料的熔化、汽化、热膨胀					
			电极材料的抛出					
			极间介质的消电离					
2		方法能力	电火花加工的微观过程信息搜集，自主学习，分析、解决问题，归纳总结及创新能力				30	
3		社会能力	团队协作、沟通协调、语言表达能力				10	
4	常规考核		自学笔记				10	
5			课堂纪律				10	
6			回答问题				10	

总结反思

1）学到的新知识有哪些？

_____

_____

2）掌握的新技能有哪些？

_____

_____

3）你对自己在本次任务中的表现是否满意？写出课后反思。

_____

_____

2.3　电火花加工的基本规律

任务描述

通过学习本部分内容，能够复述电火花加工的极性效应、覆盖效应；理解加工速度、电极损耗的影响因素；概括影响电火花加工精度的主要因素和表面质量等。要求：以小组为单位，通过查阅相关文献、网站等，总结电火花加工的基本规律，并提交一份对应的研究分析报告。

学前准备

电火花加工的主要工艺指标有材料的电蚀量、加工速度、电极损耗、加工精度、表面质量和表面变化层及其力学性能等。影响工艺指标的因素有很多，诸因素的变化都将引起工艺指标的相应变化。请扫描二维码进行任务学习前的准备。

学习目标

1）能复述什么叫做"极性效应"。
2）能复述什么叫做"覆盖效应"。
3）能理解影响加工速度的因素。
4）能理解电极损耗的影响因素。
5）能概括影响电火花加工精度的主要因素。
6）能概括电火花加工的表面质量。

知识导图

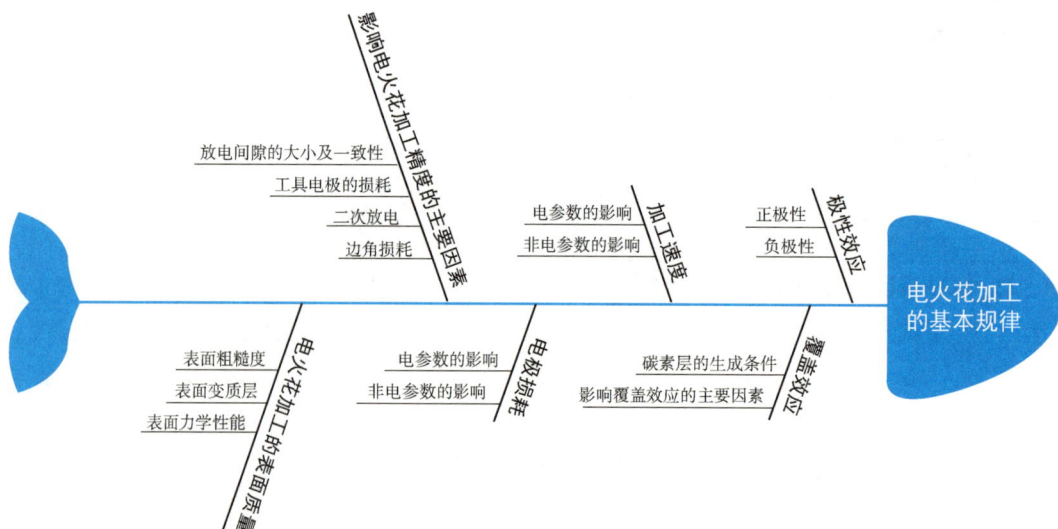

相关知识

2.3.1 极性效应

在电火花加工过程中，无论是正极还是负极，都会受到不同程度的电蚀。即使是相同的材料，正、负电极的电蚀量也是不同的。这种单纯由于正、负极性不同而彼此电蚀量不一样的现象叫做极性效应。若两电极材料不同，则极性效应更加复杂。在生产中，将工件接脉冲电源正极（工具电极接脉冲电源负极）的加工称为"正极性"加工；反之称为"负极性"加工，又称"反极性"加工，如图 2-7 所示。

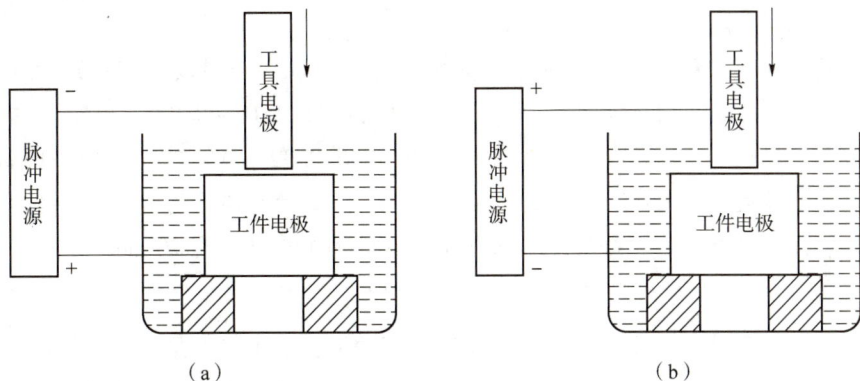

图 2-7 利用极性效应接线
（a）"正极性"接线法；（b）"负极性"接线法

多学一点

在实际加工中，产生极性效应的原因很复杂，其主要原因是脉冲宽度，具体原因请同学们扫码学习。

从提高加工生产率和减少工具损耗的角度来看，极性效应越显著越好，故在实际加工中，要充分利用极性效应。当用交变的脉冲电流加工时，单个脉冲的极性效应便相互抵消，增加了工具的损耗。因此，电火花加工一般采用单向脉冲直流电源，而不能用交流电源。

2.3.2 覆盖效应

在材料放电腐蚀过程中，一个电极的电蚀产物转移到另一个电极表面上，形成一定厚度的覆盖层，这种现象叫做覆盖效应。合理利用覆盖效应，有利于降低电极损耗。

多学一点

在油类介质中加工时，覆盖层主要是石墨化的碳素层，其次是黏附在电

极表面的金属微粒黏结层。请同学们扫码学习（碳素层的生成条件和影响覆盖效应的主要因素）。

2.3.3 加工速度

电火花成形加工的加工速度，是指在一定电规准下，单位时间内工件被蚀除的体积 V 或质量 m。一般常用体积加工速度 $v_w = V/t(\mathrm{mm}^3/\mathrm{min})$ 来表示，有时为了测量方便，也用质量加工速度 $v_m = m/t(\mathrm{g}/\mathrm{min})$ 表示。

多学一点

电火花成形加工的加工速度分别为：粗加工（加工表面粗糙度为 $Ra20 \sim Ra10\ \mu m$）时可达 $200 \sim 300\ \mathrm{mm}^3/\mathrm{min}$；半精加工（加工表面粗糙度为 $Ra10 \sim Ra2.5\ \mu m$）时降低到 $20 \sim 100\ \mathrm{mm}^3/\mathrm{min}$；精加工（加工表面粗糙度为 $Ra2.5 \sim Ra0.32\ \mu m$）时一般在 $10\ \mathrm{mm}^3/\mathrm{min}$ 以下。随着表面粗糙度值的减小，加工速度显著下降。加工速度与平均加工电流有关，对于电火花成形加工，一般条件下，每安培平均加工电流的加工速度约为 $10\ \mathrm{mm}^3/\mathrm{min}$。

在规定的表面粗糙度、规定的相对电极损耗下的最大加工速度是电火花机床的重要工艺性能指标。一般电火花机床说明书上所指的最高加工速度是该机床在最佳状态下所达到的速度，在实际生产中的正常加工速度大大低于机床的最大加工速度。

影响加工速度的因素分电参数和非电参数两大类。电参数主要是指电压脉冲宽度 t_i、电流脉冲宽度 t_e、脉冲间隔 t_0、脉冲频率 f、峰值电流 $\hat{i}_e$、峰值电压 $\hat{u}_i$ 和极性等；非电参数包括加工面积、排屑条件、冲油方式、电极材料和加工极性、工件材料、工作液种类等。

1. 电参数的影响

（1）脉冲宽度对加工速度的影响

单个脉冲能量的大小是影响加工速度的重要因素。对于矩形波脉冲电源，当峰值电流一定时，脉冲能量与脉冲宽度成正比。脉冲宽度增加，加工速度随之增加，因为随着脉冲宽度的增加，单个脉冲能量增大，使加工速度提高。但若脉冲宽度过大，加工速度反而下降，如图 2-8 所示。这是因为单个脉冲能量虽然增大，但转换的热能有较大部分散失在电极与工件之中，不起蚀除作用。同时，在其他加工条件相同时，随着脉冲能量过分增大，蚀除产物增多，排气和排屑条件恶化，间隙消电离时间不足导致拉弧，加工稳定性变差等。因此加工速度反而降低。

（2）脉冲间隔对加工速度的影响

在脉冲宽度一定的条件下，若脉冲间隔减小，则加工速度提高，如图 2-9 所示。这是因为脉冲间隔减小导致单位时间内工作脉冲数目增多、加工电流增大，故加工速度提高；但若脉冲间隔过小，会因放电间隙来不及消电离引起加工稳定性变差，导致加工速度降低。

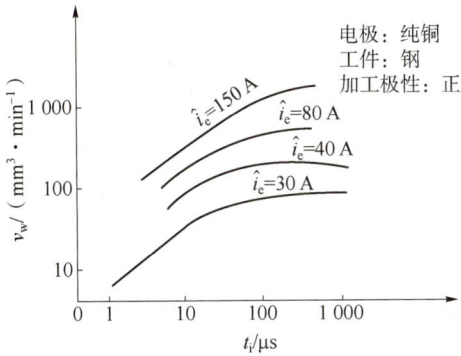

图 2-8　脉冲宽度与加工速度的关系

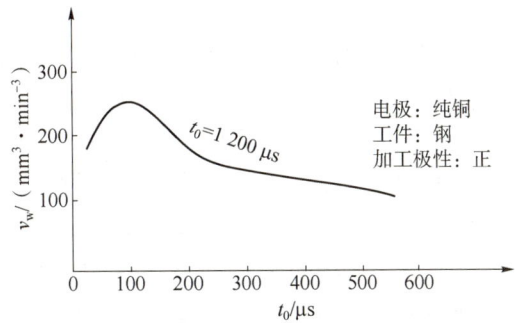

图 2-9　脉冲间隔与加工速度的关系

在脉冲宽度一定的条件下，为了最大限度地提高加工速度，应在保证稳定加工的同时，尽量缩短脉冲间隔时间。带有脉冲间隔自适应控制的脉冲电源，能够根据放电间隙的状态，在一定范围内调节脉冲间隔的大小，这样既能保证稳定加工，又可以获得较大的加工速度。

（3）峰值电流的影响

当脉冲宽度和脉冲间隔一定时，随着峰值电流的增加，加工速度也增加。因为加大峰值电流等于加大单个脉冲能量，所以加工速度也就提高了。但若峰值电流过大（即单个脉冲放电能量很大），加工速度反而下降。

此外，峰值电流增大将降低工件表面粗糙度和增加电极损耗。在生产中，应根据不同的要求，选择合适的峰值电流。

2. 非电参数的影响

（1）加工面积的影响

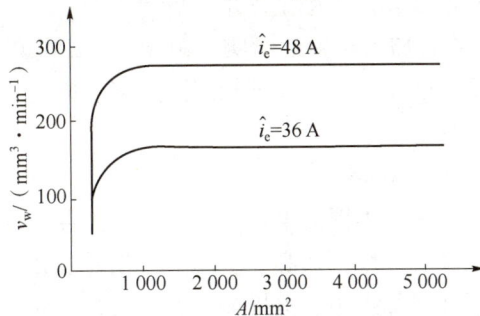

图 2-10 所示为加工面积与加工速度的关系曲线。由图 2-10 可知，加工面积较大时，它对加工速度没有多大影响。但若加工面积小到某一临界面积，加工速度会显著降低，这种现象叫做"面积效应"。因为加工面积小，在单位面积上脉冲放电过分集中，致使放电间隙的电蚀产物排除不畅，同时会产生气体排出液体的现象，造成放电加工在气体介质中进行，因而大大降低加工速度。

从图 2-10 可以看出，峰值电流不同，最小临界加工面积也不同。因此，确定一个具体加工对象的电参数时，首先必须根据加工面积确定工作电流，并估算所需的峰值电流。

图 2-10　加工面积与加工速度的关系曲线

（2）排屑条件的影响

在电火花加工过程中会不断产生气体、金属屑末和炭黑等，如不及时排除，则加工很难稳定地进行。加工稳定性不好，会使脉冲利用率降低，加工速度降低。为便于排屑，一般采用冲油（或抽油）和抬刀（即电极抬起）的办法。

1）冲（抽）油的影响。图 2-11 所示为工作液强迫循环的两种方式。图 2-11（a）、图 2-11（b）为冲油式，较易实现，排屑冲刷能力强，常采用，但电蚀产物仍通过已加工区，稍影响加工精度；图 2-11（c）、图 2-11（d）为抽油式，在加工过程中，分解出来的气体易积聚在抽油回路的死角处，遇电火花引燃会爆炸"放炮"，因此，一般用得较少，但在要求小间隙、精加工时也有使用。

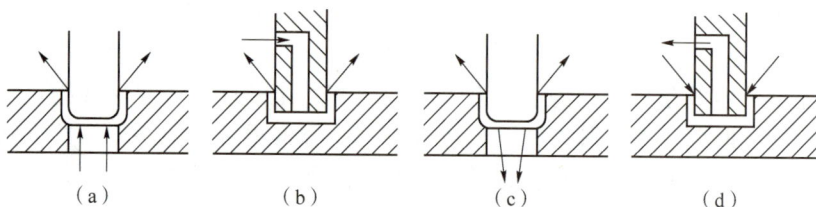

（a）　　　　　　（b）　　　　　　（c）　　　　　　（d）

图 2-11　工作液强迫循环的两种方式

在加工中对于工件型腔较浅或易于排屑的型腔，可以不采取任何辅助排屑措施。但对于较难排屑的加工，若不冲（抽）油或冲（抽）油压力过小，则因排屑不良产生二次放电的机会明显增多，从而导致加工速度下降；但若冲油压力过大，加工速度同样会降低。这是因为冲油压力过大，产生干扰，使加工稳定性变差，故加工速度反而会降低。

冲（抽）油的方式与冲油压力大小应根据实际加工情况来定。若型腔较深或加工面积较大，冲（抽）油压力要相应增大。

2）抬刀对加工速度的影响。为使放电间隙中的电蚀产物迅速排除，除采用冲油外，还需经常抬起电极以利于排屑。抬刀有两种情况：一种是定时的周期抬刀，目前绝大部分电火花机床具备此功能。在定时抬刀状态下，会发生放电间隙状况良好无须抬刀而电极却照样抬起的情况，也会出现当放电间隙的电蚀产物积聚较多急需抬刀时而抬刀时间未到却不抬刀的情况。这种多余的抬刀运动和未及时抬刀都直接降低了加工速度。另一种是自适应抬刀，根据放电间隙的状态，决定是否抬刀。放电间隙状态不好，电蚀产物堆积多，抬刀频率自动加快；当放电间隙状态好时，电极就少抬起或不抬。这使电蚀产物的产生与排除基本保持平衡，避免了不必要的电极抬起运动，提高了加工速度。

图 2-12 所示为抬刀方式对加工速度的影响。由图 2-12 可知，同样加工深度时，采用自适应抬刀比定时抬刀需要的加工时间短，即加工速度高。同时，采用自适应抬刀，加工工件质量好，不易出现拉弧烧伤。

（3）电极材料和加工极性的影响

在电参数选定的条件下，采用不同的电极材料与加工极性，加工速度也大不相同。在加工中选择极性，不能只考虑加工速度，还必须考虑电极损耗。如用石墨做电极时，正极性加工比负极性加工速度高，但在粗加工中，电极损耗会很大。故对不计电极损耗的通孔，用正极性加工；而在用石墨电极加工型腔的过程中，常采用负极性加工。

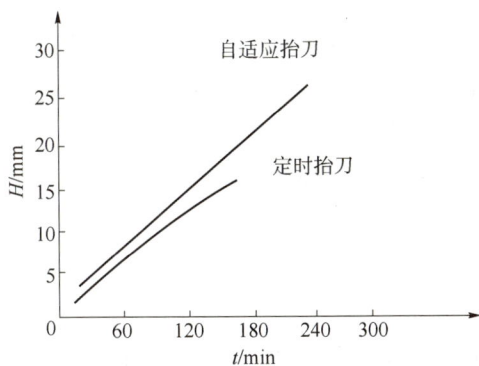

图 2-12　抬刀方式对加工速度的影响

此外，在同样的加工条件和加工极性情况下，采用不同的电极材料，加工速度也不相同。例如，中等脉冲宽度、负极性加工时，石墨电极的加工速度高于铜电极的加工速度；而在脉冲宽度较窄或很宽时，铜电极的加工速度高于石墨电极。

综上所述，电极材料对电火花加工非常重要，正确选择电极材料是电火花加工首先要考虑的问题。

（4）工件材料的影响

在同样的加工条件下，选用不同的工件材料，加工速度也不同。这主要取决于工件材料的物理性能（熔点、沸点、比热容、导热系数、熔化热和汽化热等）。

一般来说，工件材料的熔点、沸点越高，比热容、熔化热和汽化热越大，加工速度越低，即越难加工。例如，加工硬质合金钢比加工碳素钢的速度要低 40%～60%。对于导热系数很高的工件，虽然熔点、沸点、熔化热和汽化热不高，但因热传导性好，热量散失快，加工速度也会降低。

（5）工作介质的影响

在电火花加工中，工作介质的种类、黏度、清洁度对加工速度也有影响。在电火花加工过程中，工作介质的作用是：形成火花击穿放电通道，并在放电结束后迅速恢复极间的绝缘状态对放电通道产生压缩作用；帮助电蚀产物抛出和排除；对工具、工件起到冷却作用。介电性能好、密度和黏度大的工作介质有利于压缩放电通道，提高放电的能量密度，强化电蚀产物的抛出效果；但黏度大，不利于电蚀产物的排出，影响正常放电。

目前电火花成形加工主要采用油类作为工作介质，粗加工时的脉冲能量大，加工间隙也较大，爆炸排屑抛出能力强，往往选用介电性能、黏度较大的机油，且机油的燃点较高，大能量加工时着火燃烧的可能性小；而在中、精加工时放电间隙较小，排屑较困难，故一般选用黏度小、流动性好、渗透性好的煤油作为工作介质，但考虑实际加工的方便性，一般采用火花油或煤油作为工作介质。

由于油类工作介质有味，容易燃烧，尤其是在大能量粗加工时工作介质高温分解产生的烟气很大，故寻找一种像水那样流动性好、不产生炭黑、不燃烧、无色无味、价廉的工作液介质一直是努力的目标。水的绝缘性能和黏度较低，在同样加工条件下，和煤油相比，水的放电间隙较大，对通道的压缩作用差，蚀除量较少，且易锈蚀机床，但采用各种添加剂，可以改善其性能。研究成果表明，水基工作液在粗加工时的加工速度可大大高于煤油，但在大面积精加工中取代煤油还有一段距离。对于电火花线切割而言，低速单向走丝选用去离子水作为工作介质，而高速往复走丝则采用乳化液、水基工作液或复合工作液等水溶性工作介质。

综上所述，工作液对加工速度的影响，就工作液的种类来说，其对应的加工速度大致顺序是：高压水>煤油+机油>煤油>酒精水溶液。在电火花成形加工中，应用最多的工作介质是煤油。

2.3.4 电极损耗

在实际生产中，衡量工具电极是否耐损耗，不只是看工具损耗速度 v_e，还要看同时能达到的加工速度 v_w，因此，采用相对损耗（或称损耗比）θ 作为衡量工具电极耐损耗的指标，即

$$\theta = \frac{v_e}{v_w} \times 100\%$$

式中，加工速度和损耗速度若均以 mm^3/min 为单位计算，则 θ 为体积相对损耗比；若均以 g/min 为单位计算，则 θ 为质量相对损耗比；若以工具电极损耗长度与工件加工深度之比来表示，则为长度相对损耗。在加工中采用长度相对损耗比较直观，测量较为方便，但由于电极部位不同，损耗不同，因此，长度相对损耗还分为端面损耗、侧面损耗、角部损耗，如图 2-13 所示。在加工中，同一电极的角度损耗>侧面损耗>端面损耗。

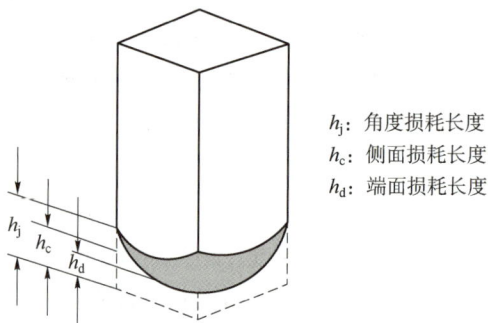

h_j：角度损耗长度
h_c：侧面损耗长度
h_d：端面损耗长度

图 2-13 电极损耗长度说明

在电火花加工中，若电极的相对损耗小于 1%，则称为低损耗电火花加工。低损耗电火花加工能最大限度地保持加工精度，所需电极的数目也可减至最小，因而简化了电极的制造过程。加工工件的表面粗糙度 Ra 可达 3.2 μm 以下。除了充分利用电火花加工的极性效应、覆盖效应及选择合适的工具电极材料外，还可从改善工作介质方面着手，实现电火花的低损耗加工。若采用加入各种添加剂的水基工作液，还可实现对纯铜或铸铁电极小于 1% 的低损耗电火花加工。

1. 电参数的影响

（1）脉冲宽度的影响

在峰值电流一定的情况下，随着脉冲宽度的减小，电极相对损耗增大。脉冲宽度越窄，电极相对损耗 θ 上升的趋势越明显，如图 2-14 所示，所以精加工时的电极相对损耗比粗加工时

的电极相对损耗大。

脉冲宽度增大，电极相对损耗降低的原因总结如下。

1）脉冲宽度增大，单位时间内脉冲放电次数减少，使放电击穿引起电极损耗的影响减少。同时，负极（工件）承受正离子轰击的机会增多，正离子加速的时间也长，极性效应比较明显。

2）脉冲宽度增大，电极"覆盖效应"增加，也减少了电极相对损耗。在加工中电蚀产物（包括被熔化的金属和工作液受热分解的产物）不断沉积在电极表面，对电极的损耗起补偿作用。但若这种飞溅沉积的量大于电极本身损耗，则会破坏电极的形状和尺寸，影响加工效果；若飞溅沉积的量恰好等于电极的损耗，两者达到动态平衡，则可得到无损耗加工。由于电极端面、角部、侧面损耗的不均匀性，因此无损耗加工是难以实现的。

（2）峰值电流的影响

对于一定的脉冲宽度，加工时的峰值电流不同，电极相对损耗也不同。

用纯铜电极加工钢时，随着峰值电流的增加，电极相对损耗也增加。图 2-15 所示为峰值电流对电极相对损耗的影响。由图 2-15 可知，要降低电极损耗，应减小峰值电流。因此，对一些不适宜用长脉冲宽度粗加工而又要求损耗小的工件，应使用窄脉冲宽度、低峰值电流的方法。

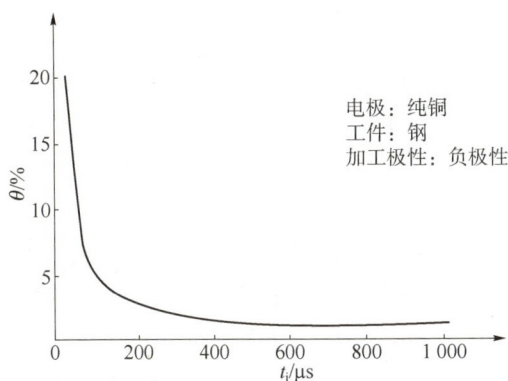

图 2-14　脉冲宽度与电极相对损耗的关系

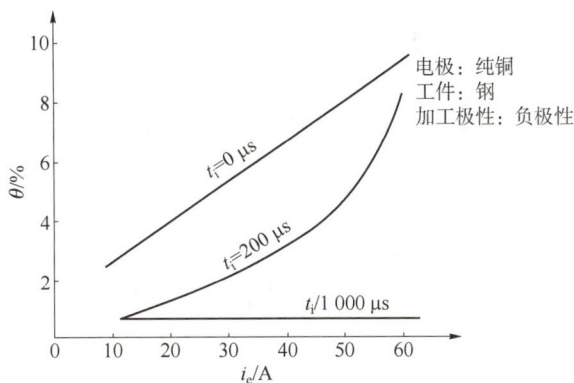

图 2-15　峰值电流与电极相对损耗的关系

由图 2-14 和图 2-15 可见，脉冲宽度和峰值电流对电极相对损耗的影响效果是综合性的。只有脉冲宽度和峰值电流保持一定关系，才能实现低损耗加工。

（3）脉冲间隔的影响

在脉冲宽度不变时，随着脉冲间隔的增加，电极损耗增大，如图 2-16 所示。因为脉冲间隔加大，引起放电间隙中介质消电离状态的变化，使电极上的"覆盖效应"减少。

随着脉冲间隔的减小，电极相对损耗也减少，但超过一定限度，放电间隙将来不及消电离而造成拉弧烧伤，反而影响正常加工的进行，尤其是粗规准、大电流加工时，更应注意。

（4）加工极性的影响

在其他加工条件相同的情况下，加工极性不同对电极相对损耗影响很大，如图 2-17 所示。当脉冲宽度 t_i 小于某一数值时，正极性损耗小于负极性损耗；反之，当脉冲宽度 t_i 大于某一数值时，负极性损耗小于正极性损耗。一般情况下，采用石墨电极和铜电极加工钢时，粗加工用负极性，精加工用正极性。但采用钢电极加工钢时，无论粗加工或精加工都要用负极性，否则电极损耗将大大增加。

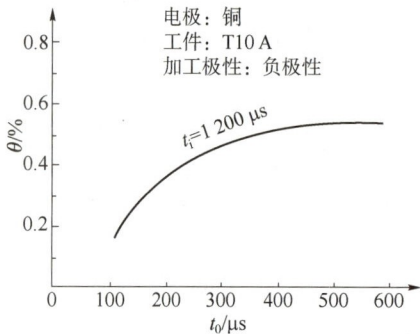

图 2-16　脉冲间隔对电极相对损耗的影响

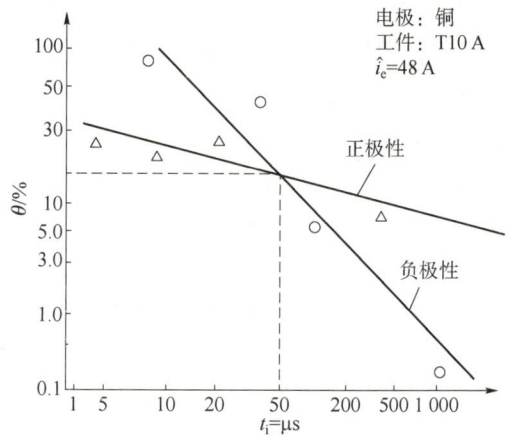

图 2-17　加工极性对电极相对损耗的影响

2. 非电参数的影响

（1）加工面积的影响

在脉冲宽度和峰值电流一定的条件下，加工面积对电极相对损耗影响不大，是非线性的，如图 2-18 所示。当电极相对损耗小于 1% 时，随着加工面积的继续增大，电极损耗减小的趋势越来越慢。当加工面积过小时，随着加工面积的减小，电极损耗急剧增加。

（2）冲油或抽油的影响

如前面所述，对形状复杂、深度较大的型孔或型腔进行加工时，若采用适当的冲油或抽油的方法进行排屑，有助于提高加工速度。但另一方面，冲油或抽油压力过大反而会加大电极的损耗。因为强迫冲油或抽油会使加工间隙的排屑和消电离速度加快，这样减弱了电极上的"覆盖效应"。当然，不同的工具电极材料对冲油或抽油的敏感性不同。如图 2-19 所示，如用石墨电极加工时，电极损耗受冲油压力的影响较小；而纯铜电极损耗受冲油压力的影响较大。

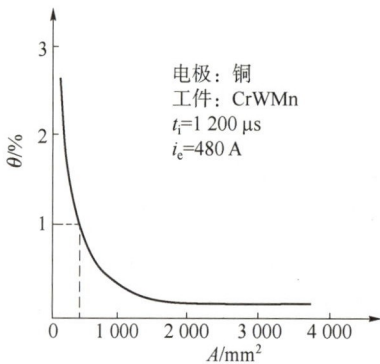

图 2-18　加工面积对电极相对损耗的影响

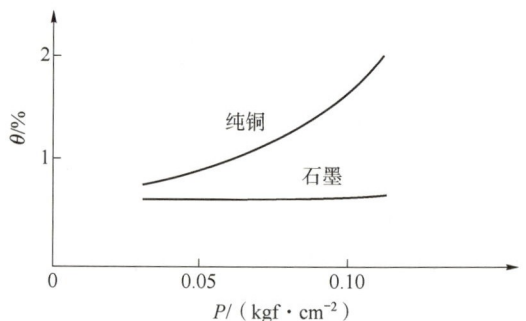

图 2-19　冲油压力对电极相对损耗的影响

因此，在电火花成形加工中，应谨慎使用冲油、抽油方法。加工本身较易进行且稳定的电火花加工，不宜采用冲油、抽油方法；若是必须采用冲油、抽油方法的电火花加工，也应注意使冲油、抽油压力维持在较小的范围内。

多学一点

冲油、抽油方法对电极相对损耗无明显影响，但对电极端面损耗的均匀性有较大区别。冲油时电极相对损耗呈凹形端面，抽油时则形成凸形端面，如图 2-20 所示。这主要是因为冲油进口处所含各种杂质较少，温度较低，流速较快，使进口处的"覆盖效应"减弱。

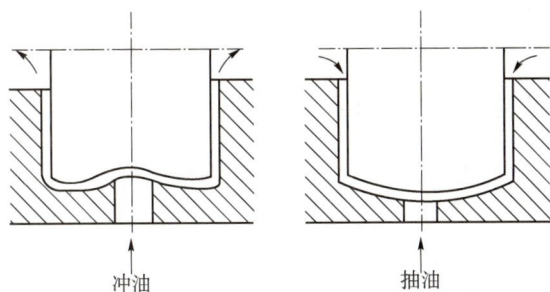

冲油　　　　　　　　抽油

图 2-20　冲油、抽油方式对电极相对损耗的影响

实践证明，当油孔的位置与电极的形状对称时用交替冲油和抽油的方法，可使冲油或抽油所造成的电极端面形状的缺陷互相抵消，得到较平整的端面。另外，采用脉动冲油（冲油不连续）或抽油比连续的冲油或抽油的效果好。

（3）电极形状和尺寸的影响

在电极材料、电参数和其他工艺条件完全相同的情况下，电极的形状和尺寸对电极损耗的影响也很大（如电极的尖角、棱边、薄片等）。图 2-21（a）所示的型腔用整体电极加工较困难。在实际加工中首先加工主型腔，如图 2-21（b）所示，再用小电极加工副型腔，如图 2-21（c）所示。

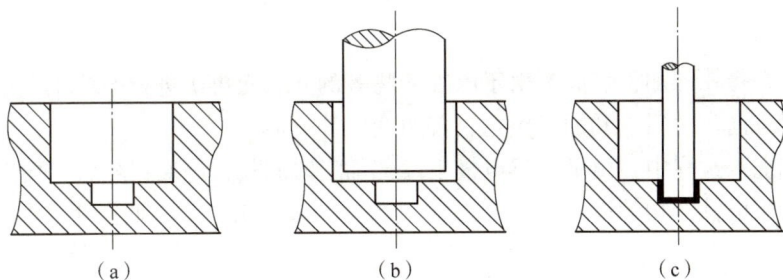

（a）　　　　　　　　（b）　　　　　　　　（c）

图 2-21　分解电极加工

（a）型腔；（b）加工主型腔；（c）加工副型腔

（4）工具电极材料的影响

工具电极损耗与其材料有关，钨、钼的熔点和沸点较高，损耗小，但其机械加工性能不好，价格又高，所以除电火花线切割用钨、钼丝外，其他电火花加工很少采用。纯铜的熔点虽较低，但其导热性好，因此损耗也较少，又方便制成各种精密、复杂的电极，常作为中、小型腔加工的工具电极。石墨电极不仅热学性能好，而且在长脉冲粗加工时能吸附游离的碳补偿电极的损耗，所以相对损耗很低，目前已广泛用作型腔加工的电极。铜碳、铜钨、银钨合金等复合材料，不仅导热性好，而且熔点高，因而电极损耗小，但由于其价格较高，制造成形比较困难，所以一般只在精密电火花加工时采用。

工具电极损耗的大致顺序如下：银钨合金<铜钨合金<石墨（粗规准）<纯铜<钢<铸铁<黄铜<铝。

上述诸因素对电极损耗的影响是综合作用的，应根据实际加工经验，进行必要的试验和调整。

2.3.5 影响电火花加工精度的主要因素

电火花加工精度包括尺寸精度和形状精度。影响精度的因素很多，这里重点探讨与电火花加工工艺有关的因素。

1. 放电间隙的大小及一致性

在电火花加工中，工具电极与工件间存在着放电间隙，因此工件的尺寸、形状与工具并不一致。如果在加工过程中放电间隙是常数，根据工件加工表面的尺寸、形状可以预先对工具尺寸、形状进行修正。但放电间隙是随电参数、电极材料、工作液的绝缘性能等因素变化而变化的，从而会影响加工精度。

间隙大小对形状精度也有影响，间隙越大，复制精度越差，特别是对复杂形状的加工表面。例如，电极为尖角时，由于放电间隙的等距离，工件则为圆角。因此，为了减少加工尺寸误差，应该采用较弱小的加工规准，缩小放电间隙，另外还必须尽可能使加工过程稳定。放电间隙在精加工时一般为 0.01 mm（单面），而在粗加工时可达 0.5 mm 以上（单面）。

2. 工具电极的损耗

工具电极的损耗对尺寸精度和形状精度都有影响。在电火花穿孔加工时，电极可以贯穿型孔而补偿电极的损耗，在型腔加工时则无法采用这一方法，在精密型腔加工时一般可采用更换电极的方法保障加工精度。

3. 二次放电

二次放电是指在已加工表面上由于电蚀产物等的介入而再次进行的非正常放电，集中反映在加工深度方向产生斜度和加工棱角、棱边变钝等方面。

在电火花加工过程中，由于工具电极下端部加工时间长，绝对损耗大，而电极入口处的放电间隙则由于电蚀产物的存在，使"二次放电"的概率扩大，因而产生了如图 2-22 所示的加工斜度。

4. 边角损耗

在电火花加工时，工具的尖角或凹角很难精确地复制在工件上，这是因为当工具为凹角时，工件上对应的尖角处放电蚀除的概率大，容易遭受电蚀而成为圆角，如图 2-23（a）所示。当工具为尖角时，一是由于放电间隙的等距性，工件上只能加工出以尖角顶点为圆心、放电间隙为半径的圆弧；二是工具上的尖角本身因尖端放电蚀除的概率大而损耗成圆角，如

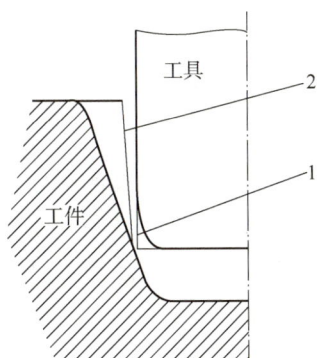

图 2-22　电火花加工时的加工斜度

1—电极无损耗时的工具轮廓线；2—电极有损耗而不考虑二次放电的工件轮廓线

图 2-23（b）所示。采用高频窄脉宽精加工，放电间隙小，圆角半径可以明显减小，因而提高了仿形精度，可以获得圆角半径小于 0.01 mm 的尖棱，这对于加工精密小模数齿轮等冲模是很重要的。

目前，电火花加工的精度可达 0.01~0.05 mm，在精密光整加工时可小于 0.005 mm。

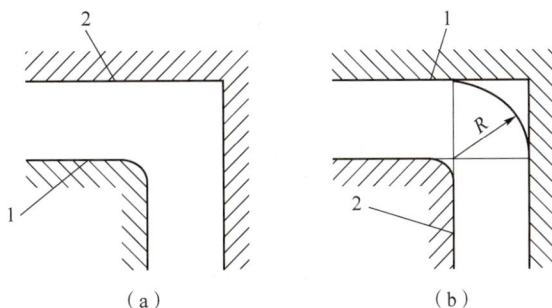

（a）　　　　　　　　　　（b）

图 2-23　电火花加工时尖角变圆

1—工件；2—工具

2.3.6　电火花加工的表面质量

电火花加工的表面质量主要包括表面粗糙度、表面变质层和表面力学性能三部分。

1. 表面粗糙度

表面粗糙度是指加工表面上的微观几何形状误差。工件的电火花加工表面粗糙度直接影响其使用性能，如耐磨性、配合性质、接触刚度、疲劳强度和耐蚀性等，尤其是对于高速、高压条件下工作的模具和零件，其表面粗糙度往往决定其使用性能和使用寿命。电火花加工表面粗糙度的形成与切削加工不同，它是由若干电蚀小凹坑组成的，能存润滑油，其耐磨性比同样粗糙度的机加工表面要好。在相同表面粗糙度的情况下，电加工表面比机加工表面亮度低。

电火花穿孔、型腔加工的表面粗糙度可以分为底面粗糙度和侧面粗糙度，同一规准加工出来的侧面粗糙度因为有二次放电的修光作用，往往要稍好于底面粗糙度。要获得更好的侧面粗糙度，可以采用平动头或数控摇动工艺来修光。

电火花加工表面粗糙度与单个脉冲能量有关，单个脉冲能量越大，凹坑越大。若把粗糙度值大小简单地看成与电蚀凹坑的深度成正比，则电火花加工表面粗糙度随单个脉冲能量的增加而增大。

工件材料对加工表面粗糙度也有影响，熔点高的材料（如硬质合金），在相同能量下加工的表面粗糙度要比熔点低的材料（如钢）好。当然，加工速度会相应下降。

工具电极表面的粗糙度值大小也影响工件的加工表面粗糙度值。例如，石墨电极表面比较粗糙，因此它加工出的工件表面粗糙度值也大。

多学一点

电火花加工的表面粗糙度和加工速度之间存在着很大矛盾，如从 $Ra2.5\ \mu m$ 到 $Ra1.25\ \mu m$，加工速度要下降为原来的十几分之一。为获得较好的表面粗糙度，需要采用很低的加工速度。因此，一般电火花加工粗糙度达 $Ra2.5 \sim Ra1.25\ \mu m$ 后，通常采用研磨方法来改善其表面粗糙度，这样比较经济。

虽然影响表面粗糙度的因素主要是单个脉冲能量的大小，但在实践中发现，即使单脉冲能量很小，在电极面积较大时，由于"电容效应"的存在，表面粗糙度也很难低于 $Ra0.32\ \mu m$，而且加工面积越大，可达到的最佳表面粗糙度越差。

2. 表面变质层

在电火花加工过程中，工件在放电瞬时的高温和工作液迅速冷却的作用下，材料的表面层化学成分和组织结构会发生很大变化，形成一层通常存在残余应力和微观裂纹的变质层。其厚度为 0.50~0.01 mm，一般将其分为熔化层和热影响层，如图 2-24 所示。

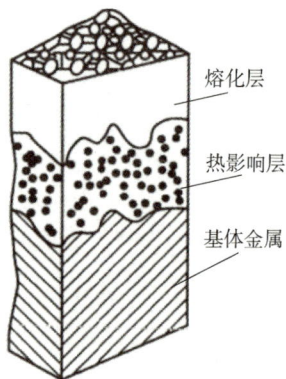

图 2-24 电火花加工表面变质层

（1）熔化层

熔化层位于电火花加工后工件表面的最上层，它被电火花脉冲放电产生的瞬时高温所熔化，又受到周围工作液介质的快速冷却作用而凝固。对于碳钢来说，熔化层在金相照片上呈现白色，故又称为白层。白层与基体金属完全不同，是一种树枝状的溶火铸造组织，与内层的结合不太牢固。熔化层中有渗碳、渗金属、气孔及其他夹杂物。

（2）热影响层

热影响层位于熔化层和基体之间，热影响层的金属并没有熔化，只是受高温的影响而发生金相组织变化，它与基体没有明显的界线。由于加工材料及加工前热处理状态及加工脉冲参数的不同，热影响层的变化也不同。对淬火钢将产生二次淬火区、高温回火区和低温回火区；对未淬火钢而言主要是产生淬火区。因此，淬火钢的热影响层厚度比未淬火钢厚。熔化层和热影响层的厚度随脉冲能量的增大而变大。

（3）显微裂纹

在电火花加工过程中，加工表面层受高温作用后又迅速冷却而产生残余拉应力。在脉冲能量较大时，表面层甚至出现细微裂纹，裂纹主要产生在熔化层，只有脉冲能量很大时才扩展到热影响层。

脉冲能量对显微裂纹的影响是非常明显的。脉冲能量越大，显微裂纹越宽、越深；脉冲能量很小时，一般不会出现显微裂纹。不同材料对裂纹的敏感性也不同，硬脆材料容易产生裂纹。由于淬火钢表面残余拉应力比未淬火钢大，故淬火钢的热处理质量不高时，更容易产生裂纹。

3. 表面力学性能

（1）显微硬度及耐磨性

工件在加工前由于热处理状态及加工中脉冲参数不同，加工后的表面层显微硬度变化也不同。加工后表面层的显微硬度一般比较高，但由于加工电参数、冷却条件及工件材料热处理状况不同，有时显微硬度也会降低。一般来说，电火花加工表层的硬度比较高，耐磨性好。但对于滚动摩擦，由于它是交变载荷，尤其是干摩擦，因熔化层和基体结合不牢固，容易剥落而磨损，因此，有些要求较高的模具需把电火花加工后的表面变化层预先研磨掉。

（2）残余应力

电火花表面存在着由于瞬时先热后冷作用而形成的残余应力，而且大部分表现为拉应力。残余应力的大小和分布，主要与材料在加工前热处理的状态及加工时的脉冲能量有关，因此对表面层质量要求较高的工件，应尽量避免使用较大的加工规准，同时在加工中一定要注意工件热处理的质量，以减少工件表面的残余应力。

（3）抗疲劳性能

电火花加工表面存在着较大的拉应力，还可能存在显微裂纹，因而其抗疲劳性能比机械加工表面低许多。采用回火处理、喷丸处理等有助于降低残余应力或使残余拉应力转变为压应力，从而提高其耐疲劳性能。采用小的加工规准是减小残余拉应力的有力措施。

任务实施

步骤一：上网检索什么叫做"极性效应""覆盖效应"。
步骤二：针对加工速度的影响因素做具体论述。
步骤三：针对电极损耗的影响因素做具体论述。
步骤四：针对影响电火花加工精度的主要因素做具体论述。
步骤五：针对影响电火花加工表面质量的主要因素做具体论述。

问题探究

1）在生产中，将工件接脉冲电源正极的加工称为＿＿＿＿＿加工；反之称为＿＿＿＿＿加工，又称"反极性"加工。

2）在材料放电腐蚀过程中，一个电极的电蚀产物转移到另一个电极表面上，形成一定厚度的覆盖层，这种现象叫做＿＿＿。

3）电火花加工精度包括_____精度和_____精度。

4）电火花加工的表面质量主要包括_____、_____和_____三部分。

任务评价

任务评价按照学生任务分配表中的项目和评分标准进行。

活动过程小组评价表

电火花加工的基本规律							
序号	考核评价指标		评价要素	学生自评	小组互评	教师评价	配分	成绩
1	过程考核	专业能力	什么叫做"极性效应"				30	
			什么叫做"覆盖效应"					
			影响加工速度的因素					
			电极损耗					
			影响电火花加工精度的主要因素					
			电火花加工的表面质量					
2		方法能力	电火花加工的极性效应、覆盖效应、加工速度、电极损耗、加工精度和表面质量等知识信息搜集,自主学习,分析、解决问题,归纳总结及创新能力				30	
3		社会能力	团队协作、沟通协调、语言表达能力				10	
4	常规考核		自学笔记				10	
5			课堂纪律				10	
6			回答问题				10	

总结反思

1）学到的新知识有哪些?

_____

_____

_____

2）掌握的新技能有哪些?

_____

_____

3）你对自己在本次任务中的表现是否满意? 写出课后反思。

_____

_____

_____

2.4　电火花成形加工机床

任务描述

　　通过学习本部分内容，能够了解国内外机床型号、规格和分类；能复述电火花加工机床的组成部分；能理解什么是工作介质循环过滤系统；能概括对脉冲电源的要求有哪些；能了解自动进给调节系统。要求：以小组为单位，通过查阅相关文献、网站等，掌握电火花成形加工机床的基本结构。

学前准备

　　电火花加工在特种加工中是比较成熟的工艺，在民用、国防生产部门和科学研究中已经获得广泛应用，它相应的机床设备比较定型，并有很多专业工厂从事生产制造。电火花加工工艺及机床设备的类型较多，其中应用最广、数量较多的是电火花成形加工机床和电火花线切割机床。项目二中先介绍电火花成形加工机床，电火花线切割机床将在项目三中介绍。请扫描二维码进行任务学习前的准备。

学习目标

1）了解国内外机床型号、规格和分类。
2）能复述电火花加工机床的一般组成部分。
3）能理解什么是工作介质循环过滤系统。
4）能概括对脉冲电源的要求。
5）了解自动进给调节系统。

知识导图

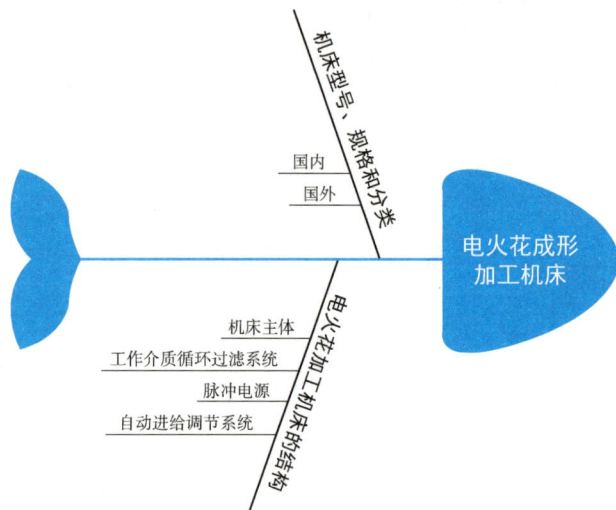

机床型号、规格和分类
国内
国外

电火花成形
加工机床

机床主体
工作介质循环过滤系统
脉冲电源
自动进给调节系统

电火花加工机床的结构

相关知识

2.4.1 机床型号、规格和分类

我国国家标准规定，电火花加工机床均用 D71 加上机床工作台宽度的 1/10 表示。例如在 D7132 中，D 表示电加工机床（若该机床为数控电加工机床，则在 D 后面加上 K，即 DK），71 表示电火花机床，32 表示机床工作台的宽度为 320 mm。

世界上各个地区的电火花加工机床型号没有采用统一标准，而是由各个生产企业自行确定，如日本沙迪克（Sodick）公司生产的 A3R、A10R；瑞士夏米尔（Charmilles）技术公司的 ROBOFORM20/30/35；中国台湾乔懋机电工业股份有限公司的 JM322/430，北京阿奇夏米尔工业电子有限公司的 SF100 等。

电火花加工机床按其大小可分为小型（D7125 以下）、中型（D7125～D7163）和大型（D7163 以上）；按其数控程度分为非数控、单轴数控和三轴数控。随着科学技术的进步，国外已经大批生产三轴数控电火花机床以及带有工具电极库、能按程序自动更换电极的电火花加工中心。我国大部分电加工机床厂现在也正开始研制生产三轴数控电火花加工机床。

2.4.2 电火花加工机床的结构

电火花加工机床的种类很多，尤其是随着数控电火花加工机床技术的进步，许多新型数控电火花设备应运而生且品种繁多。虽然各机床厂家生产的设备型号、规格与技术性能均有所不同，但设备的基本结构都由机床主体、脉冲电源、自动进给调节系统、工作介质循环过滤系统和数控系统组成，如图 2-25 所示。

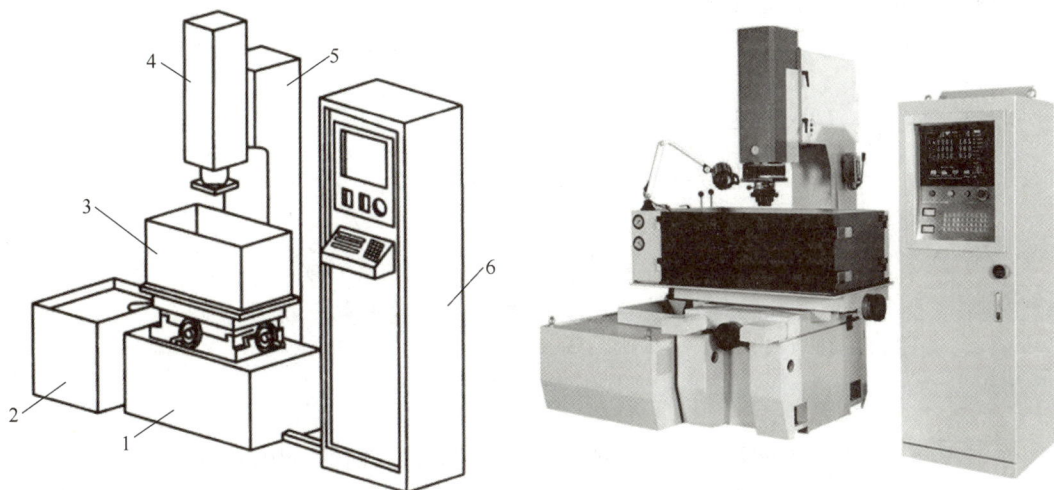

图 2-25　电火花加工机床的基本结构

1—床身；2—液压油箱；3—工作液槽；4—主轴头；5—立柱；6—数控电源柜

1. 机床主体

机床的机械部分都安放在机床主体上，主要用于夹持工具电极及支撑工件，并保证它们的相对位置，实现电极在加工过程中的稳定进给。机床主体由床身、立柱、主轴头及附件、工作台等部分组成。

（1）床身与立柱

床身与立柱是电火花加工机床的骨架，起支撑、定位和便于操作的作用。因为电火花加工宏观作用力极小，所以对机械系统的强度无严格要求。但为了避免变形和保证加工精度，要求床身和立柱具有必要的刚度。

床身是机床的基础件，工作台、立柱和主轴头等均安装于床身之上。床身一般为刚性较高的箱体结构，以减少放电加工时电极的频繁抬起引发的强迫振动而导致床身和立柱的变形。床身下方应采用垫铁支撑，以免导轨精度受到地基变形的影响。立柱与床身的接合面要有很强的接触刚度。因为主轴头安装在立柱的导轨上，而主轴头上又挂有一定质量的电极，如果立柱与床身接合面的刚度不足，则势必引起立柱前倾，导致机床的结构变形。

（2）工作台

工作台坐落在床身之上，主要用于支撑、装夹工件，一般由一组刚性很强的十字滑板组成，通过精密的滚珠丝杠副实现工作台纵横方向的移动，即手摇纵横方向的手轮，从而带动丝杠转动，丝杠又拖动台面运动，最终达到电极与工件间所要求的相对位置。工作台的种类有普通工作台和精密工作台。目前国内已应用精密滚珠丝杠、滚动直线导轨和高性能伺服电动机等结构，以满足精密加工的要求。

X、Y轴的伺服进给结构形式一般采用伺服电动机（或手轮）通过联轴器带动丝杠转动，进而带动螺母及滑板移动。双向推力球轴承和单列向心球轴承起支承和消除反向间隙的作用，丝杠副多采用消间隙结构，其传动系统原理如图2-26所示。也有伺服进给运动由伺服电动机经同步带带动同步带轮减速，再带动丝杠副转动的。

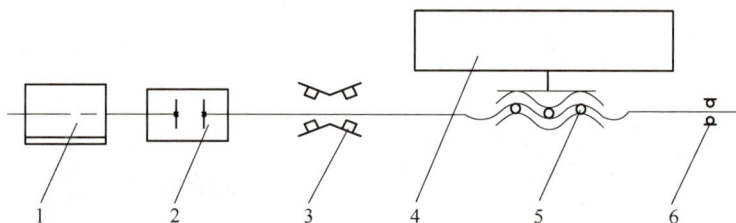

图 2-26　X、Y轴方向的传动系统原理

1—伺服电动机（或手轮）；2—联轴器；3—双向推力球轴承；4—中拖板（Y向为上拖板）；

5—丝杠副；6—单列向心球轴承

在工作台上装有工作液箱。工作液箱必须具有很好的密封性，用以容纳工作液。为了保证加工过程的安全进行，加工时电极和被加工零件必须浸泡在工作液中，起到冷却、排屑的作用，而且随着加工电流的增大，工作液高出零件上表面应更多，以保证放电气体的充分冷却，尤其是在大电流加工时，要杜绝放电气体带火星飞出油面。

（3）主轴头

主轴头是电火花加工机床的一个关键部件，主要用于控制工件与电极之间的放电间隙。主轴头是电火花穿孔、成形加工机床的一个关键部件，它的结构由伺服进给机构、导向和防扭机构、辅助机构三部分组成。它控制工件与工具电极之间的放电间隙。

主轴头的好坏直接影响加工的工艺指标，如生产率、几何精度以及表面粗糙度，因此主轴头应具备以下条件。

1）保证加工稳定性，维持最佳放电时间。

2）在放电过程中，当发现短路或起弧时，主轴头能迅速抬起，使电弧中断。

3）保证主轴移动的直线性，以满足精密加工的要求。

4）主轴应有足够的刚性。

5）主轴应均匀进给而无爬行现象。

多学一点

我国早期广泛采用液压伺服进给的主轴头，如DYT-1型和DYT-2型。目前普遍采用步进电动机、直流电动机和交流伺服电动机作为进给驱动的主轴头，尤其以直流电动机进给的主轴头应用最为广泛。主轴头移动位置的显示，初级的靠大量程百分表，中级的用数显表，高级的既有数显又有数控功能。图2-27所示为用直流伺服电动机驱动丝杠、用转速传感器作速度反馈和用光栅作位置反馈的主轴头系统的示意图。

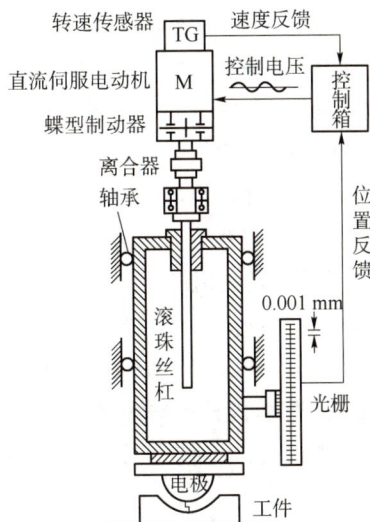

图 2-27　有速度和位置反馈的全闭环控制的主轴头

因各企业采用的电火花加工机床的说明书中对床身立柱、工作台、主轴头等都有详细说明，故此处不做叙述。

（4）机床附件

电火花加工机床的附件很多，常根据生产需要配置所需附件。常见的机床附件有可调节工具电极角度的卡头、平动头、油杯和永磁吸盘等。

1）可调节工具电极角度的夹头。装夹在主轴下方的工具电极，一方面需要保证电极与工件间的垂直度（主要是通过夹头中的球面铰链来完成的），另一方面需要在水平面内进行调节与转动（主要靠主轴与工具电极安装面的相对转动机构来实现），然后采用螺钉拧紧即可，其结构如图 2-28 所示。

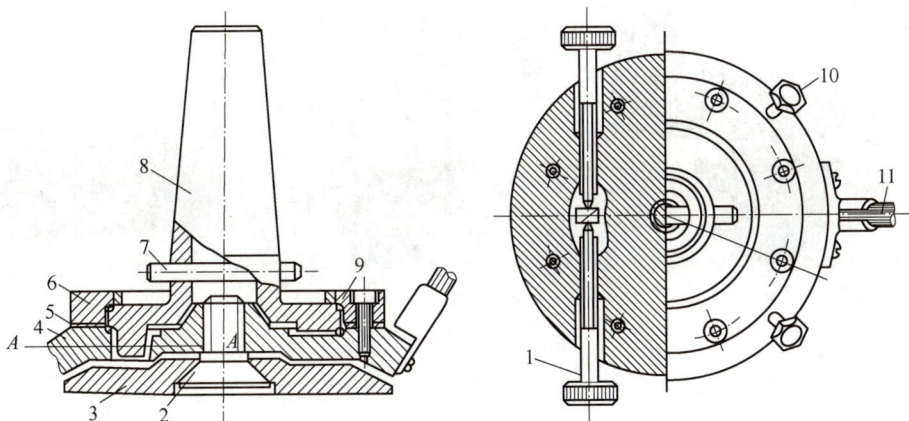

图 2-28　带垂直和水平转角调节装置的夹头

1—调节螺钉；2—球面螺钉；3—摆动法兰盘；4—调角校正架；5—调整垫；6—上压板；7—销钉；
8—锥柄座；9—滚珠；10—垂直度调节螺钉；11—电源线

2）平动头。在电火花加工时，粗加工的放电间隙比半精加工的放电间隙要大，而半精加工的放电间隙比精加工的放电间隙又要大一些。当用一个电极进行粗加工时，将工件的大部分余量蚀除掉后，其底面和侧壁四周表面的质量很差，为了将其修光，就要转换参数逐挡进行修整。但由于半精加工和精加工参数的放电间隙比粗加工参数的放电间隙小，若不采取措施，则四周侧壁就无法修光。平动头就是为修光侧壁和提高其尺寸精度而设计的。

平动头是一个可以使电极产生向外机械补偿动作的工艺附件。当采用单电极加工型腔时，可以补偿上下两个电参数之间的放电间隙和表面粗糙度值之差，从而解决型腔侧壁修光的问题。

平动头的动作原理：利用偏心机构将伺服电动机的旋转运动通过平动轨迹保持机构转化成电极上每个质点围绕其原始位置在水平面内的平面小圆周运动，许多小圆的外包络线面积就形成加工的横截面积，如图 2-29 所示，其中每个质点运动轨迹的半径就称为平动量，其大小可以由零逐渐调大，以补偿粗加工、半精加工和精加工的电火花放电间隙之差，从而达到修光型腔的目的。

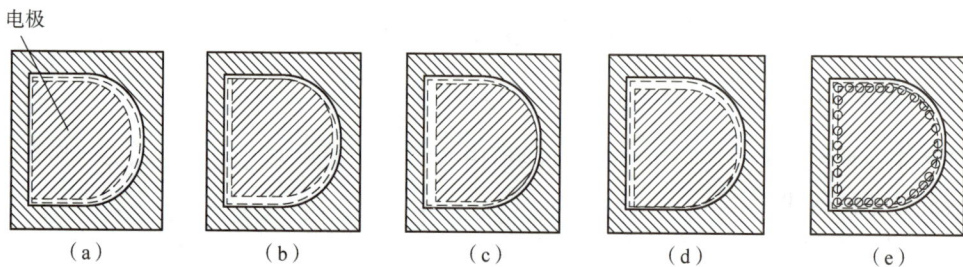

图 2-29　平动头的动作原理

（a）电极在最左；（b）电极在最上；（c）电极在最右；（d）电极在最下；（e）电极平动后的轨迹

目前，电火花机床上安装的平动头有机械式平动头和数控式平动头两种，其外形如图 2-30 所示。机械式平动头由于平动轨迹半径的存在，无法加工有清角要求的型腔；而数控式平动头可以两轴联动，能加工出具有清棱、清角的型孔和型腔。

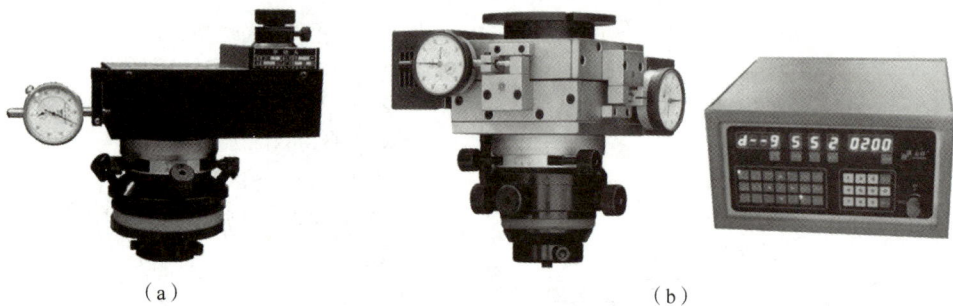

图 2-30　平动头的外形

（a）机械式平动头；（b）数控式平动头

与一般电火花加工工艺相比，采用平动头电火花加工有以下特点。

①可以通过改变轨迹半径来调整电极的作用尺寸，因此尺寸加工不再受放电间隙的限制。

②用同一尺寸的电极，通过改变轨迹半径，可以实现转换电参数的修整，即采用一个电极就能由粗至精直接加工出一副型腔。

③在加工过程中，工具电极的轴线与工件的轴线相偏移，除了电极处于放电区域的部分外，工具电极与工件的间隙都不大于放电间隙，实际上减小了同时放电的面积，这有利于电蚀产物的排除，提高加工的稳定性。

④工具电极移动方式的改变，可使加工表面的质量大有改善，特别是底平面处。

3）油杯。油杯是工作液做强迫循环的一个重要附件，其结构如图 2-31 所示，在其侧面和底边上开有冲、抽油孔，目的是使电蚀产物得以及时排出。另外，工作液在电火花放电时会被分解而产生气体，若得不到及时排放则会产生"放炮"现象，造成工具电极与工件的位移。因此，油杯结构的好坏会直接影响加工效果，并给加工带来麻烦。所以，油杯的结构应满足以下三点。

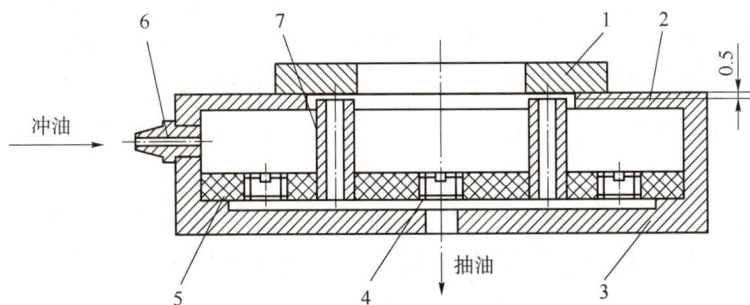

图 2-31　油杯结构

1—工件；2—油杯盖；3—油杯体；4—油塞；5—底板；6—管接头；7—抽油抽气管

①油杯要有适合的高度且不能在顶部积聚气泡，能满足加工较厚工件的电极伸出长度，在结构上应满足加工型孔的形状和尺寸要求。油杯的形状一般有圆形和长方形两种，都具备冲、抽油的条件。为防止在油杯顶部积聚气泡，抽油的抽气管应紧挨在工件底面。

②良好的刚度与加工精度，以保证密封性，防止漏油。根据加工的实际需要，油杯的两端面平行度误差不能超过 0.01 mm，同时密封性要好，防止漏油现象。

③如底部安装不方便，油杯底部的抽油孔可安置在靠近底部的侧面，也可省去抽油抽气管 7 和底板 5，直接将抽油孔安装在油杯侧面的最上部。

4）永磁吸盘。由于电火花加工宏观作用力小，故采用永磁吸盘（图 2-32）吸牢工件即可进行放电加工，其操作简单、吸附力大、便于工件装夹。永磁吸盘不使用时，应放在专用保管箱内，涂油防锈即可。

2. 工作介质循环过滤系统

工作介质循环过滤系统是指用于电火花加工需要的工作介质储存、循环、调节、保护、过滤、再生及利用工作介质强迫循环、过滤来排除电蚀产物的装置。

电火花加工需要在工作介质中进行，因煤油黏度低、排屑效果好且价格相对较低，目前应用最为普遍。另外，还有电火花专用油，其加工效果较好，但价格偏高。只有在加工精密小孔时才选用水类介质工作液，如去离子水、蒸馏水和乳化液等。

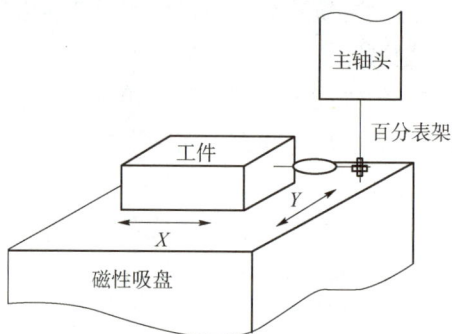

图 2-32　永磁吸盘

电火花加工中的蚀除产物，一部分以气态形式抛出，其余大部分以球状固体微粒分散地悬浮在工作介质中，直径一般为几微米。随着电火花加工的进行，被蚀除的产物越来越多，充斥在电极和工件之间，或粘连在电极和工件的表面上。蚀除产物的聚集，会与电极或工件形成二次放电。这就破坏了电火花加工的稳定性，降低了加工速度，影响了加工精度和表面质量。为了改善电火花加工的条件，一种方法是使电极振动，以加强排屑能力；另一种方法是对工作介质进行强迫循环过滤，以改善电极和工件之间的间隙状态。

工作介质循环过滤系统包括工作液泵、储油箱、过滤器及管道等，如图 2-33 所示。它既能实现冲油，又能实现抽油。其工作过程是：储油箱的工作介质首先经过粗过滤器 1 和单向阀 2 被吸入到涡旋泵 3 中，此时高压油经过不同形式的精过滤器 7 输向工作介质槽。溢流安全阀 5 用于控制系统的压力，使之不超过 400 kPa，快速进油控制阀 11 用于快速进油。当油注满油箱时，可及时调节冲油选择阀 10，来控制工作介质的循环方式及压力。当选择阀 10 在冲油位置时，补油和冲油都通，这时油杯中油的压力由压力调节阀 8 控制；当选择阀 10 在抽油位置时，补油和冲油都不通，这时工作介质需穿过射流抽吸管 9，利用流体速度产生负压，达到抽油的目的。

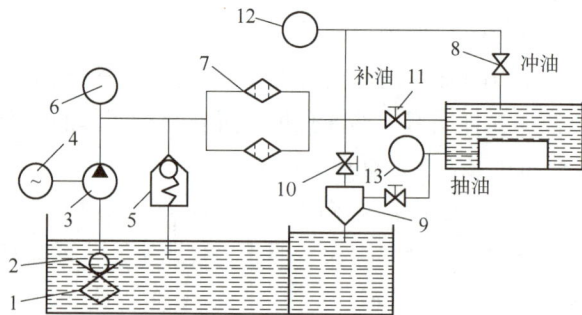

图 2-33　工作介质循环过滤系统

1—粗过滤器；2—单向阀；3—涡旋泵；4—电动机；5—安全阀；6—压力表；7—精过滤器；8—压力调节阀；9—射流抽吸管；10—冲油选择阀；11—快速进油控制阀；12—冲油压力表；13—抽油压力表

工作介质强迫循环方式有冲油方式和抽油方式两种，如图 2-34 所示。冲油方式比较容易实现，排屑冲刷能力强，一般经常采用，但电蚀产物会通过已加工区，进而影响加工精

度；抽油方式虽然可以避免二次放电现象，提高加工精度，但是加工过程中产生的气体容易积聚在抽油回路的死角处，引起"放炮"现象，所以一般用得比较少。

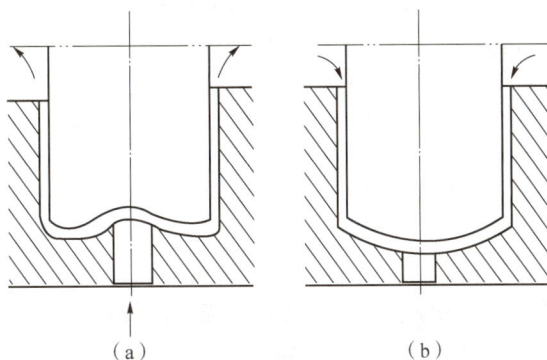

图2-34 工作介质强迫循环方式
（a）冲油；（b）抽油

过滤器：以前曾广泛采用木屑、黄沙或棉纱作为工作介质的过滤器。这些介质虽来源广、价格便宜，但过滤能力有限，且每次更换时要浪费大量煤油，现已逐步被淘汰。目前广泛使用的是纸质滤芯，如图2-35所示。该滤芯具有以下优点。

1）过滤精度高。

2）更换方便、耗油少。

3）过滤面积大、流量大、压力损失少。

4）常规下一般可以连续使用250~500 h，再经冲洗后可反复使用，大大降低了成本。

图2-35 纸质滤芯

3. 脉冲电源

电火花加工脉冲电源的作用是在电火花加工过程中提供能量。它的功能是把工频正弦交流电转变为适应电火花加工所需要的脉冲电源。脉冲电源输出的各种电参数对电火花加工的加工速度、表面粗糙度、工具电极损耗及加工精度等各项工艺指标都具有重要的影响。

（1）脉冲电源的要求及分类

1）脉冲电压波形的前后沿应该很陡，即脉冲电流及脉冲能量的变化较小，减小因电极间隙的变化或极间介质污染程度等引起工艺过程的波动。

2）脉冲是单向的，即没有负半波或负半波很小，这样才能最大限度地利用极性效应，实现高效、低耗的加工。

3）脉冲电流的主要参数如电流幅值、脉冲宽度、脉冲间隔等应能在很宽的范围内调节，以满足粗、中、精加工的不同要求。

4）工作稳定可靠，操作维修方便，成本低，寿命长，体积小。

关于电火花加工用脉冲电源的分类，目前尚无统一的规定。按其作用原理和所使用的主要元件、脉冲波形等可分为多种类型，见表2-2。

表2-2　电火花加工用脉冲电源分类

分类依据	脉冲电源的种类
按主回路中主要元件种类	弛张式、电子管式、闸流管式、脉冲发电机式、晶闸管式、晶体管式、大功率集成器件式
按输出脉冲波形	矩形波、梳状波分组脉冲、阶梯波、高低压复合脉冲
按间隙状态对脉冲参数的影响	非独立式、独立式、可控（半独立）式
按工作回路数目	单回路、多回路

（2）弛张式脉冲电源

这类脉冲电源的工作原理是利用电容器充电储存电能，而后瞬时放出，形成火花放电来蚀除金属。因为电容器时而充电，时而放电，一弛一张，故称为弛张式脉冲电源。

RC线路是弛张式脉冲电源中最简单、最基本的一种，图2-36所示为其工作原理。该线路由两个回路组成：一个是充电回路，由直流电源 U、充电电阻 R（可调节充电速度，同时限流以防电流过大及转变为电弧放电，故又称为限流电阻）和电容器 C（储能元件）组成；另一个回路是放电回路，由电容器 C、工具电极和工件及其间的放电间隙组成。图2-37所示为RC脉冲电源电压和电流波形。

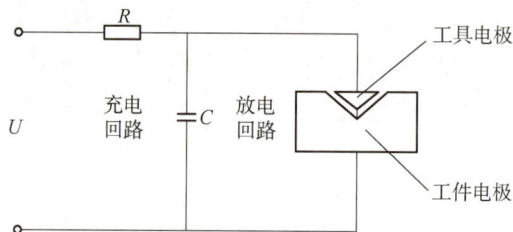

图2-36　RC脉冲电源工作原理

RC线路脉冲电源的优点是结构简单，加工精度高，加工表面粗糙度小，工作可靠，成本低，可用作光整加工和精微加工；缺点是脉冲参数受到间隙状态制约，是非独立式脉冲电

源，其电能利用效率低，生产效率低，工具电极损耗大，主要用于小功率精微加工或简式电火花加工机床中。

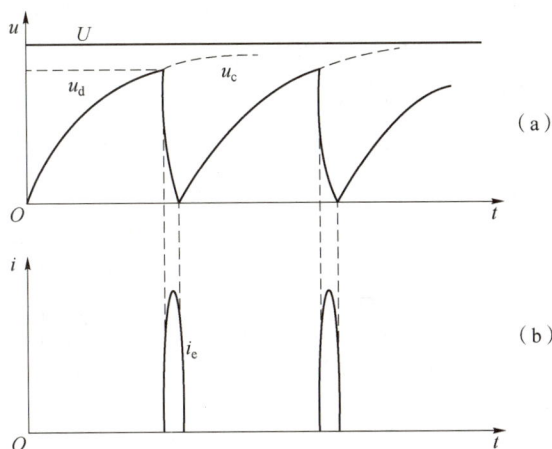

图 2-37　RC 脉冲电源电压和电流波形

（a）电压波形；（b）电流波形

（3）晶体管式脉冲电源

晶体管式脉冲电源是利用功率晶体管作为开关元件获得单向脉冲的。晶体管式脉冲电源的线路也较多，但其主要部分都是由主振级、前置放大、功率输出和直流电源等几部分组成。图 2-38 所示为晶体管式脉冲电源工作原理。

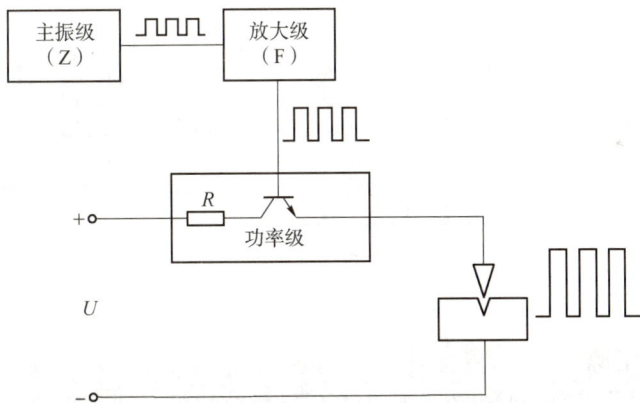

图 2-38　晶体管式脉冲电源工作原理

晶体管式脉冲电源具有脉冲频率高、参数易调节、脉冲波形好、易实现多回路加工和自适应控制等自动化要求，广泛用于中小型脉冲电源。

（4）各种派生脉冲电源

随着电火花加工技术的发展，为进一步提高有效脉冲利用率，达到高速、低耗、稳定加工及一些特殊需要，在晶体管式脉冲电源的基础上，派生出不少新型电源和线路，如高低压复合脉冲电源、多回路脉冲电源等能量脉冲电源等。

1）高低压复合脉冲电源

高低压复合脉冲电源如图 2-39 所示。在放电间隙两端并联两个供电回路，一个为高压脉冲回路，其脉冲电压较高（300 V 左右），平均电流很小，主要起击穿间隙的作用；另一个为低压脉冲回路，其脉冲电压较低（60~80 V），电流比较大，起蚀除金属的作用，所以称之为加工回路。二极管 VD 用于阻止高压脉冲进入低压回路。高低压复合大大提高了脉冲的击穿率和利用率，并使放电间隙变大，排屑良好，加工稳定，在"钢打钢"时显示出很大的优越性。

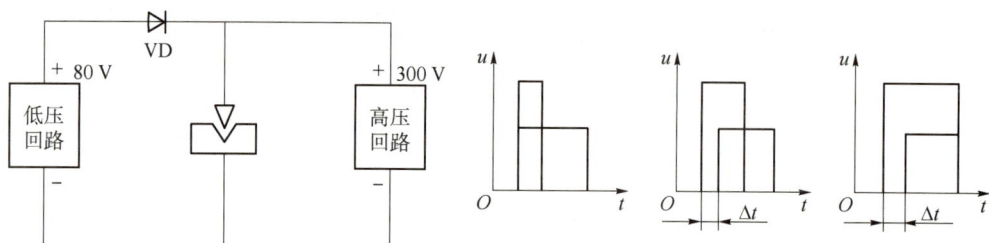

图 2-39　高低压复合脉冲电源

2）多回路脉冲电源

多回路脉冲电源即在加工电源的功率级并联分割出相互隔离绝缘的多个输出端，如图 2-40 所示，可以同时供给多个回路进行放电加工。这样可不依靠增大单个脉冲放电能量，即不使表面粗糙度值变大而可以提高生产率，适用于大面积、多工具和多孔加工。

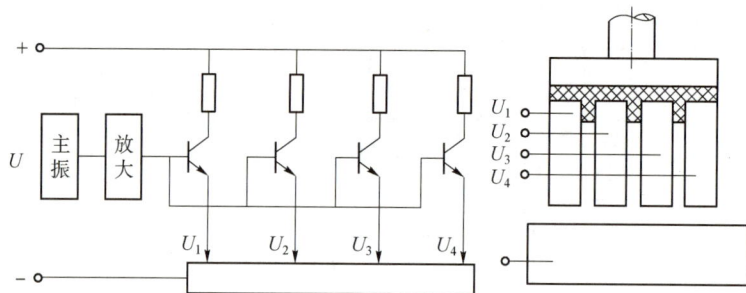

图 2-40　多回路脉冲电源和分割电极

3）等能量脉冲电源

等能量脉冲电源是指每个脉冲在介质击穿后所释放的单个脉冲能量相等，其电压和电流波形如图 2-41 所示。对于矩形波脉冲电流来说，等能量脉冲电源能自动保持脉冲电流宽度相等，用相同的脉冲能量进行加工，从而可以在保证一定表面粗糙度的情况下，进一步提高加工速度。

4. 自动进给调节系统

在电火花加工设备中，自动进给调节系统占有很重要的位置，其性能直接影响加工的稳定性和加工效果。

电火花加工的自动进给调节系统主要包括伺服进给系统和参数控制系统。伺服进给系统主要用于控制放电间隙的大小，而参数控制系统主要用于控制电火花加工中的各种参数

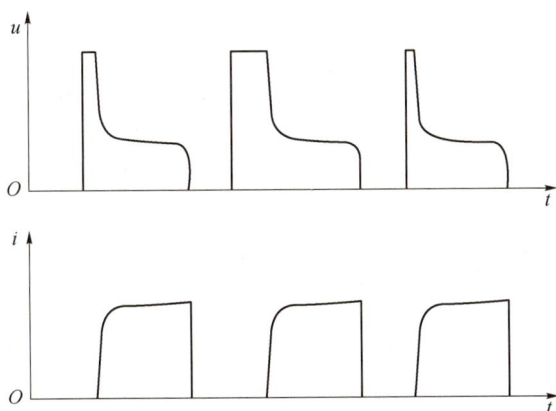

图 2-41　等能量脉冲电源电压和电流波形

（如放电电流、脉冲宽度和脉冲间隔等），以便能够获得最佳的加工工艺指标。这里主要介绍伺服进给系统的作用、要求及伺服进给调节系统的组成。

（1）伺服进给调节系统的作用

在电火花加工中伺服进给系统的作用是使工具和工件之间保持一定的放电间隙。间隙过大会引起断路而无法进行加工，此时必须快速进给，尽快达到合适的加工间隙；间隙过小会引起短路而产生电弧放电，烧伤工件，此时必须快速退回，切断电弧。在实际生产中，放电间隙的变化与加工规准、加工面积和工件蚀除速度等因素有关，很难依靠人工进给，故必须采用伺服进给系统。这种不等速的伺服进给系统也称为自动进给调节系统。

在实际工作中，自动进给调节系统中的电动机、工作台、工件，电路中的电阻和电感都有惯性滞后现象，往往会产生"欠进给"或"过进给"，甚至引起主轴的上下振动。为了更好地发挥伺服进给系统的作用，必须对伺服进给系统提出一些必要的要求。

1）有较广的速度调节跟踪范围，以适应粗加工、半精加工和精加工的要求。

2）有足够的灵敏度和快速性，及时应对间隙变化并调整间隙。这就要求伺服进给系统的惯性、摩擦和放大倍数等应尽量小。

3）有必要的稳定性，以提高抗干扰能力和避免执行机构的低速爬行现象。

4）结构简单、工作可靠。

（2）伺服进给调节系统的基本组成

电火花加工中的伺服进给调节系统主要由调节对象（间隙）、测量环节、放大环节、比较环节和执行环节 5 部分组成。图 2-42 所示为伺服进给调节系统的基本组成。

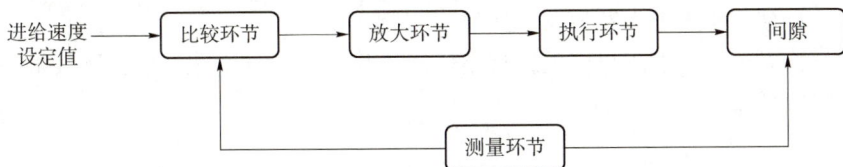

图 2-42　伺服进给调节系统的基本组成

1）测量环节：直接测量放电间隙的大小是极其困难的，甚至是不可能的，所以一般是测量与间隙成正比的电参数，即间接测量。间隙的大小与间隙两端的电压有关，开路时电压最大，接近脉冲电源的峰值电压；而短路时电压为零。

2）比较环节：作用是将测量的结果与预先根据粗加工、半精加工和精加工参数设定的值进行比较，计算差值，确定该进还是该退，进或退的速度又是多少。

3）放大环节：由于测量环节的信号一般比较小，为了能推动执行机构，必须对信号进行放大。但要注意放大倍数不要太大，以免产生自激振荡。

4）执行环节：作用是根据控制信号的大小及时调节工具电极的进给量，保证放电间隙。对执行环节的要求是：机电常数要小，能快速反映间隙状态的变化；机械传动间隙要小，摩擦力要小，以提高系统的灵敏性；要有较宽的调节范围，以适应各种参数和工艺条件的变化。

新视野

北京机床所精密机电有限公司（简称北京精密）为了满足用户日益增长的多轴数控电火花成形加工机床的需求，响应国家振兴装备制造业的战略，依托国家重大专项支持，历经5年攻关，掌握了一大批具有自主知识产权的核心技术，建成了可持续的创新研发体系，显著提升了数控机床、数控系统及关键功能部件的技术水平和可靠性，提高了自主化制造和支撑能力，形成了包括机床主机、电加工电源、电加工专用数控系统在内的关键产业链。在此基础上，研制成功新一代多轴数控电火花成形加工机床 AUTOFORM35（简称 AF35）。

该产品基于紧凑的主机结构，搭载了最新升级的脉冲电源系统，配置了先进架构的专用数控系统，集成了积累多年的成套加工工艺。其中与沈阳高精数控技术有限公司合作开发的电火花成形机专用控制系统，是首款国产通用电火花成形机床数控系统。AF35 搭载了拥有自主知识产权的新一代节能型电加工脉冲电源。该电源的加工性达到国内领先、国际先进水平。

多个细分行业的实际应用表明，AUTOFORM35 机床实现了硬质合金模具的高速、高精与高质量加工，其加工性能达到国外先进机床同等水平，具有替代进口设备并产生巨大社会效益的能力。

任务实施

步骤一：上中国知网检索近年来电火花成形机床发展的相关文献。

步骤二：总结近年来电火花成形机床发展现状。

步骤三：针对电火花加工机床的结构组成、工作介质循环过滤系统、脉冲电源和自动进给调节系统等做具体论述。

问题探究

1）我国国家标准规定，电火花加工机床均用 D71 加上机床工作台宽度的 1/10 表示。

例如，在 D7132 中，D 表示_____，71 表示_____，32 表示机床工作台的宽度为_____。

2）虽然各机床厂家生产的设备型号、规格与技术性能均有所不同，但设备的基本结构都由_____、_____、_____、_____和_____等部分组成。

3）电火花加工中的伺服进给调节系统主要由_____、_____、_____、_____和_____5 部分组成。

任务评价

任务评价按照学生任务分配表中的项目和评分标准进行。

活动过程小组评价表

电火花成形加工机床							
序号	考核评价指标		评价要素	学生自评	小组互评	教师评价	配分	成绩
1	过程考核	专业能力	机床型号、规格和分类				30	
			电火花加工机床的组成					
			工作介质循环过滤系统					
			对脉冲电源的要求					
			自动进给调节系统					
2		方法能力	电火花成形加工机床型号、分类、组成，工作介质循环过滤系统、脉冲电源、自动进给调节系统等知识信息搜集，自主学习，分析、解决问题，归纳总结及创新能力				30	
3		社会能力	团队协作、沟通协调、语言表达能力				10	
4	常规考核		自学笔记				10	
5			课堂纪律				10	
6			回答问题				10	

总结反思

1）学到的新知识有哪些？

_____

_____

_____

2）掌握的新技能有哪些？

_____

_____

3）你对自己在本次任务中的表现是否满意？写出课后反思。

_____

_____

_____

2.5　电火花成形加工方法

任务描述

通过学习本部分内容，能复述电火花穿孔加工的常用方法、电火花型腔加工的常用方法；能了解电火花铣削加工、小深孔的高速电火花加工方法。要求：以小组为单位，通过查阅相关文献、网站等，掌握常见的电火花成形加工方法。

学前准备

电火花成形加工是利用火花放电蚀除金属的原理，用工具电极对工件进行复制加工的工艺方法，可加工通孔和盲孔，前者习惯称为电火花穿孔加工，后者习惯称为电火花成形加工。穿孔加工可加工冲模、粉末冶金模、挤压模、型孔零件、小孔、小异形孔等，型腔加工可加工各类型腔模（锻模、压铸模、塑料模等）及各种复杂的型腔零件。随着数控技术的发展，模具型腔加工有了新的工艺方法——数控电火花铣削加工，即用简单电板展成复杂型面。请扫描二维码进行任务学前准备。

学习目标

1）能复述电火花穿孔加工的常用方法。
2）能复述电火花型腔加工的常用方法。
3）了解电火花铣削加工。
4）了解小深孔的高速电火花加工。

知识导图

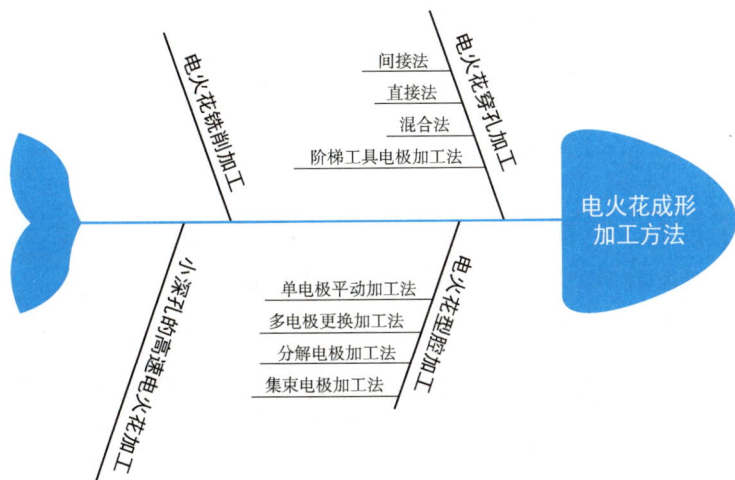

相关知识

2.5.1　电火花穿孔加工

电火花穿孔加工一般应用于冲裁模具加工、粉末冶金模具加工、拉丝模具加工和螺纹加工等。本节以加工冲裁模具的凹模为例说明电火花穿孔加工的方法。

凹模的尺寸精度主要靠工具电极来保证，因此对工具电极的精度和表面质量都应有一定的要求。如凹模的尺寸为 L_2，工具电极相应的尺寸为 L_1，如图 2-43 所示，单边火花间隙值为 S_L，则

$$L_2 = L_1 + 2S_L$$

其中，火花间隙值 S_L 主要取决于脉冲参数与机床的精度。只要加工参数选择恰当，加工稳定，火花间隙值 S_L 的波动范围会很小。因此，只要工具电极的尺寸精确，用它加工出的凹模尺寸也是比较精确的。用电火花穿孔加工凹模有较多的工艺方法，在实际中应根据加工对象和技术要求等因素灵活地选择。穿孔加工的具体方法简介如下。

1. 间接法

间接法是指在模具电火花加工中，凸模与凹模使用的电极分开制造，首先根据凹模尺寸设计电极，然后制造电极，进行凹模加工，再根据间隙要求来配制凸模。图 2-44 所示为间接法加工凹模的过程。

间接法的优点如下。

1）可以自由选择电极材料，电加工性能好。

2）因为凸模是根据凹模另外进行配制的，所以凸模和凹模的配合间隙与放电间隙无关。

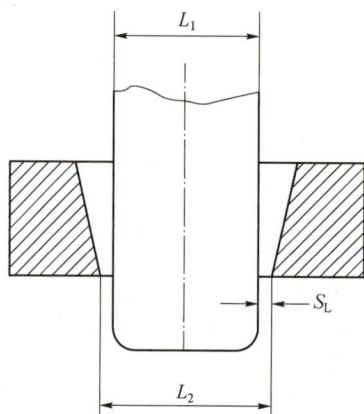

图 2-43　凹模的电火花加工

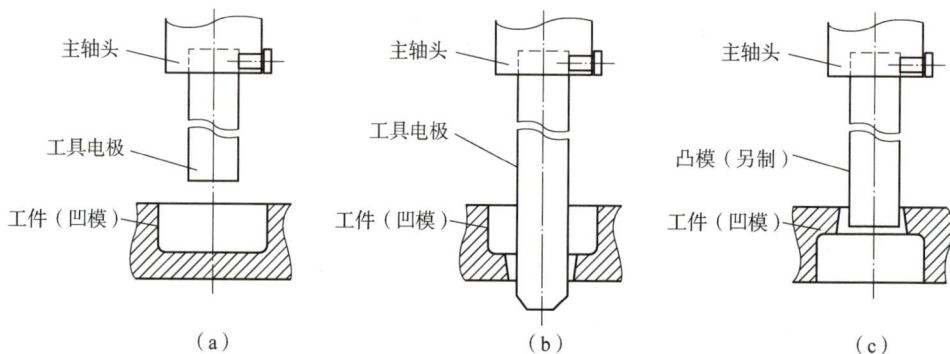

主轴头

工具电极

工件（凹模）

（a）

主轴头

工具电极

工件（凹模）

（b）

主轴头

凸模（另制）

工件（凹模）

（c）

图 2-44　间接法

（a）加工前；（b）加工后；（c）配制凸模

间接法的缺点是电极与凸模分开制造，配合间隙难以保证均匀。

2. 直接法

直接法适合于加工冲模，是指将凸模长度适当增加，先作为电极加工凹模，然后将端部损耗的部分去除直接成为凸模，具体过程如图 2-45 所示。直接法加工的凹模与凸模的配合间隙靠调节脉冲参数、控制火花放电间隙来保证。

直接法的优点如下。

1）可以获得均匀的配合间隙，模具质量高。

2）无须另外制作电极。

3）无须修配工作，生产率较高。

直接法的缺点如下。

1）电极材料不能自由选择，工具电极和工件都是磁性材料，易产生磁性，电蚀下来的金属屑可能被吸附在电极放电间隙的磁场中而形成不稳定的二次放电，使加工过程很不稳定，故电火花加工性能较差。

2）电极和冲头连在一起，尺寸较长，磨削时较困难。

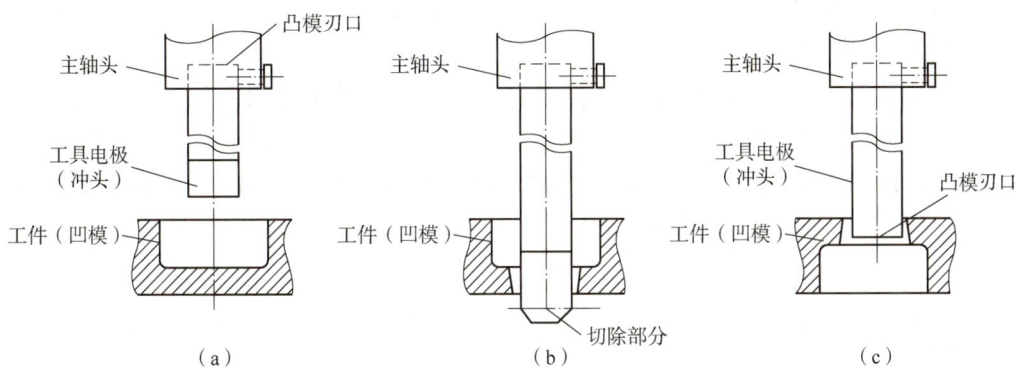

图 2-45　直接法
（a）加工前；（b）加工后；（c）切除损耗部分

3. 混合法

混合法也适用于加工冲模，是指将电火花加工性能良好的电极材料与冲头材料粘接在一起，共同用线切割或磨削成形，然后用电火花性能好的一端作为加工端，将工件反置固定，用"反打正用"的方法实行加工。这种方法不仅可以充分发挥加工端材料好的电火花加工工艺性能，还可以达到与直接法相同的加工效果，如图 2-46 所示。

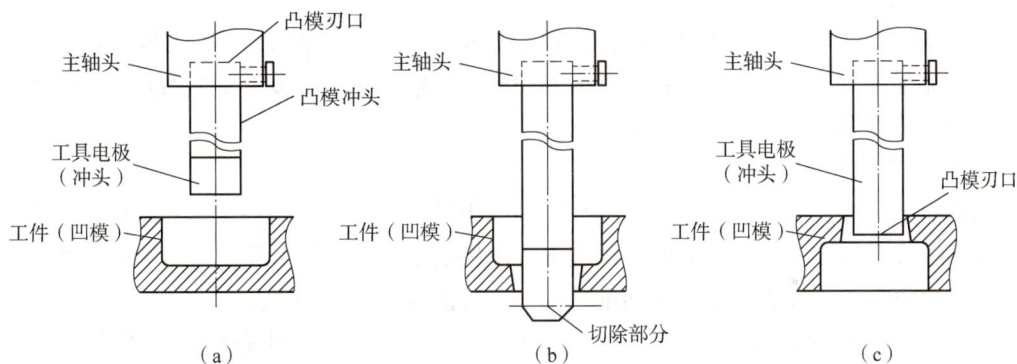

图 2-46　混合法
（a）加工前；（b）加工后；（c）切除损耗部分

混合法的特点如下。
1）可以自由选择电极材料，电加工性能好。
2）无须另外制作电极。
3）无须修配工作，生产率较高。
4）电极一定要粘接在冲头的非刃口端。

4. 阶梯工具电极加工法

阶梯工具电极加工法在冲模电火花成形加工中极为普遍，其应用有以下两种。

1）无预孔或加工余量较大时，可以将工具电极制作为阶梯状，将工具电极分为两段，即缩小了尺寸的粗加工段和保持凸模尺寸的精加工段。粗加工时，采用工具电极相对损耗小、加工速度高的电参数加工，粗加工段加工完成后只剩下较小的加工余量，如图 2-47（a）所示。精加工段即凸模段，可采用类似于直接法的方法进行加工，以达到凸凹模配合的技术要求，如图 2-47（b）所示。

2）在加工小间隙和无间隙的冲模时，配合间隙小于最小的电火花加工放电间隙，用凸模作为精加工段是不能实现加工的，可将凸模加长后，再加工或腐蚀成阶梯状，使阶梯的精加工段与凸模有均匀的尺寸差，通过加工参数对放电间隙尺寸的控制，加工后使之符合凸凹模配合的技术要求，如图 2-47（c）所示。

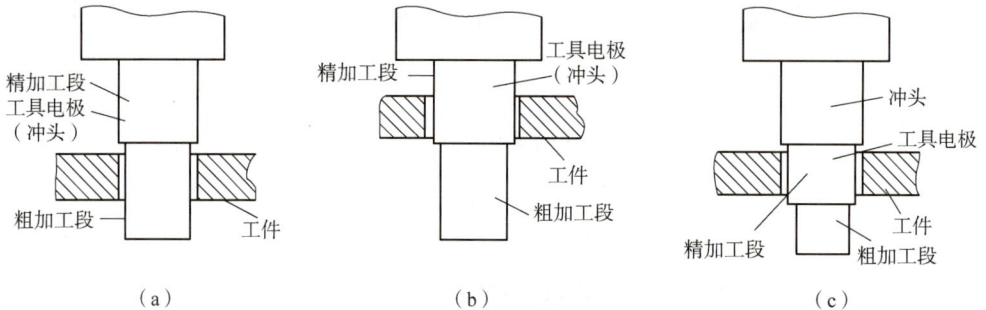

图 2-47　用阶梯工具电极加工冲模

2.5.2　电火花型腔加工

电火花型腔加工方法主要有单电极平动加工法、多电极更换加工法、分解电极加工法、集束电极加工法等，选择时要根据工件成形的技术要求、复杂程度、工艺特点、机床类型及脉冲电源的技术规格、性能特点而定。

1. 单电极平动加工法

单电极平动加工法在型腔模电火花加工中应用最广泛。它采用一个电极按照粗、中、精的顺序逐级改变电规准，与此同时，依次加大电极的平动量，以补偿前后两个加工规准之间型腔侧面放电间隙差和表面微观平面度差，实现型腔侧面仿型修光，如图 2-48 所示。所谓平动，是指工具电极在垂直于型腔深度方向的平面内相对工件做微小的平移运动，如图 2-49 所示，该运动是由机床附件"平动头"来实现的。

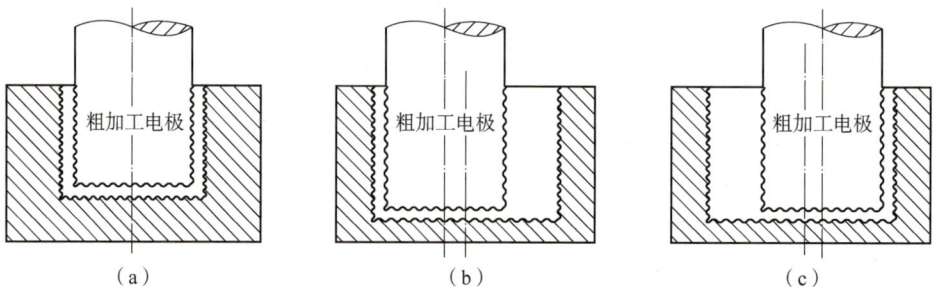

图 2-48　单电极平动加工法

（a）粗加工；（b）精加工型型腔（左侧）；（c）精加工型型腔（右侧）

这种方法的优点是只需一个电极，一次装夹定位，便可达到 ±0.05mm 的加工精度。另

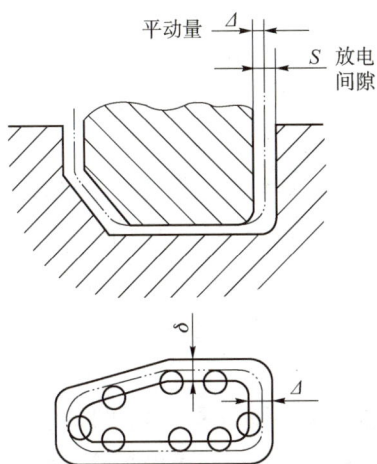

图 2-49 平动头扩大间隙原理

外平动加工可使电极损耗均匀，改善排屑条件，加工容易稳定。其缺点是难以获得高精度的型腔模，特别是难以加工出清棱、清角的型腔，因为平动时电极上的每一个点都按平动头的偏心半径做圆周运动，倾角半径由偏心半径决定。电极在粗加工中容易引起不平的表面龟裂状的积炭层，影响型腔表面粗糙度。

2. 多电极更换加工法

多电极更换成形加工法采用多个电极（分别制造的粗、中、精加工用电极）依次更换来加工同一个型腔。

这种方法是先用粗加工电极去除大量金属，然后换半精加工电极完成粗加工到精加工的过渡，最后用精加工电极进行精加工。每个电极加工时，必须把上一规准的放电痕迹去掉。一般用两个电极进行粗、精加工就可以满足要求，如图 2-50 所示。当型腔模的精度和表面质量要求很高时，才采用粗、半精、精加工电极进行加工，必要时还要采用多个精加工电极来修正精加工的电极损耗。

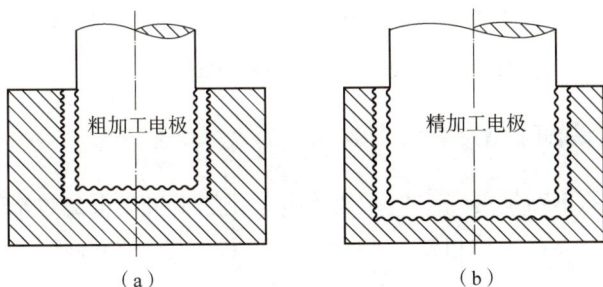

图 2-50 多电极更换成形加工法
（a）粗加工；（b）精加工

这种方法的优点是仿形精度高，尤其适用于尖角、窄缝多的型腔加工。其缺点是需要用精密机床制造多个电极，另外电极更换时要有高的重复定位精度，需要附件和夹具来配合，因此一般只用于精密型腔加工。

3. 分解电极加工法

分解电极加工法是单电极平动加工法和多电极更换加工法的综合应用。根据型腔的几何形状，把电极分解成主型腔和副型腔电极分别制造，先用主型腔电极加工出主型腔，再用副型腔电极加工夹角、窄缝、异形盲孔等部位。该方法工艺灵活性强，仿形精度高，适用于尖角窄缝、沉孔、深槽多的复杂型腔模具加工，如图2-21所示。

这种方法的优点是可根据主、副型腔不同的加工条件，选择不同的电极材料和加工规准，有利于提高加工速度和改善表面质量，同时还可简化电极制造、便于电极修整；缺点是主型腔和副型腔间的定位精度要求高，当采用高精度的数控机床和完善的电极装夹附件时，这一缺点是不难克服的。

近年来国外已广泛采用像加工中心那样具有电极库的3~5坐标数控电火花加工机床，事先把复杂型腔分解为简单表面和相应的简单电极，编制好程序，加工过程中自动更换电极和转换规准，实现复杂型腔的加工。同时配合一套高精度辅助工具、夹具系统，可以大大提高电极的装夹定位精度，使采用分解电极法加工的模具精度大为提高。

4. 集束电极加工法

针对传统电火花成形加工中电极制造成本高、加工效率低等问题，研究人员提出了一种利用空心管状电极组成的集束电极进行电火花加工的新方法，该方法把三维复杂电极型面离散化成由大量微小截面单元组成的近似曲面，每一个截面单元对应一个长度不等的空心管状电极单元，这些电极单元组合后即形成端面与原曲面形状近似的集束电极。这样就把一个复杂三维成形电极型面的加工问题转化为单个微小截面棒状电极的长度截取和排列问题，大大降低了电极的加工难度和制造成本。每个微小电极均为中空结构，可将工作液介质强迫冲出，再辅以电极摇动功能，就可以获得一种经济、高效的电火花加工新方法，尤其适用于进行工件材料大去除的粗加工。若将电极单元进行分组绝缘并采用多组脉冲并联供电的方式，相当于多台脉冲电源同时投入工作，可以成倍地提高加工效率。

实践证明，这种工艺方法不仅能显著降低电极制造成本和制备时间，还可进行具有充分、均匀冲液效果的多孔内冲液，从而实现传统实体成形电极所无法达到的大峰值电流高效加工效果，总加工工时大幅缩短，电极成本也大幅下降。

2.5.3 电火花铣削加工

随着加工自动化的不断发展，多坐标数控电火花加工机床得到越来越广泛的应用。近年来出现了在多轴联动电火花数控机床上利用简单形状电极（圆柱形）对三维型腔或型面进行展成加工的方法，如图2-51所示。这样可以充分利用CAD/CAM技术，根据被加工的型面生成类似于数控铣刀的走刀轨迹，逐步形成三维复杂型面。这种加工方法与数控铣削有很大的差别，电火花铣削加工是靠电蚀除加工去除金属，不受工件材料硬度、强度限制，工具制造极为简单，成本很低，但它在加工过程中不断地产生直径和长度方向上的损耗，因而它的"刀具补偿"是动态的，加工规律复杂程度远超过铣削加工，因此目前该方法距商业化应用仍有一定距离。

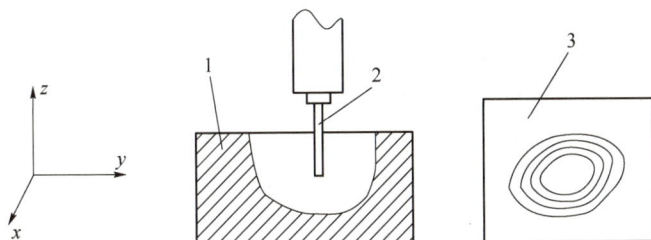

图 2-51 电火花铣削加工

1—工件；2—圆柱电极；3—走刀轨迹

想一想

电火花铣削加工与传统机床铣削加工有什么区别？请同学们查阅资料了解。

2.5.4 小深孔的高速电火花加工

小深孔高速电火花加工工艺是近年来新发展起来的，图 2-52 所示为其原理示意。它的工作原理主要有三点：一是采用中空的管电极；二是管中通入高压工作液，冲走电蚀产物；三是加工时电极做回转运动，可使端面损耗均匀，不致因受高压、高速工作液的反作用力而偏斜，流动的高压工作液在小孔孔壁处按螺旋线轨迹流出孔外，像静压轴承那样，使工具电极管悬浮在孔心，不易产生短路，可加工出直线度和圆柱度很好的小深孔。

用一般空心管电极加工小孔，容易在工件上留下毛刺料芯，阻碍工作液的高速流通，且过长过细时会歪斜，以致引起短路。为此，小深孔高速电火花加工时采用专业厂特殊冷拔的双孔管电极，其截面上有两个半月形的孔，如图 2-52 中 $A—A$ 所示，这样加工中电极转动时，工件孔中不会留下毛刺料芯。

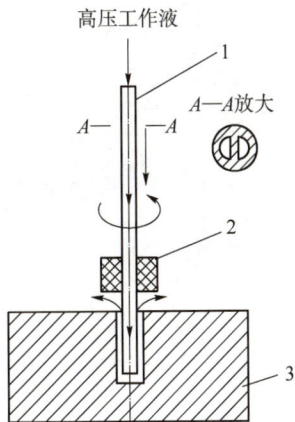

图 2-52 小深孔高速电火花加工原理

1—双孔管电极；2—导向器；3—工件

加工时工具电极做轴向进给运动，管电极中通入 1~5 MPa 的高压工作液（自来水、去离子水、蒸馏水、乳化液或煤油），如图 2-52 所示。由于高压工作液能迅速将电极产物排除，且能强化火花放电的蚀除作用，因此这一加工方法的最大特点是加工速度高，一般加工速度可达 20~60 mm/min，比普通钻削小孔的速度还要快。这种加工方法最适合加工直径为 0.3~3.0 mm 的小孔，且深径比可超过 300。工具电极可订购冷拔的单孔或多孔的黄铜或纯铜管。

新视野

目前我国加工出的样品中有一例是直径为 1 mm、深达 1 m 的深孔零件，且孔的尺寸精度和圆柱度均很好。这种方法还可以在斜面和曲面上打孔。图 2-53 所示为小深孔高速电火花加工机床，这类机床现已被用于加工线切割零件的预穿丝孔、喷嘴，以及耐热合金等难加工材料的小、深、斜孔的加工中，并且其应用领域会日益扩大。

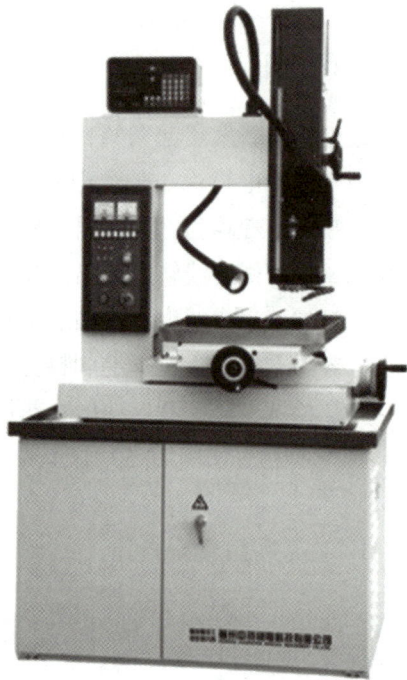

图 2-53　小深孔高速电火花加工机床

任务实施

步骤一：上中国知网检索近年来电火花成形加工方法的相关文献。

步骤二：总结电火花穿孔加工、型腔加工的常用方法。

步骤三：针对电火花铣削加工、小深孔的高速电火花加工等做具体论述。

问题探究

1）电火花穿孔加工一般应用于＿＿＿＿＿加工、＿＿＿＿＿加工、＿＿＿＿＿加工和＿＿＿＿＿加工等。

2）电火花型腔加工方法主要有＿＿＿＿＿、＿＿＿＿＿、＿＿＿＿＿、集束电极加工法等。

任务评价

任务评价按照学生任务分配表中的项目和评分标准进行。

活动过程小组评价表

电火花成形加工方法							
序号	考核评价指标		评价要素	学生自评	小组互评	教师评价	配分	成绩
1	过程考核	专业能力	电火花穿孔加工的常用方法				30	
			电火花型腔加工的常用方法					
			电火花铣削加工					
			小深孔的高速电火花加工					
2		方法能力	电火花成形加工方法等知识信息搜集，自主学习，分析、解决问题，归纳总结及创新能力				30	
3		社会能力	团队协作、沟通协调、语言表达能力				10	
4	常规考核		自学笔记				10	
5			课堂纪律				10	
6			回答问题				10	

总结反思

1）学到的新知识有哪些？

2）掌握的新技能有哪些？

_____

_____

_____

3）你对自己在本次任务中的表现是否满意？写出课后反思。

_____

_____

_____

_____

2.6 电火花加工工艺

任务描述

通过学习本部分内容，能了解电火花加工的步骤；能复述工件的准备、装夹与找正；能复述电极的准备；能了解平动量分配。要求：以小组为单位，通过查阅相关文献、网站等，掌握电火花加工工艺。

学前准备

电火花加工工艺主要由三部分组成：电火花加工的准备工作、电火花加工、电火花加工的检验。其中电火花加工的准备工作包括电极准备、电极装夹、工件准备、工件装夹和电极工件的找正等。电火花可以加工通孔和不通孔，前者习惯称为电火花穿孔加工，后者习惯称为电火花成形加工。请扫描二维码进行任务学前的准备。

学习目标

1）了解电火花加工的步骤。

2）能复述工件的准备、装夹与找正。

3）能复述电极的准备。

4）了解平动量分配。

知识导图

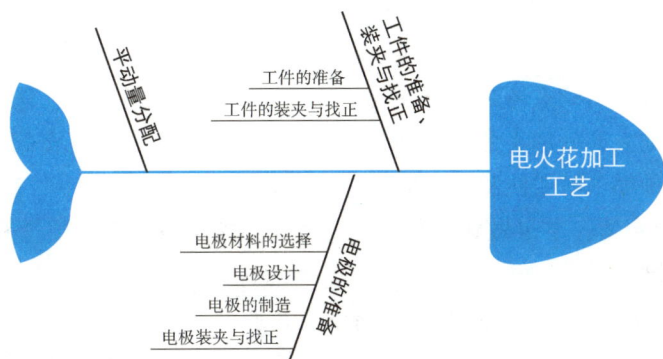

鱼骨图：电火花加工工艺
- 工件的准备、装夹与找正
  - 工件的准备
  - 工件的装夹与找正
- 平动量分配
- 电极的准备
  - 电极材料的选择
  - 电极设计
  - 电极的制造
  - 电极装夹与找正

相关知识

电火花加工的步骤如图 2-54 所示。

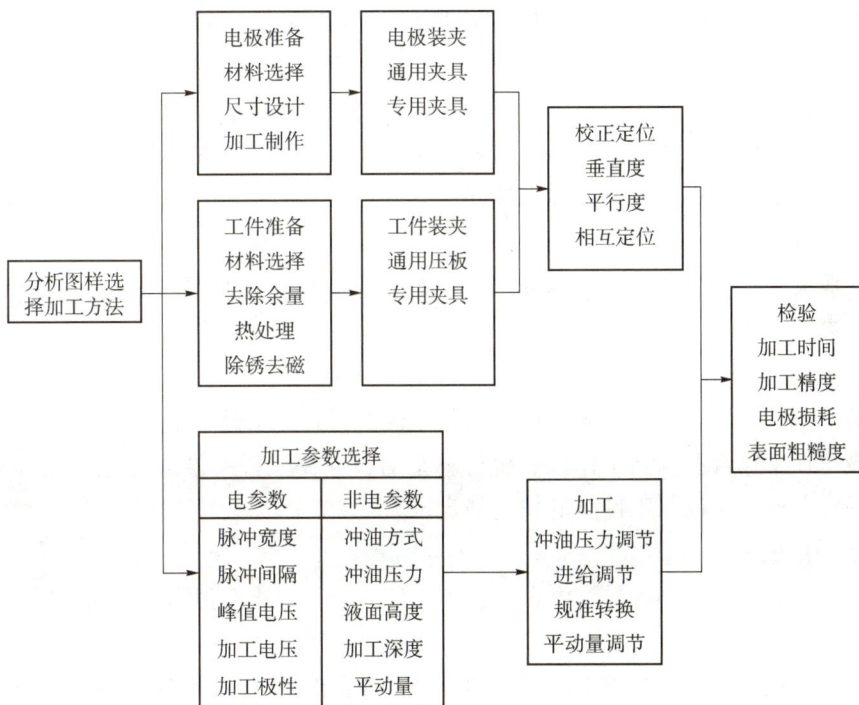

图 2-54　电火花加工的步骤

2.6.1 工件的准备、装夹与找正

1. 工件的准备

电火花加工在整个零件的加工中属于最后一道工序或接近最后一道工序，所以在加工前应认真准备工件，具体内容如下。

（1）工件的预加工

一般来说，机械切削的效率比电火花加工的效率高，所以使用电火花加工前，尽可能用机械加工的方法去除大部分加工余量，即预加工。预加工可以节省电火花粗加工的时间，提高总的生产率，但预加工时要注意以下问题。

1）所留余量要合适，尽量做到余量均匀，否则会影响型腔表面质量和电极不均匀的损耗，破坏型腔的精度。

2）对一些形状复杂的型腔，可直接进行电火花加工。

3）预加工后使用的电极上可能有铣削等机加工痕迹，如用这种电极精加工，则可能影响工件的表面质量。

4）预加工过的工件进行电火花加工时，在起始阶段，加工稳定性可能存在问题。

（2）热处理

工件在预加工后，便可以进行溶火、回火等热处理，即热处理工序尽量安排在电火花加工的前面，因为这样可以避免热处理变形对电火花加工尺寸精度和型腔形状等的影响。

热处理安排在电火花加工前也有其缺点，如电火花加工将溶火表层加工掉一部分，影响了热处理的质量和效果。所以，有些型腔安排在热处理前进行电火花加工，这样型腔加工后钳工抛光容易，并且溶火时的熔透性也较好。

（3）其他工序

工件在电火花加工前还必须除锈去磁，否则会在加工中工件吸附铁屑，很容易引起拉弧烧伤。

2. 工件的装夹与找正

一般情况下，工件可直接装夹在垫块或工作台上，通过压板压紧即可，也可采用永磁吸盘将工件吸牢在工作台上。当工作台有坐标移动时，应使工件基准线与拖板的 X 轴或 Y 轴移动方向一致，便于电极与工件间的找正与定位。

（1）工件的装夹

由于工件的形状、大小各异，电火花加工工件的装夹方法有很多种，通常用永磁吸盘来装夹工件。

在使用永磁吸盘时，首先将工件摆放到吸盘工件台面上，然后将内六角扳手插入吸盘侧孔内，沿顺时针方向转动180°到"ON"，这时吸盘即可吸住工件进行加工。工件加工完毕，再将扳手插入吸盘侧孔内，沿逆时针方向转动180°到"OFF"，就可以取下工件。在吸盘使用前，应擦干净其表面，以免划伤，使用完后应在吸盘的工作面上涂防锈油，以防锈蚀，使用时严禁敲击，以防吸盘的磁力降低。

（2）工件的校正

工件的校正就是使工件的工艺基准与机床 X、Y 轴的轴线平行，以保证工件的坐标系方向与机床的坐标系方向一致。在实际加工中，使用校表来校正工件是应用最广泛的校正方法。校表的结构由指示表和磁性表座组成。如图 2-55 所示，指示表有千分表和百分表两种，百分表的指示精度最小为 0.01 mm，千分表的指示精度最小为 0.001 mm，可根据加工精度要求来选择适当的校表。数控电火花加工属于精密加工范畴，一般使用千分表来校正工件。磁性表座用来连接指示表和固定端，其连接部分可以灵活摆成各种样式，使用非常方便。

图 2-55　校表的组成

多学一点

工件校正方法如图 2-56 所示。将千分表的磁性表座固定在机床主轴或其他位置上，将表架摆放到能方便校正工件的位置。将工件放在机床工作台上，通过目测方法将工件调整至大致与机床的坐标轴平行。当校正工件的上表面与机床的工作台平行时，千分表的测头与工件上表面接触，依次沿 X 轴与 Y 轴往复移动工作台，按千分表指示值调整工件，必要时在工件的底部与工作台之间塞铜片，直至千分表指针的偏摆范围达到所要求的数值。在校正工件的定位基准与机床 Y 轴（或 X 轴）平行时，使用手控盒将电极移动到相应的轴，使千分表的测头与工件的基准面充分接触，然后移动机床相应的坐标轴，观察千分表的刻度指针，若指针变化幅度较小，则说明工件与该坐标轴比较平行，这时用铜棒轻轻敲击，再移动相应的坐标轴，若指针摆动的幅度越来越小，则敲击的力度也要越来越小，要有耐心，直到工件的基准面与坐标轴的平行度达到要求为止。

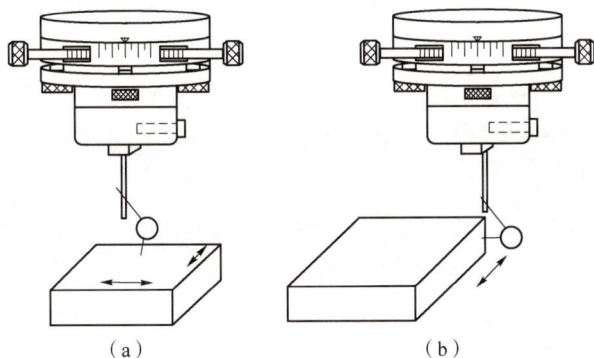

（a）　　　　　　　　　　　（b）

图 2-56　工件校正方法

（a）校正工件与工作台平行；（b）校正工件与 Y 轴平行

2.6.2 电极的准备

1. 电极材料的选择

电火花加工中的电极是用来蚀除工件材料的，它与常规机械加工中的刀具有严格的区分。它不是通用的而是专用的工具，必须按照工件的材料、形状、性能及加工要求来选择。一般情况下，电极材料必须具备以下特点：具有良好的导电性和耐电蚀性、机械加工性较好、材料价格便宜、来源丰富。常用作电火花成形加工的电极材料有石墨和纯铜。此外，还有黄铜、钢、铸铁、银钨合金和铜钨合金等。电火花加工常用电极材料的性能见表2-3。

表 2-3　电火花加工常用电极材料的性能

电极材料	电加工性能		机械加工性能	说明
	稳定性	电极损耗		
钢	较差	中等	好	在选择电参数时注意加工稳定性
铸铁	一般	中等	好	加工冲模时常用的电极材料
黄铜	好	大	较好	电极损耗太大
纯铜	好	较大	较差	机械加工性能好，易成形；电加工稳定性好，不易产生烧弧，但磨削困难
石墨	较好	小	较好	极易成形；密度小，易于大型电极的制作；成本低，仅为纯铜电极的1/2
铜钨合金	好	小	较好	价格高，在深孔、直壁孔、硬质合金模具加工中使用
银钨合金	好	小	较好	价格贵，一般很少用

（1）铸铁电极的特点

1）来源充足，价格低廉，机械加工性能好，便于采用成形磨削，因此电极的尺寸精度、几何精度及表面质量等都容易保证。

2）电极损耗和加工稳定性均较一般，容易起弧，生产率也不及铜电极。

3）它是一种较常用的电极材料，多用于穿孔加工。

（2）钢电极的特点

1）来源丰富，价格便宜，具有良好的机械加工性能。

2）加工稳定性较差，电极损耗较大，生产率也较低。

3）多用于一般的穿孔加工。

（3）纯铜电极的特点

1）加工稳定性好，生产率高。

2）精加工时比石墨电极损耗小。

3）易加工成精密、微细的花纹，采用精密加工时能达到低于1.25 μm的表面粗糙度值。

4）因其韧性大，故机械加工性能差，磨削加工困难。

5）适宜用作电火花成形加工的精加工电极材料。

（4）黄铜电极的特点

1）在加工过程中稳定性好、生产率高。

2）机械加工性能好，可用于仿形刨加工，也可用于成形磨削加工，但其磨削性能不如钢和铸铁。

3）电极损耗最大。

（5）石墨电极的特点

1）机加工成形容易，容易修正。

2）加工稳定性较好，生产率高，在长脉宽、大电流加工时电极损耗小。

3）机械强度差，尖角处易崩裂。

4）适用于电火花成形加工的粗加工电极材料。因为石墨的热胀系数小，也可作为穿孔加工的大电极材料。

2. 电极设计

电极设计是电火花加工中的关键点之一。在设计中，第一是详细分析产品图样，确定电火花加工的位置；第二是根据现有设备、材料和拟采用的加工工艺等具体情况确定电极的结构形式；第三是根据不同的电极损耗和放电间隙等工艺参数要求对照型腔尺寸进行缩放，同时要考虑工具电极各部位投入放电加工的先后顺序不同，工具电极上各点的总加工时间和损耗不同，同一电极上端角、边和面上的损耗值不同等因素来适当补偿电极。图 2-57 为经过损耗预测后对电极尺寸和形状进行补偿的示意图。

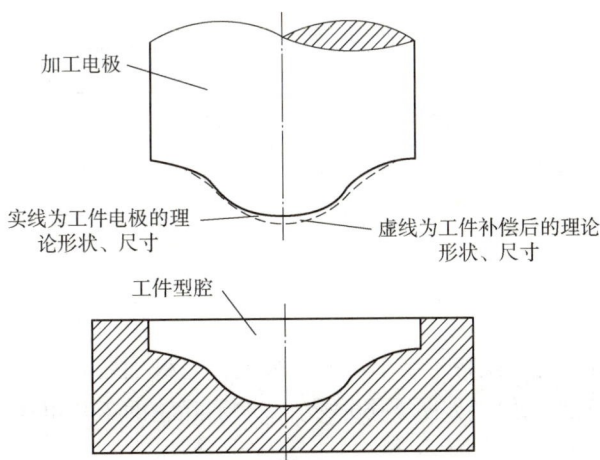

图 2-57　电极补偿

（1）电极的结构形式

电极的结构形式可根据型孔或型腔的尺寸大小、复杂程度及电极的加工工艺性等来确定。常用的电极结构形式有以下几种。

1）整体电极。整体电极由一整块材料制成，如图 2-58 所示。若电极尺寸较大，则需在电极内部设置减轻孔及多个冲油孔。

对于穿孔加工，有时为了提高生产率和加工精度及降低表面粗糙度值，常采用阶梯式整

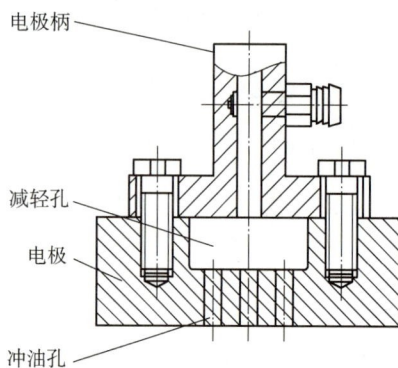

图 2-58 整体电极

体电极，即将原有的电极上适当增长，而增长部分的截面尺寸均匀减小，呈阶梯形。如图 2-59（a）所示，L_1 为原有电极的长度，L_2 为增长部分的长度。阶梯电极在电火花加工中的加工原理是先用电极增长部分 L_2 进行粗加工（图 2-59（b）），蚀除掉大部分金属，只留下很少余量，然后再用原有的电极进行精加工（图 2-59（c））。阶梯电极的优点是粗加工快速蚀除金属，将精加工的加工余量降低到最小值，提高了生产率，并可减少电极更换的次数，以简化操作。

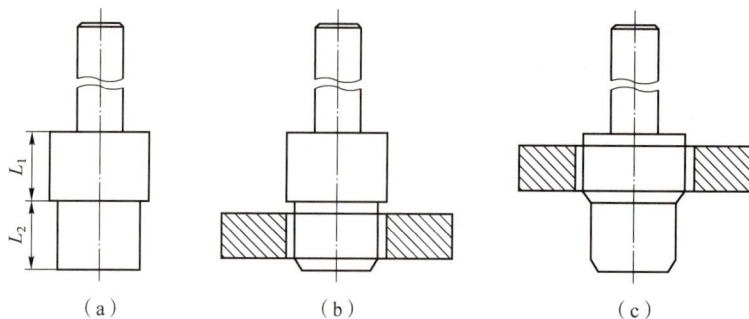

图 2-59 阶梯电极

（a）阶梯电极；（b）粗加工；（c）精加工

2）组合电极。组合电极是将若干个小电极组装在电极固定板上，可一次性同时完成多个成形表面电火花加工的电极。如图 2-60 所示，加工叶轮的工具电极是由多个小电极组装而成的。

3）镶拼式电极。镶拼式电极是将形状复杂而制造困难的电极分成几块来加工，然后再镶拼成整体的电极。这样就简化了电极的加工，节约了材料，降低了制造成本，但在制造中应保证各电极分块之间的位置准确，配合要紧密牢固。

（2）电极的尺寸

电极的尺寸包括垂直尺寸和水平尺寸，其公差是型腔相应部分公差的 1/2~2/3。

1）垂直尺寸。电极平行于机床主轴线方向上的尺寸称为电极的垂直尺寸。电极的垂直尺寸取决于采用的加工方法、加工工件的结构形式、加工深度、电极材料、型孔的复杂程度、装夹形式、使用次数、电极定位校直和电极制造工艺等一系列因素。

在设计中，综合考虑上述各种因素后，可以很容易地确定电极的垂直尺寸，下面简单举例说明。

如图 2-61（a）所示的凹模穿孔加工电极，L_1 为凹模板挖孔部分长度尺寸，在实际加工中，L_1 部分虽然无须电火花加工，但在设计电极时必须考虑该部分长度；L_3 为电极加工中端面损耗部分，在设计中也要考虑。

图 2-61（b）所示的电极用来清角，即清除某型腔的角部圆角，加工部分电极较细，受力易变形，由于电极定位、找正的需要，在实际中应适当增加长度 L_1 的部分。

图 2-61（c）所示为电火花成形加工电极，电极尺寸包括加工一个型腔的有效高度 L、加工一个型腔位于另一个型腔中需增加的高度 L_1、加工结束时电极夹具和夹具或压板不发生碰撞而应增加的高度 L_2 等。

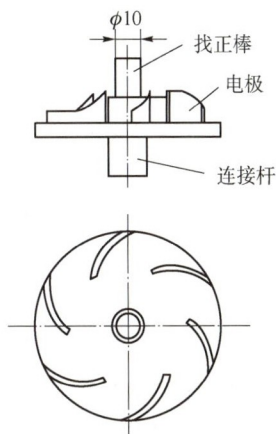

图 2-60 组合电极

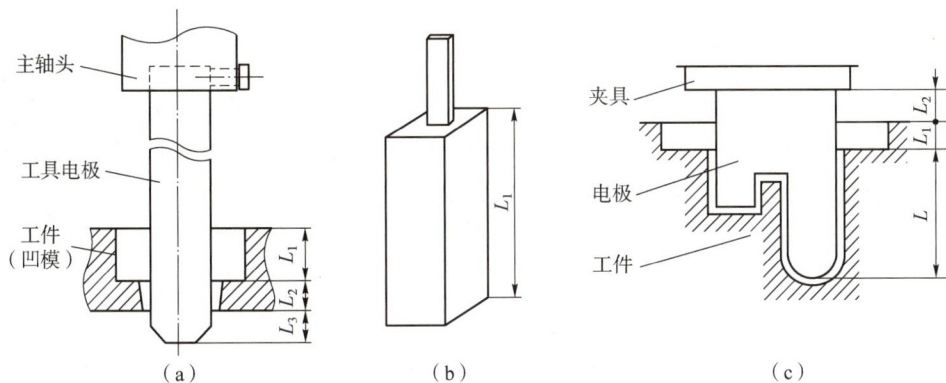

图 2-61 电极垂直尺寸的确定

2）水平尺寸。电极的水平尺寸是指与机床主轴轴线相垂直的横截面的尺寸，如图 2-62 所示。

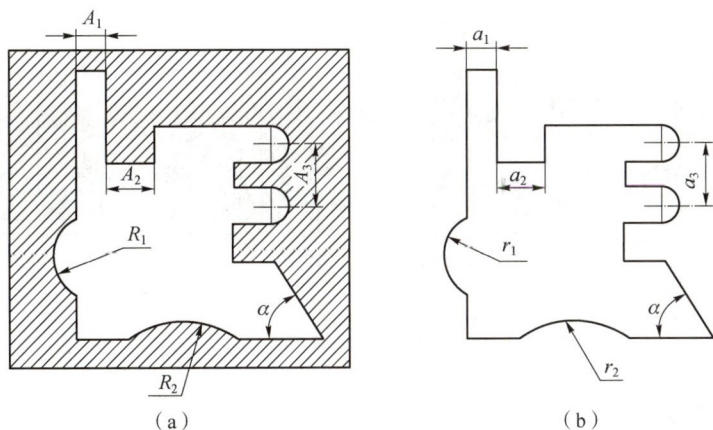

图 2-62 电极水平截面尺寸缩放示意图

（a）型腔；（b）电极

电极的水平尺寸可用下式确定：

$$a = A \pm Kb$$

式中　a——电极水平方向的尺寸（mm）；

　　　A——型腔水平方向的尺寸（mm）；

　　　K——与型腔尺寸标注法有关的系数；

　　　b——电极单边缩放量（mm）。

说明：

①凡图样上型腔凸出的部分，其相对应的电极凹入部分的尺寸应放大，即用"+"号；反之，凡图样上型腔凹入的部分，其相对应的电极凸出部分的尺寸应缩小，即用"−"号。

②K值的选择原则：当图中型腔尺寸完全标注在边界上（即相当于直径方向尺寸或两边界都为定形边界）时，K取2；一端以中心线或非边界线为基准（即相当于半径方向尺寸或一端边界定形另一端边界定位）时，K取1；对于图中型腔中心线之间的位置尺寸（即两边界为定位尺寸），电极上相对应的尺寸不增不减时，K取0。对于圆弧半径，也按上述原则确定。

3）电极的排气孔和冲油孔。在电火花成形加工中，型腔一般均为不通孔，排气和排屑条件较为困难，直接影响加工效率与稳定性，精加工时还会影响加工表面质量。为改善排气和排屑条件，大、中型腔加工电极都设计有排气孔和冲油孔。一般情况下，开孔的位置应尽量保证冲液均匀、气体易于排出。电极开孔如图2-63所示。

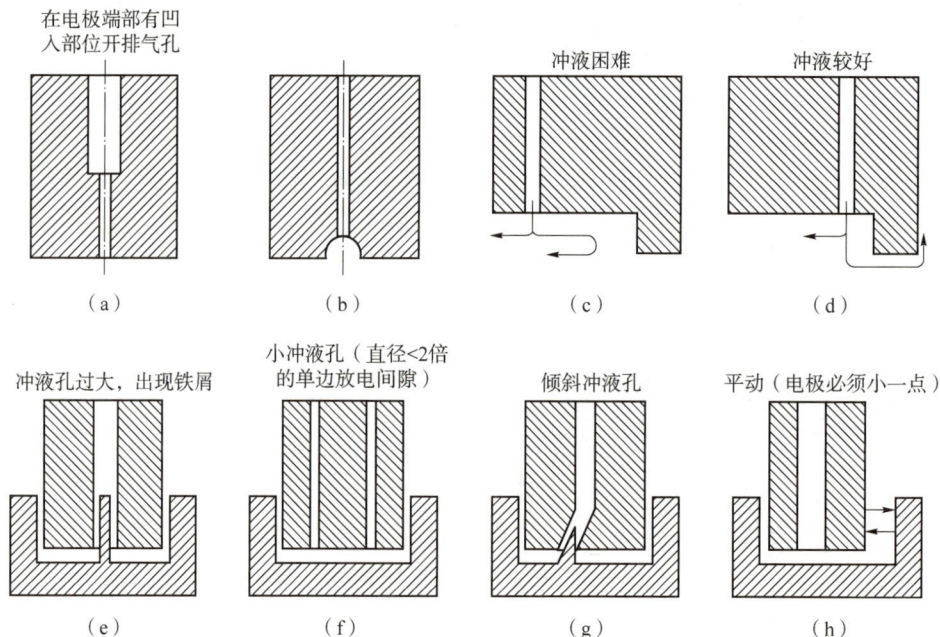

图 2-63　电极开孔

在实际设计中要注意以下几点。

①为便于排气，经常将冲油孔或排气孔上端的直径加大，如图2-63（a）所示。

②气孔尽量开在蚀除面积较大以及电极端部凹入的位置，如图2-63（b）所示。

③冲油孔要尽量开在不易排屑的拐角、窄缝处。图 2-63（c）所示冲油孔情况不好，图 2-63（d）所示冲油孔情况较好。

④排气孔和冲油孔的直径为平动量的 1~2 倍，一般取 1.0~1.5 mm；为便于排气排屑，常把排气孔和冲油孔的上端孔径加大到 5~8 mm，孔距为 20~40 mm，且位置相对错开，以免加工表面出现"波纹"。

⑤尽可能避免冲油孔在加工后留下的柱芯。图 2-63（f）、图 2-63（g）、图 2-63（h）所示较好，图 2-63（e）所示不好。

⑥冲油孔的布置需注意冲油要流畅，不可出现无工作介质流经的"死区"。

3. 电极的制造

在进行电极制造时，尽可能将要加工的电极坯料装夹在即将进行电火花加工的装夹系统上，避免因装卸而产生定位误差。

常用的电极制造方法有以下两种。

（1）切削加工

过去常见的切削加工有车、铣、磨等方法。随着数控技术的发展，目前经常采用数控铣床（加工中心）制造电极。数控铣削加工电极不仅能加工精度高、形状复杂的电极，而且速度快。石墨材料加工时容易碎裂、粉末飞扬，所以在加工前需将石墨放在工作介质中浸泡 2~3 天，这样可以有效减少崩角及粉末飞扬。纯铜材料切削较困难，为了达到较好的表面质量，经常在切削加工后进行研磨抛光加工。

在用混合法穿孔加工冲模的凹模时，为了缩短电极和凸模的制造周期，保证电极与凸模的轮廓一致，通常采用电极与凸模联合成形磨削的方法。这种方法的电极材料大多选用铸铁和钢。

当电极材料为铸铁时，电极与凸模常用环氧树脂等材料胶合在一起。对于截面积较小的工件，由于不易粘牢，为防止在磨削过程中发生电极或凸模脱落现象，可采用锡焊或机械方法使电极与凸模连接在一起。当电极材料为钢时，可把凸模加长些，将其作为电极，即把电极和凸模做成一个整体。采用电极与凸模联合成形磨削时，其共同截面的公称尺寸应直接按凸模的公称尺寸进行磨削，公差取凸模公差的 1/2~2/3。

当凸、凹模的配合间隙等于放电间隙时，磨削后电极的轮廓尺寸与凸模完全相同；当凸、凹模的配合间隙小于放电间隙时，电极的轮廓尺寸应小于凸模的轮廓尺寸，在生产中可用化学腐蚀法将电极尺寸缩小至设计尺寸；当凸、凹模的配合间隙大于放电间隙时，电极的轮廓尺寸应大于凸模的轮廓尺寸，在生产中可用电镀法将电极尺寸扩大到设计尺寸。

（2）线切割加工

除用机械方法制造电极以外，在比较特殊的场合下，也可用线切割加工电极，适用于形状特别复杂、用机械加工方法无法胜任或很难保证精度的情况。如图 2-64 所示的电极，在使用机械加工方法制造时，通常是把电极分成 4 部分来加工，再镶拼成一个整体，如图 2-64（a）所示。由于分块加工中产生的误差及拼合时的接缝间隙和位置精度的影响，电极产生一定的形状误差。

如果使用线切割加工机床对电极进行加工，则可很容易将其制作出来，并能很好地保证精度，如图 2-64（b）所示。

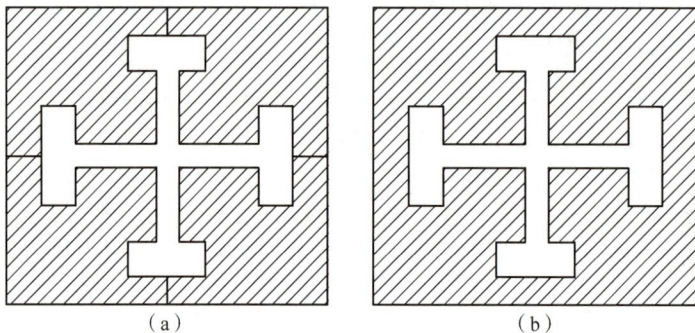

图 2-64　电极水平截面尺寸缩放示意图

（a）机械加工；（b）线切割加工

4. 电极装夹与找正

电极装夹的目的是将电极安装在机床的主轴头上，电极找正的目的是使电极的轴线平行于主轴头的轴线，即保证电极与工作台台面垂直，必要时还应保证电极的横截面基准与机床的 X、Y 轴平行。

（1）电极的装夹

在安装电极时，一般使用通用夹具或专用夹具直接将电极装夹在机床主轴的下端。常用的电极装夹方法有以下几种。

1）小型的整体式电极多数采用通用夹具直接装夹在机床主轴下端，采用标准套筒、钻夹头装夹，如图 2-65 和图 2-66 所示；对于尺寸较大的电极，常将电极通过螺纹夹头直接装夹在夹具上，如图 2-67 所示。

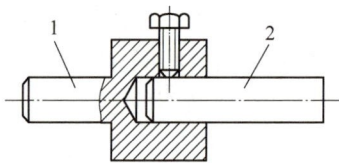

图 2-65　用标准套筒装夹电极

1—标准套筒；2—电极

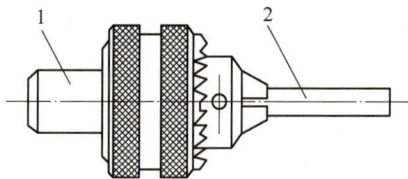

图 2-66　用钻夹头装夹电极

1—钻夹头；2—电极

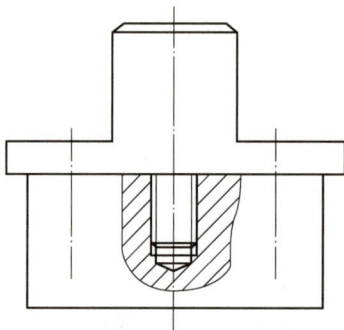

图 2-67　用螺纹夹头装夹电极

2）镶拼式电极的装夹比较复杂，一般先用连接板将几块电极拼接成所需的整体，然后用机械方法固定，也可用聚氯乙烯醋酸溶液或环氧树脂粘合。在拼接时，各接合面需平整密合，然后将连接板连同电极一起装夹在电极柄上。

当电极采用石墨材料时，应注意以下几点。

①由于石墨较脆，故不宜攻螺孔，因此可用螺栓或压板将电极固定于连接板上。石墨电极的装夹如图 2-68 所示。

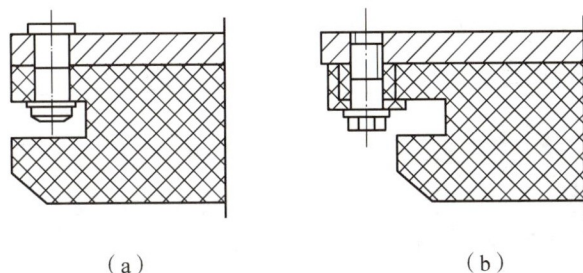

（a）   （b）

图 2-68   石墨电极的装夹

②不论是整体的或拼合的电极，都应使石墨压制时的施压方向与电火花加工时的进给方向垂直。

（2）电极的找正

电极装夹到主轴上后，必须进行找正。一般的找正方法有以下几种。

1）根据电极的侧基准，采用千分表找正电极的垂直度。

2）电极上无侧面基准时，将电极上端面作为辅助基准找正电极的垂直度，如图 2-69 所示。

3）按电极端面火花打印找正电极。采用精加工参数使电极在模块平面上放电打印，调节电火花至均匀即可。

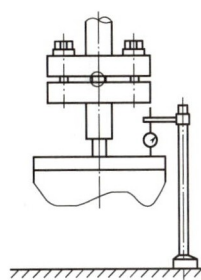

图 2-69   按辅助基准面找正电极

2.6.3　平动量分配

数控电火花加工机床有许多配置好的最佳成套电参数。自动选择电参数时，只要把所需要输入的条件准确输入，即可自动配置好电参数。机床配置的电参数一般能满足加工要求，操作简单，避免了加工过程中人为的干预。而传统电火花加工机床要求操作者具有丰富的工作经验，能够根据加工要求灵活地配置电参数。

平动量的分配是单电极平动加工法的一个关键问题。粗加工时，电极不平动。使用中间各挡加工时，平动量的分配主要取决于被加工表面由粗变细的修光余量。此外，平动量的分配还和电极损耗、平动头原始偏心量、主轴进给运动的精度等有关。

任务实施

步骤一：上中国知网检索电火花加工工艺的相关文献。

步骤二：总结工件的准备、装夹与找正的常用方法及电极的准备。

步骤三：针对电火花加工的步骤等做具体论述。

问题探究

1）一般来说，机械切削的效率比电火花加工的效率高，所以使用电火花加工前，尽可能用机械加工的方法去除大部分加工余量，即_____。

2）常用作电火花成形加工的电极材料有_____和_____。

3）常用的电极结构形式有_____、_____和_____。

任务评价

任务评价按照学生任务分配表中的项目和评分标准进行。

活动过程小组评价表

电火花加工工艺							
序号	考核评价指标		评价要素	学生自评	小组互评	教师评价	配分	成绩
1	过程考核	专业能力	电火花加工的步骤				30	
			工件的准备、装夹与找正					
			电极的准备					
			平动量分配					
2		方法能力	电火花加工工艺等知识信息搜集，自主学习，分析、解决问题，归纳总结及创新能力				30	
3		社会能力	团队协作、沟通协调、语言表达能力				10	
4	常规考核		自学笔记				10	
5			课堂纪律				10	
6			回答问题				10	

总结反思

1）学到的新知识有哪些？

_____

_____

_____

2) 掌握的新技能有哪些？

_____

_____

3) 你对自己在本次任务中的表现是否满意？写出课后反思。

_____

_____

2.7　数控电火花加工编程实例

任务描述

通过学习本部分内容，能掌握机床坐标轴并复述机械坐标系和工件坐标系；能掌握数控电火花程序的构成；能了解 G 功能指令（准备功能指令）、M 功能指令（辅助功能指令）、T 功能指令、C 功能指令；能掌握电极的精确定位。要求：试加工本项目导读中图 2-1 所示孔形模具型腔零件。

学前准备

数控电火花加工编程有自动编程和手工编程两种方法。自动编程是指在计算机及其相应的软件系统支持下，自动生成数控程序的过程。数控电火花自动编程是通过数控电火花加工机床系统的智能编程软件，以人机对话方式确定加工对象和加工条件，自动进行运算并生成程序指令的过程。自动编程时只要输入如加工开始位置、加工方向、加工深度、电极缩放量、表面粗糙度要求、平动方式、平动量等条件，系统即可自动生成数控程序。手工编程是指由人工来完成数控编程中各个阶段工作的过程。编程时加工的轨迹、加工的参数均由人为指定。请扫描二维码进行任务学前的准备。

学习目标

1) 能掌握机床坐标轴。
2) 能复述机械坐标系和工件坐标系。
3) 能掌握数控电火花程序的构成。
4) 能掌握 G 功能指令。
5) 能掌握 M 功能指令。
6) 能掌握 T 功能指令。

7）能掌握 C 功能指令。

8）能掌握电极的精确定位。

9）能加工电火花成形典型工件。

知识导图

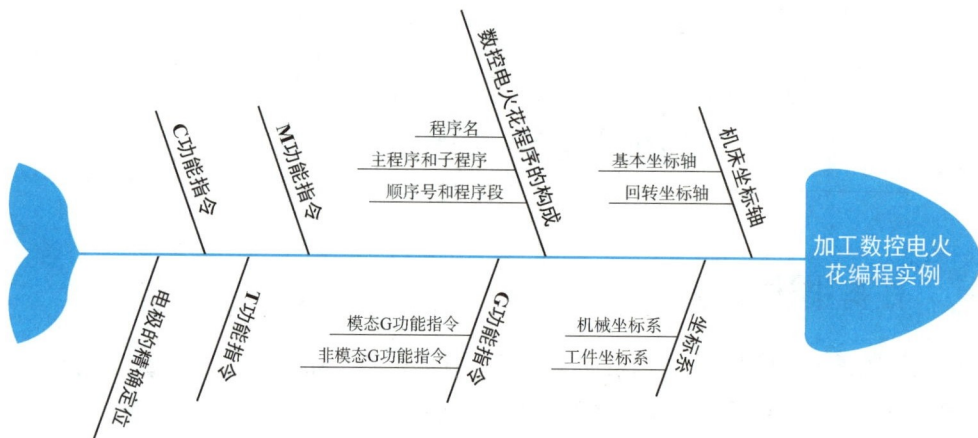

相关知识

2.7.1 机床坐标轴

坐标轴就是在机械装备中具有位移（线位移或角位移）控制和速度控制功能的运动轴。它有基本坐标轴和回转坐标轴之分。

为了简化编程和保证程序的通用性，对数控机床坐标轴的命名和方向制定了统一的标准：规定直线进给坐标轴用 X、Y、Z 表示，称为基本坐标轴；围绕 X、Y、Z 轴旋转的圆周进给坐标轴分别用 A、B、C 表示，称为回转坐标轴；在基本坐标轴 X、Y、Z 轴的基础上，另有轴线平行于它们，这些附加的坐标轴对应为 U、V、W 轴。

数控电火花加工常用到的坐标轴是 X、Y、Z。C 轴较少使用，一般只在先进的数控电火花加工机床上才有配套。

这些坐标轴的方向可按以下原则确定，如图 2-70 所示。

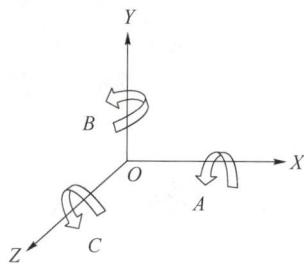

图 2-70 机床坐标轴

1）面对工作台左右方向为 X 轴，右边为 X 轴的正向，左边为 X 轴的负向。

2）面对工作台前后方向为 Y 轴，前面为 Y 轴的正向，后面为 Y 轴的负向。

3）主轴头运行的上下方向为 Z 轴，向上为 Z 轴的正向，向下为 Z 轴的负向。

4）围绕 Z 轴旋转的圆周进给坐标轴为 C 轴，顺时针为 C 轴的负向，逆时针为 C 轴的正向。

2.7.2 坐标系

坐标系分为机械坐标系与工件坐标系。

1. 机械坐标系

机械坐标系是用来确定工件坐标系的基本坐标系，机械坐标系的零点称为机械原点。机械原点的位置一般由机床参数设定，一经设定这个零点便被确定下来维持不变，不会因断电或改变工件坐标值等原因而改变。

2. 工件坐标系

工件坐标系是在机床已经建立机械坐标系的基础上，根据编程需要在工件或其他地方选定某一已知点设定为零点建立的坐标系。工件坐标系的零点称为工件零点。

2.7.3 数控电火花程序的构成

数控电火花加工与其他数控加工相比，它们的结构有些差别。数控电火花加工的程序相对来说要简单，主要是因为它加工运动的轨迹比较简单。

一般来说，数控电火花加工程序是由遵循一定结构、句法和格式规则的多个程序段组成的，每个程序段又是由若干个代码字组成的。每个代码字由一个地址（用字母表示）和一组数字组成，有些数字还带有符号。

1. 程序名

程序名就是程序的文件名，每一个程序都应有一个独立的文件名，目的是便于查找、调用，程序号的地址为英文字母（通常为 O、P 等），紧接着为 4 位数字，可编的范围为 0001～9999，如 O0017。

2. 主程序和子程序

数控电火花加工程序的主体分为主程序和子程序。数控系统执行程序时，按主程序指令运行，在主程序中遇到调用子程序的情形时，数控系统转入子程序按其指令运行，当子程序调用结束后，便重新返回继续执行主程序。

主程序是整个数控程序的主体，把第一次调用子程序的程序称为主程序。主程序由程序起始部分、调用子程序部分、结束部分三部分构成。

在加工中往往会有相同的工作步骤，将这些相同的步骤编写固定的程序，即子程序，在需要的地方调用，那么整个程序将会得到简化和缩短。

3. 顺序号和程序段

顺序号也称程序段号、程序段序号，是指加在每个程序段前的编号，主要有以下功能：用作程序执行过程中的编号；用作调用子程序的标记编号。

顺序号用英文字符 N 开头，后接 4 位十进制数，程序段号可编的范围为 0001～9999。程序段号通常以每次递增 1 以上的方式编号，如 N0010，N0020，N0030，…每次递增 10，其目的是留有插入新程序的余地。

一个完整的零件加工程序由多个程序段组成。一个程序段可以有多个代码字，也可以只有一个代码字。如 M05 G00 Z10，程序段中包含三个代码字；又如 G54，程序段中只有一个代码字。

屏幕识图电火花 ISO 代码程序中常用的代码和数据的输入形式如下：

G_：准备功能，可指令插补、平面、坐标系等，如 G00、G17。

X_，Y_，Z_，U_，V_，W_：坐标值代码，指定坐标移动值。

I_，J_，K_：表示圆弧中心坐标，如 I3。

A_：指定加工锥度。

M_：辅助功能指令，其后续数控一般为两位数（00~99），如 M02。

D_，H_：用于指定补偿量，如 D0001 或 H0001 表示取 1 号补偿值。

L_：用于指定子程序的循环执行次数，如 L3 表示循环 3 次。

2.7.4　G 功能指令

G 功能指令是设立机床工作方式或控制系统工作方式的一种命令。G 功能指令通常分为模态与非模态。模态 G 功能指令执行后，其定义的功能或状态保持有效，直到被同组其他 G 功能指令改变，如 G00、G01。模态 G 功能指令执行后，其定义的功能或状态被改变以前，后续的程序段执行该 G 功能指令时，可不需要再次输入该 G 功能指令。非模态 G 功能指令执行后，其定义的功能或状态一次性有效，每次执行该 G 功能指令时必须重新输入该 G 功能指令，如 G04 等。表 2-4 所示为常用的 G 功能指令。

表 2-4　常用的 G 功能指令

功能指令	功能	功能指令	功能
G00	电极以预先设定的快速移动速度，从当前位置快速移动到程序段指定目标点	G08	指定其指令后的 X 轴指令值与 Y 轴指令值交换
G01	电极从当前点进行直线插补到达指定的目标点上	G09	取消程序指定的镜像，交换模态
G02	电极在指定平面内进行顺时针方向圆弧插补加工	G11	跳过段首有"/"的程序段，不去执行该段程序
G03	电极在指定平面内进行逆时针方向圆弧插补加工	G12	忽略段首有"/"的程序段，照常执行该程序段
G04	执行完该指令的上一段程序之后，暂停一段指定的时间，再执行下一个程序段	G15	使 C 轴返回机械零点，对 G54~G59 坐标中的 U 值置零
G05	X 轴镜像，按指令方向的相反方向运动指定的距离	G17	指定 OXY 平面
G06	Y 轴镜像，按指令方向的相反方向运动指定的距离	G18	指定 OXZ 平面
G07	Z 轴镜像，按指令方向的相反方向运动指定的距离	G19	指定 OYZ 平面

功能指令	功能	功能指令	功能
G20	指定程序中尺寸值的单位为英制	G54	机床提供的工作坐标系 1
G21	指定程序中尺寸值的单位为公制	G55	机床提供的工作坐标系 2
G30	指定加工中电极的抬刀方式为按照指定方向抬刀	G80	使指定轴沿指定方向前进，直到电极与工件接触为止
G31	指定加工中电极的抬刀方式为按照加工路径反方向抬刀	G81	使机床指定轴回到极限位置
G32	指定加工中电极的抬刀方式为伺服轴回平动中心点后抬刀	G82	使电极移动到指定轴当前坐标的 1/2 处
G40	取消电极补偿模式	G83	把指定轴的当前坐标值读到指定的 H 寄存器中
G41	电极中心轨迹在编程轨迹上向左进行一个偏移	G90	绝对坐标，所有点的坐标值均以坐标系的零点为参考点
G42	电极中心轨迹在编程轨迹上向右进行一个偏移	G91	增量坐标，当前点的坐标值是以上一点为参考点得出的
G53	在固化的子程序中，进入子程序坐标系	G92	把当前点的坐标值设置成所需要的值

2.7.5 M 功能指令

M 功能指令用于控制机床中辅助装置的开关动作或状态。表 2-5 所示为日本沙迪克公司生产的某型号数控电火花机床的常用 M 功能指令。

表 2-5 常用 M 功能指令

功能指令	功能
M00	暂停程序的运行
M02	结束整个程序的运行
M05	忽略接触感知
M98	调用子程序
M99	子程序结束

2.7.6 T 功能指令

T 功能指令与机床操作面板上的手动开关相对应。在程序中使用这些功能指令，可以不必人工操作面板上的手动开关。表 2-6 所示为日本沙迪克公司生产的某型号数控电火花机床常用 T 功能指令。

表 2-6　常用 T 功能指令

功能指令	功能	功能指令	功能
T82	加工介质排液	T86	加工介质喷淋
T83	保持加工介质	T87	加工介质停止喷淋
T84	液压泵打开	T96	向加工槽送液
T85	液压泵关闭	T97	停止向加工槽送液

2.7.7　C 功能指令

C 功能指令是用来在程序中选择加工条件代码的指令。在程序中，C 功能指令用于选择加工条件，格式为 C×××。C 和数字间不能有别的字符，数字也不能省略，不够 3 位要补"0"，如 C005。各参数显示在加工条件显示区中，加工中可随时更改。系统可以存储 1 000 种加工条件，其中 0~99 为用户自定义加工条件，其余为系统内定加工条件。

2.7.8　电极的精确定位

下面以找工件的中心为例说明电极的精确定位。在实际操作中，是以基准边为基准还是以工件中心为基准来实现电极的定位，这主要通过图样来确定。如图 2-71 所示，利用数控电火花成形机床的 MDI 功能，手动操作使电极定位于型腔的中心。

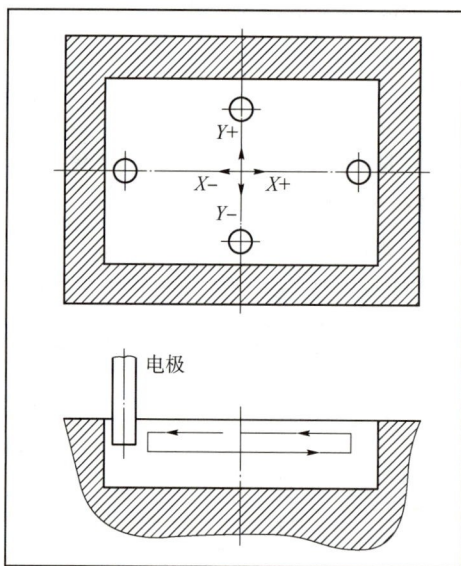

图 2-71　找工件中心

将工件型腔、电极表面的飞边去除干净，手动移动电极到型腔的中心，执行如下指令。

```
G80   X-;
G92   G54   X0;          //一般机床将 G54 工件坐标系作为默认工件坐标系,故 G54 可省略
M05   G80   X+;
M05   G82   X;           //移到 X 方向的中心
G92   X0;
G80   Y-;
G92   Y0;
M05   G80   Y+;
M05   G82   Y;           //移到 Y 方向的中心
G92   Y0;
```

通过上述操作,电极找到了型腔的中心。但考虑到实际操作中由于型腔、电极有飞边等意外因素的影响,应确认找正是否可靠。方法为:在找到型腔中心后,执行如下指令:

```
G92   G55   X0   Y0;     //将目前找到的中心在 G55 坐标系内的坐标值也设定为 X0   Y0
```

然后再重新执行前面的找正指令,找到中心后,观察 G55 坐标系内的坐标值。如果与刚才设定的零点相差不多,则认为找正成功;若相差过大,则说明找正有问题,必须接着进行上述步骤,至少保证最后两次找正位置基本重合。

任务实施

了解电火花加工安全防护,请扫描二维码进行学习。

任务实施

2.7.9 电火花成形加工实例

本项目导读中提出的孔形模具型腔零件图 2-1,其尺寸精度和表面粗糙度要求较高,故采用电极平动的加工方式,用电火花加工的实施要点见表 2-7。

表 2-7 实施要点

序号	功能	功能
1	表面光滑,表面粗糙度小	先粗加工,后精加工
2	位置尺寸精度要求高	电极的精准定位 工件的校正方法 电极的校正方法

仔细分析加工零件图,电火花加工孔形模具型腔的过程为:工件的准备(工件的装夹与校正)、电极的准备(电极设计、装夹及校正、电极定位)、选用加工条件、机床操作加工等。

1. 工件的准备

1)工件材料的选用。通常塑料模具型腔采用综合性能较好、硬度较高的硬质合金钢。

87

2）工件的准备。将工件去除飞边，除磁去锈。

3）工件的装夹与校正。工件装夹在电火花加工用的专用永磁吸盘上。利用千分表对工件进行校正，使工件的一边与机床坐标轴的 X 轴或 Y 轴平行。

2. 电极的准备

1）电极材料选择。电极材料选用纯铜。

2）电极的设计。本零件电极的结构设计要考虑电极的装夹与校正。其电极设计如图 2-72 所示。

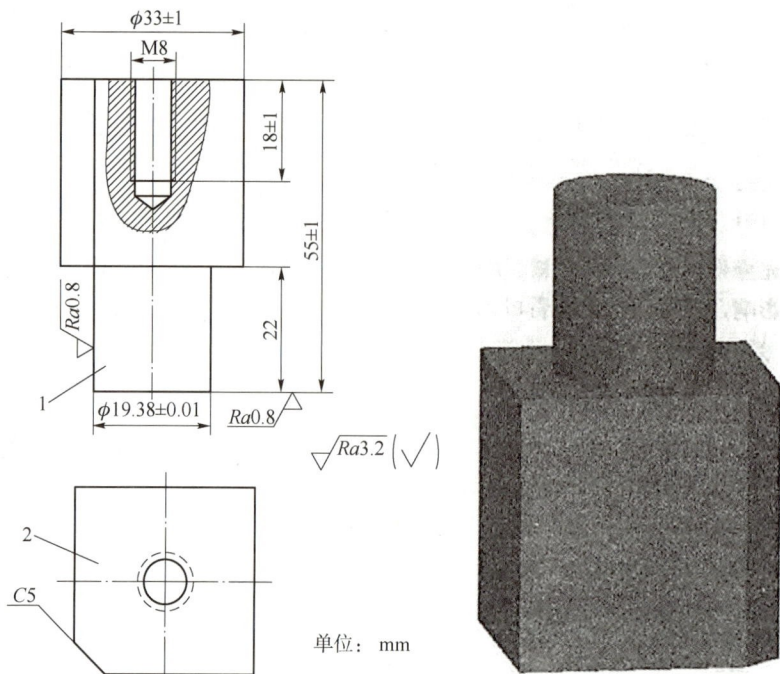

图 2-72　电极设计
1—直接加工部分；2—电极与机床主轴的装夹部分

3）结构分析。该电极共分 1、2 两个部分（图 2-72），各个部分的作用如下。

1 部分为直接加工部分，同时用来校正电极。另外，由于该电极形状对称，为了便于识别方向，特意设计了一个 5 mm 的倒角。

2 部分为电极与机床主轴的装夹部分。该部分的结构形式应根据电极装夹的夹具形式确定。

4）尺寸分析。垂直方向尺寸分析：电极 1 部分用来加工，根据经验在加工型腔深度 10 mm 的基础上需要增加 10~20 mm。水平方向尺寸分析：横截面尺寸最好根据加工条件确定或根据经验值确定。在没有实际经验的情况下应根据加工条件来选定。

根据加工孔的面积，$A \approx 3.14 \times 1 \ cm^2 = 3.14 \ cm^2$，若采用标准型参数（表 2-8），兼顾加工效率和电极损耗选择加工条件 C131，则理想的电极横截面尺寸为加工孔的直径减去安全间隙，即（20-0.61）mm = 19.39 mm。

表 2-8　标准型参数

条件号	面积/cm²	安全间隙/mm	放电间隙/mm	加工速度/(mm³·min⁻¹)	损耗/%	表面粗糙度Ra/μm		极性	电容	高压管数	管数	脉冲间隙	脉冲宽度	模式	损耗类型	伺服基准	伺服速度	极限值	
						侧面	底面											脉冲间隙	伺服基准
121	—	0.045	0.040	—	—	1.1	1.2	+	0	0	2	4	8	8	0	80	8	—	—
123	—	0.070	0.045	—	—	1.3	1.4	+	0	0	3	4	8	8	0	80	8	—	—
124	—	0.10	0.050	—	—	1.6	1.6	+	0	0	4	6	10	8	0	80	8	—	—
125	—	0.12	0.055	—	—	1.9	1.9	+	0	0	5	6	10	8	0	75	8	—	—
126	—	0.14	0.060	—	—	2.0	2.6	+	0	0	6	7	11	8	0	75	10	—	—
127	—	0.22	0.11	4.0	—	2.8	3.5	+	0	0	7	8	12	8	0	75	10	—	—
128	1	0.28	0.165	12.0	0.40	3.7	5.8	+	0	0	8	11	15	8	0	75	10	5	52
129	2	0.38	0.22	17.0	0.25	4.4	7.4	+	0	0	9	13	17	8	0	75	12	6	52
130	3	0.46	0.24	26.0	0.25	5.8	9.8	+	0	0	10	13	18	8	0	70	12	6	50
131	4	0.61	0.31	46.0	0.25	7.0	10.2	+	0	0	11	13	18	8	0	70	12	5	48
132	6	0.72	0.36	77.0	0.25	8.2	12	+	0	0	12	14	19	8	0	65	15	5	48
133	8	1.00	0.53	126.0	0.15	12.2	15.2	+	0	0	13	14	22	8	0	65	15	5	45
134	12	1.06	0.544	166.0	0.15	13.4	16.7	+	0	0	14	14	23	8	0	58	15	7	45
135	20	1.581	0.84	261.0	0.15	15.0	18.0	+	0	0	15	16	25	8	0	58	15	8	45

5）电极的装夹与校正。根据电极装夹与校正的方法将电极装夹在电极夹头上，校正电极。

6）电极的定位。本零件要求电极定位十分精确，电火花加工定位过程如图 2-73 所示，通常采用机床的自动找外中心功能实现电极在工件中心的定位。

在电极定位时，首先通过目测将电极移到工件中心正上方约 5 mm 处，如图 2-73（a）所示，将机床的工作坐标清零，然后通过手控盒将电极移到工件的左下方，如图 2-73（b）所示。电极移到工件左下方的具体数值可参考：在 Y 平面上，电极距离工件的侧边距离为 10~15 mm；在 XZ 平面上，电极低于工件上表面 5~10 mm。记下此时机床屏幕上的工件坐标，取整数分别输入机床找外中心屏幕上的 X 方向行程、Y 方向行程、下移距离，如图 2-73（c）所示。然后将电极移动到工件坐标系的零点，即最开始目测的工件中心上方约 5 mm 的地方。最后按照机床的相应说明操作机床，分别在 X+、X-、Y+、Y- 这 4 个方向对电极进行感知，并最终将电极定位于工件的中心。同理，电极通过 G80Z- 可以实现电极在 Z 方向的定位，如图 2-73（e）所示。

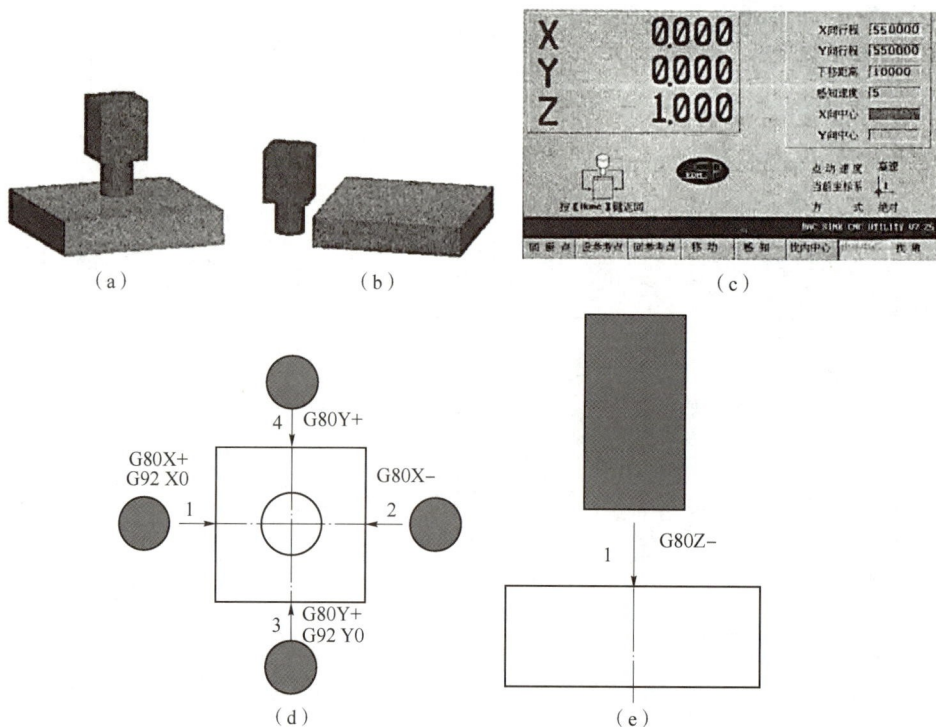

（a）　　　　（b）　　　　（c）

（d）　　　　　　　（e）

图 2-73　电极的定位

3. 加工条件的选择

根据加工型腔的面积，确定电极的理想尺寸为 ϕ19.39 mm，因此根据设计尺寸，实际加工出来的电极尺寸可能刚好等于 19.39 mm，也可能小于 19.39 mm，也可能大于 19.39 mm。下面以电极尺寸为 19.41 mm 为例说明加工条件的选择。

1）电极横截面尺寸为 3.14 cm²，根据表 2-9，可选择初始加工条件 C131，但采用 C131 时电极的最大尺寸为 19.39 mm（型腔尺寸减去安全间隙：（20-0.61）mm = 19.39 mm）。现有电极若大于 19.39 mm，则只能选择下一个条件 C130 为初始加工条件。当选择 C130 为初

始条件时，电极的最大直径为（20-0.46）mm = 19.54 mm。现电极尺寸为 19.41 mm，最终选择初始加工条件为 C130。

2）型腔加工的最终表面粗糙度为 $Ra2.0\ \mu m$，由表 2-9 选择最终加工条件 C125。因此，工件最终的加工条件为 C130—C129—C128—C127—C126—C125。

3）平动半径的确定。平动半径为电极尺寸收缩量的一半，即（型腔尺寸-电极尺寸）/2 = [（20-19.41）/2] mm = 0.295 mm。

4）每个条件的底面余量的计算方法。最后一个加工条件按该条件的单边火花放电间隙值 6，留底面加工余量。除最后一个加工条件外，其他底面余量按该加工条件的安全间隙值的一半（即 M2）留底面加工余量，具体见表 2-9。

表 2-9　实施要点分析　　　　　　　　　　　　　mm

项目 ＼ 加工条件	C130	C129	C128	C127	C126	C125
底面余量	0.23	0.19	0.14	0.11	0.07	0.0275
电极在 Z 方向放置	−10+0.23	−10+0.19	−10+0.14	−10+0.11	−10+0.07	−10+0.0275
放电间隙	0.24	0.22	0.165	0.11	0.06	0.055
该条件加工完后的孔深	−10+0.23 −0.24/2 =−9.89	−10+0.19 −0.22/2 =−9.92	−10+0.14 −0.165/2 =−9.941 3	−10+0.11 −0.11/2 =−9.945	−10+0.07 −0.06/2 =−9.96	−10+0.0275 −0.055/2 =−10
Z 方向加工量	9.89	0.03	0.023	0.002	0.015	0.04
备注	粗加工	粗加工	粗加工	粗加工	粗加工	精加工

4. 生成 ISO 代码

```
停止位置=1.000 mm
加工轴向=Z-
材料组合=铜-钢
工艺选择=标准值
加工深度=10.000 mm
尺寸差=0.590 mm
表面粗糙度=2.000 mm        方式=打开      型腔数=0
投影面积=3.14 cm²          自由圆形平动    平动半径:0.295 mm
T84;                       //液泵打开
G90;                       //绝对坐标系
G30Z+;                     //设定抬刀方向
H970=10.0000;(machine depth)   //加工深度值,便于编程计算
H980=1.0000;(up- stop position)  //机床加工后停止高度
G00Z0+H980;                //机床由安全高度快速下降定位到 Z=1 mm 位置
M98 P0130;                 //调用子程序 N0130
M98 P0129;                 //调用子程序 N0129
M98 P0128;                 //调用子程序 N0128
```

```
M98 P0127;                    //调用子程序 N0127
M98 P0126;                    //调用子程序 N0126
M98 P0125;                    //调用子程序 N0125
T85 M02;                      //关闭油泵,程序结束
N0130;
G00 Z+0.5;                    //快速定位到工件表面 0.5 mm 的地方
C130 OBT001 STEP0065;         //采用 C130 条件加工,平动量为 65 μm
G01 Z+0.230-H970;             //加工到深度为(-10+0.23) mm=-9.77 mm 的位置
M05 G00Z0+H980;               //忽略接触感知,快速抬到工件表面 1 mm 位置
M99;                          //子程序结束,返回主程序
;
N0129;
G00 Z+0.5;                    //快速定位到工件表面 0.5 mm 的地方
C129 OBT001 STEP0143;         //采用 C129 条件加工,平动量为 143 μm
G01 Z+0.190-H970;             //加工到深度为(-10+0.19) mm=-9.81 mm 的位置
M05 G00 Z0+H980;              //忽略接触感知,快速抬到工件表面 1 mm 位置
M99;
;
N0128;
G00 Z+0.5;
C128 OBT001 STEP0183;         //采用 C128 条件加工,平动量为 183 μm
G01 Z+0.140-H970;             //加工到深度为(-10+0.14) mm=-9.86 mm 的位置
M05 G00 Z0+H980;
M99;
;
N0127;
G00Z+0.5;
C128 OBT001 STEP0207;         //采用 C127 条件加工,平动量为 207 μm
G01 Z+0.110-H970;             //加工到深度为(-10+0.11) mm=-9.89 mm 的位置
M05 G00Z0+H980;
M99;
;
N0126;
G00 Z+0.5;
C126 OBT001 STEP0239;         //采用 C126 条件加工,平动量为 239 μm
G01 Z+0.070-H970;             //加工到深度为(-10+0.07) mm=-9.93 mm 的位置
M05 G00Z0+H980;
M99;
;
N0125;
G00 Z+0.5;
```

```
C126 OBT001 STEP0268;          //采用 C125 条件加工,平动量为 268 μm
G01 Z+0.027-H970;              //加工到深度为(-10+0.027) mm＝-9.973 mm 的位置
M05 G00 Z0+H980;
M99;
```

问题探究

1）数控电火花加工编程有_____和_____两种方法。

2）对数控机床坐标轴的命名和方向制定了统一的标准：规定直线进给坐标轴用 X、Y、Z 表示，称为_____；围绕 X、Y、Z 轴旋转的圆周进给坐标轴分别用 A、B、C 表示，称为_____。

3）数控电火花加工程序的主体分为_____和_____。

4）G 功能指令通常分为_____指令与_____指令。

5）_____功能指令用于控制机床中辅助装置的开关动作或状态。

任务评价

任务评价按照学生任务分配表中的项目和评分标准进行。

活动过程小组评价表

数控电火花编程								
序号	考核评价指标		评价要素	学生自评	小组互评	教师评价	配分	成绩
1	过程考核	专业能力	机床坐标轴				30	
			机械坐标系和工件坐标系					
			数控电火花程序的构成					
			G 功能指令、M 功能指令、T 功能指令、C 功能指令					
			电极的精确定位					
2		方法能力	数控电火花编程等知识信息搜集，自主学习，分析、解决问题，归纳总结及创新能力				30	
3		社会能力	团队协作、沟通协调、语言表达能力				10	

续表

		数控电火花编程					
4	常规考核	自学笔记				10	
5		课堂纪律				10	
6		回答问题				10	

总结反思

1）学到的新知识有哪些？

2）掌握的新技能有哪些？

3）你对自己在本次任务中的表现是否满意？写出课后反思。

拓展知识

请扫描二维码进行拓展知识的学习。

项目思考与练习

2-1　电火花加工需要具备哪些基本条件？

2-2　一次电火花的放电过程可以划分为哪几个工作阶段？

2-3　电火花成形加工机床主要由哪几大部分组成？各个部分的主要功能是什么？

2-4　简述电火花加工的优点与其局限性。

2-5　在装夹电极时有哪些注意事项？常用的电极装夹方法有哪些？常用的电极校正方法有哪些？

2-6　术语解释：放电加工、火花放电、极性效应、电蚀产物、击穿电压。

2-7　电火花成形加工通常选用纯铜或石墨电极，请说明原因。在什么加工条件下选择纯铜电极？什么条件下选择石墨电极？

2-8　影响电火花加工质量的因素有哪些？

2-9　电火花型腔加工常用哪几种工艺方法？

项目 3 电火花线切割加工技术

项目学习导航

学习目标	➢ 素质目标 1）塑造学生爱国敬业、使命奉献的核心价值观。 2）培养学生严谨细致、精益求精的工匠精神。 3）培养学生实践应用、自主探究的创新精神。 4）培养学生团队协作、安全文明的职业素养。 ➢ 知识目标 1）掌握电火花线切割加工原理。 2）掌握电火花线切割加工工艺及编程。 3）理解电火花线切割加工对材料可加工性和结构工艺性的影响 ➢ 能力目标 1）能掌握电火花线切割加工原理。 2）能掌握电火花线切割加工工艺及编程。 3）能理解电火花线切割加工对材料可加工性和结构工艺性的影响
教学重点	电火花线切割加工原理、加工工艺、编程及加工参数的合理调整
教学难点	合理调整加工参数，分析加工故障原因并给出解决方法
建议学时	6 学时

项目导入

图 3-1 所示为待加工零件，这类零件加工的特点是：直棱直角，材料硬、件薄，常规机加工刀具磨损大。如何用电火花线切割加工完成该零件呢？通过本项目相关内容的学习，我们就可以完成该零件的加工。

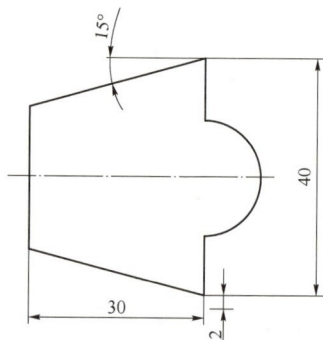

图 3-1 待加工零件

任务分组

学生任务分配表

班级		组号		指导教师	
组长		学号			
组员	学号	姓名	学号	姓名	
	任务分工				

3.1　电火花线切割加工概述

任务描述

通过学习本部分内容，能够复述电火花线切割加工的原理、特点及应用领域。要求：以小组为单位，通过查阅相关文献、网站等，总结关于当前电火花线切割加工的应用，并提交一份对应的研究分析报告。

学前准备

电火花线切割加工是在电火花加工的基础上发展起来的一种新兴工艺形式，起源于 20 世纪 50 年代末的苏联。它采用线状电极（通常为钼丝或黄铜丝），靠火花放电对工件进行切割，故称为电火花线切割。目前，电火花线切割技术已获得广泛的应用，国内外的线切割机床已占电加工机床的 60% 以上。本任务以电火花线切割加工原理为引导，你能查阅资料，简要地介绍电火花线切割加工的概念、原理、特点及应用吗？请扫描二维码进行任务学前的准备。

学习目标

1) 能复述电火花线切割加工原理。
2) 能复述电火花线切割加工特点。
3) 能复述电火花线切割加工应用范围。
4) 能复述电火花线切割加工常见的加工术语。

知识导图

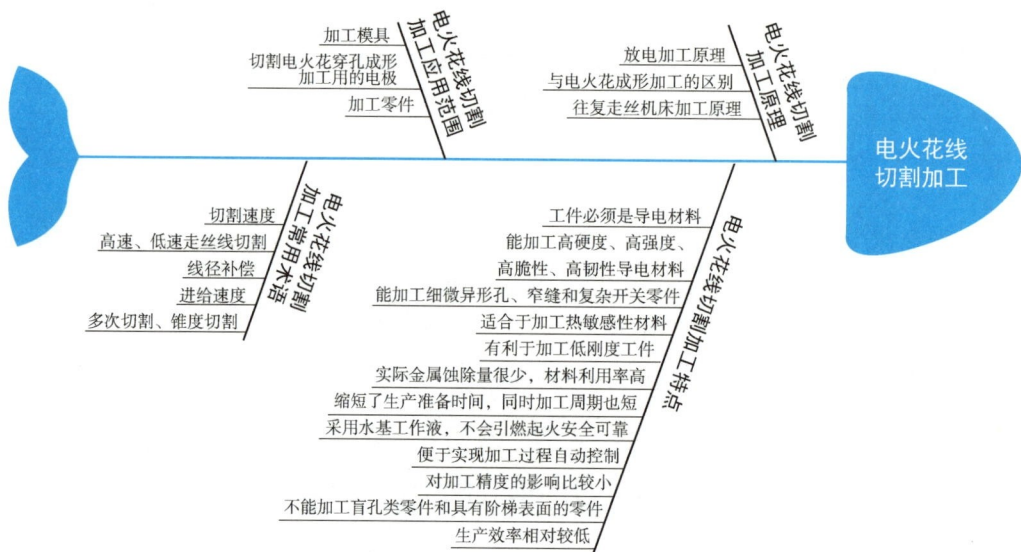

相关知识

3.1.1 电火花线切割加工原理

电火花线切割加工是利用移动的金属线（黄铜丝或钼丝）作为电极（负极），工作台作为正极，在线电极和工件之间施加高频的脉冲电压，并置于乳化液或者去离子水等工作液中，使其不断产生火花放电，工件不断被电蚀，从而达到对工件进行加工的目的。它具有"以不变应万变"切割成形的特点，可切割各种二维、三维和多维表面。

多学一点

电火花线切割加工与电火花成形加工一样，都是基于电极间脉冲放电时的电蚀现象。所不同的是，电火花成形加工必须事先将工具电极做成所需要的形状和尺寸精度，在加工过程中将它逐步复制在工件上，以获得所需要的零件。电火花线切割加工则是用一根细长的金属丝做电极，并以一定的速度沿电极丝轴线方向移动，不断进入和离开切缝内的放电加工区。加工时，脉冲电源的正极接工件，负极接电极丝，并在电极丝和工件切缝之间喷注液体介质；同时，安装工件的工作台由控制装置根据预定的切割轨迹控制伺服电动机驱动，从而加工出所需要的零件。控制加工轨迹（加工的形状和尺寸）是由控制装置来完成的。

下面以往复走丝机床为例，说明电火花线切割加工的原理。如图3-2所示为往复高速走丝电火花线切割工艺及机床示意图。利用钼丝4作为工具电极进行切割，储丝筒7使钼丝做正反向交替移动，加工能源由脉冲电源3供给。在电极丝和工件之间浇注工作液，工作台在水平面两个坐标方向各自按规定的控制程序，根据火花间隙的状态做伺服进给运动，从而合成各种曲线轨迹，把工件切割成形。

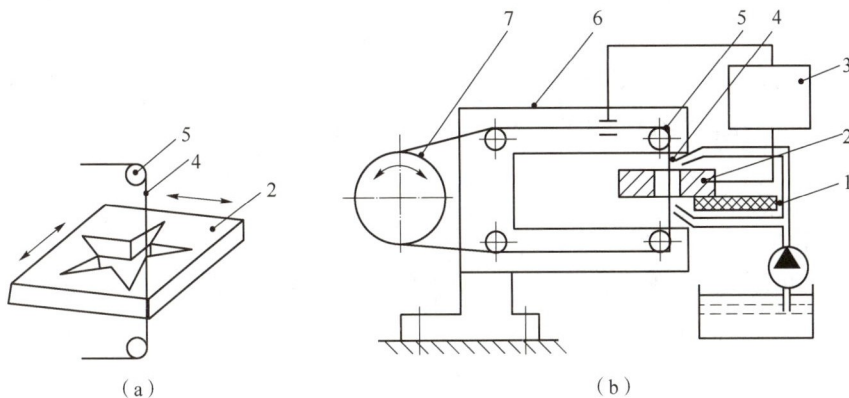

图3-2 往复高速走丝电火花线切割工艺及机床示意图

1—绝缘底板；2—工件；3—脉冲电源；4—钼丝；5—导向轮；6—支架；7—储丝筒

想一想

电火花线切割加工适合加工哪种类型的工件？

3.1.2 电火花线切割加工特点

数控电火花线切割加工具有以下特点。

1）工件必须是导电材料，能加工传统方法难加工或无法加工的高硬度、高强度、高脆性、高韧性等导电材料及半导体材料。

2）由于电极丝细小，因此可以加工细微异形孔、窄缝和复杂形状零件。

3）由于工件被加工表面受热影响小，因此，适合于加工热敏感性材料。同时，由于脉冲能量集中在很小的范围内，因此加工精度较高。

4）在加工过程中，电极丝与工件不直接接触，没有宏观切削力，有利于加工低刚度工件。

5）由于加工产生的切缝窄，实际金属蚀除量很少，因此材料利用率高。由于切缝很窄且只对工件材料进行套料加工，因此实际金属去除量也很少，材料的利用率很高，这对贵金属加工具有重要意义。

6）与电火花成形相比，用电极丝代替成形电极，省去了成形工具电极的设计和制造费用，用简单的电极丝，靠数控技术实现复杂的切割轨迹，缩短了生产准备时间，同时加工周期也短，这不仅对新产品的试制很有意义，也提高了大批量生产的快速性和柔性。

7）一般采用水基工作液，不会引燃起火，容易实现安全无人运转，安全可靠。

8）直接利用电能进行加工，电参数容易调节，便于实现加工过程的自动控制。

9）由于采用移动的长电极丝进行加工，因此单位长度的电极丝的损耗较少，从而对加工精度的影响比较小，特别是在低速走丝线切割加工时，电极丝为一次性使用，其损耗对加工精度的影响更小。

数控电火花线切割加工的缺点如下。

1）因为使用电极丝进行贯通加工，所以不能加工盲孔类零件和具有阶梯表面的零件。

2）因为使用一根很细的电极丝来电蚀金属，能量有限，所以生产效率相对较低。

想一想

电火花线切割加工与电火花成形加工的主要区别是什么？

3.1.3　电火花线切割加工应用范围

电火花线切割加工为新产品试制、精密零件加工及模具制造开辟了一条新的工艺途径。它主要应用于以下几个方面。

1. 加工模具

电火花线切割加工适用于各种形状的冲模。调整不同的间隙补偿量，只需一次编程就可以切割凸模、凸固定板、凹模及卸料板等。模具配合间隙、加工精度通常能达到 0.01~0.02 mm（往复高速走丝线切割机床）和 0.002~0.005 mm（单向低速走丝线切割机床）的要求。此外，还可加工挤压模、粉末冶金模、弯曲模、塑压模等，也可以加工带锥度的模具。

2. 切割电火花穿孔成形加工用的电极

一般穿孔加工用的电极和带锥度型腔加工用的电极，以及铜钨、银钨合金之类的电极材料，用电火花线切割加工特别经济，同时也适用于加工微细、形状复杂的电极。

3. 加工零件

在试制新产品时，用线切割的方法在坯料上直接切割出零件，如试制切割特殊微型电动机硅钢片定子、转子铁芯，由于无须另行制造模具，可大幅缩短制造周期、降低成本。另外修改设计、变更加工程序比较方便，加工薄件时还可以多片叠在一起加工。

多学一点

在零件制造方面，可用于加工品种多、数量少的零件，特殊难加工材料的零件，材料试验样件，以及各种型孔、型面、特殊齿轮、凸轮、样板和成形刀具。有些具有锥度切割功能的线切割机床，可以加工出上下异形面的零件。线切割还可以进行微细加工及异形槽和"标准缺陷"的加工等。

想一想

电火花线切割加工时电极丝起始动作能否从工件外切入工件内？

3.1.4 电火花线切割加工常用术语

1）切割速度：在保持一定表面质量的切割过程中，单位时间内电极丝中心线在工件上扫过的面积的总和（mm^2/min）

2）高速走丝电火花线切割加工（WEDM-HS）：电极丝高速往复运动的电火花线切割加工，一般走丝速度为 8~10 m/s。

3）低速走丝线切割（WEDM-LS）：电极丝低速单向运动的电火花线切割加工，一般走丝速度为 10~15 m/min。

4）线径补偿：又称间隙补偿或相丝偏移。为获得所要求的加工轮廓尺寸，数控系统通过对电极丝运动轨迹轮廓进行扩大或缩小来进行偏移补偿。

5）进给速度：加工过程中电极丝中心沿切割方向相对于工件的移动速度（mm/min）。

6）多次切割：同一表面先后进行两次或两次以上的切割，以改善表面质量及加工精度的切割方法。

7）锥度切割：钼丝以一定的倾斜角进行切割的方法。

想一想

你还了解哪些电火花线切割加工中的术语？

任务实施

步骤一：查阅有关电火花线切割加工原理及分类的相关文献资料。

步骤二：总结电火花线切割加工应具备的条件及特点。

步骤三：针对电火花线切割加工应用领域做具体论述。

问题探究

1）电火花线切割加工是利用移动的_____作为电极（负极），工作台作为_____极，在线电极和工件之间施加高频的_____电压，并置于_____或者_____等工作液中，使其不断产生_____，工件不断被电蚀，从而达到对工件进行加工的目的。

2）电火花线切割加工中工件必须是_____材料，电极丝与工件_____接触，一般采用_____工作液。

3）电火花线切割加工能加工传统方法_____加工或_____加工的材料，可以加工细微异形孔、_____ 和 _____ 形状零件，加工精度 _____，材料利用率 _____。

　　4）因为使用电极丝进行 _____ 加工，所以不能加工 _____ 类零件和具有 _____ 表面的零件。因为使用一根很细的电极丝电蚀金属，能量有限，所以生产效率相对 _____。

　　5）电火花线切割加工常用术语包括：_____ 速度、_____ 走丝线切割、_____ 走丝线切割、_____ 补偿、_____ 速度、多次切割、_____ 切割等。

任务评价

任务评价按照学生任务分配表中的项目和评分标准进行。

活动过程小组评价表

电火花线切割加工概述							
序号	考核评价指标		评价要素	学生自评	小组互评	教师评价	配分	成绩
1	过程考核	专业能力	电火花线切割加工原理				30	
			电火花线切割加工特点					
			电火花线切割加工应用范围					
			电火花线切割加工常用术语					
2		方法能力	电火花线切割加工基础知识信息搜集，自主学习，分析、解决问题，归纳总结及创新能力				30	
3		社会能力	团队协作、沟通协调、语言表达能力				10	
4	常规考核		自学笔记				10	
5			课堂纪律				10	
6			回答问题				10	

总结反思

　　1）学到的新知识有哪些？

_____

_____

_____

2）掌握的新技能有哪些？

_____

_____

_____

3）你对自己在本次任务中的表现是否满意？写出课后反思。

_____

_____

_____

_____

3.2　电火花线切割加工设备

任务描述

通过学习本部分内容，能够复述并选择电火花线切割机床设备。要求：以小组为单位，通过查阅相关文献、网站等，总结关于当前电火花线切割加工设备的组成结构、脉冲电源、工作液循环系统、控制系统、种类及性能等内容，并提交一份研究分析报告。

学前准备

电火花线切割加工设备较多，组成结构有所不同，性能也有差别，本任务是以电火花线切割加工设备各系统组合为引导的。你能查阅资料，简要地介绍几种电火花线切割加工机床的本体结构、脉冲电源、工作液循环系统及控制系统吗？请扫描二维码进行任务学前的准备。

学习目标

1）能复述常见电火花线切割机床本体的组成结构。
2）能复述电火花线切割机床常用脉冲电源的种类。
3）能复述电火花线切割机床工作液循环系统的组成。
4）能复述电火花线切割机床常用控制系统的种类。
5）能复述常见电火花线切割机床的种类及性能。

知识导图

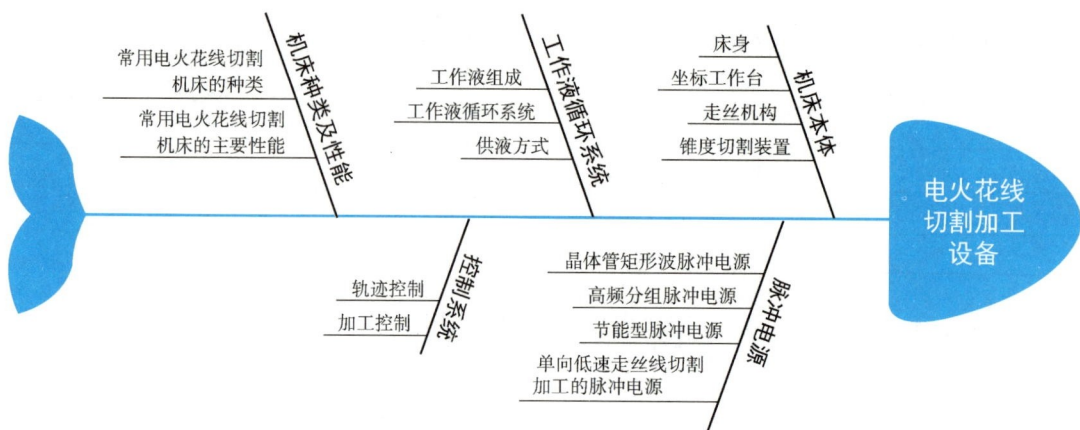

常用电火花线切割机床的种类
常用电火花线切割机床的主要性能
机床种类及性能

工作液组成
工作液循环系统
供液方式
工作液循环系统

床身
坐标工作台
走丝机构
锥度切割装置
机床本体

轨迹控制
加工控制
控制系统

晶体管矩形波脉冲电源
高频分组脉冲电源
节能型脉冲电源
单向低速走丝线切割加工的脉冲电源
脉冲电源

电火花线切割加工设备

相关知识

3.2.1 机床本体

电火花线切割加工设备主要由机床本体、脉冲电源、控制系统、工作液循环系统和机床附件等几部分组成。图3-3和图3-4所示分别为往复高速走丝线切割加工和单向低速走丝线切割加工设备组成。本项目以讲述高速走丝线切割加工为主。

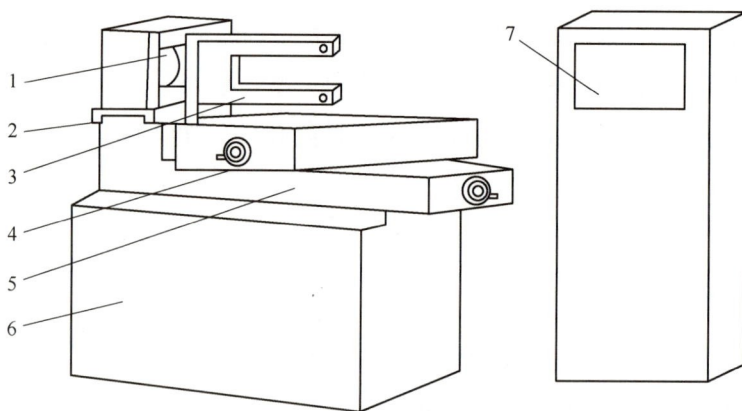

图3-3　往复高速走丝线切割加工设备组成

1—储丝筒；2—走丝溜板；3—丝架；4—上溜板；5—下溜板；6—床身；7—电源、控制柜

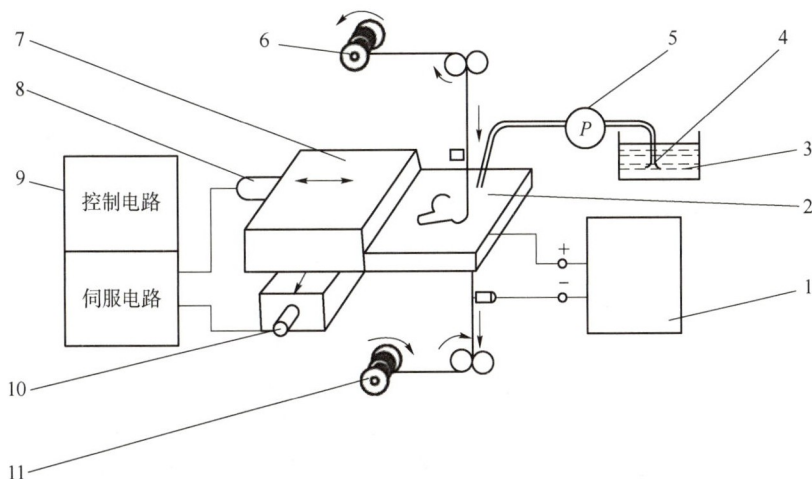

图 3-4　单向低速走丝线切割加工设备组成

1—储丝筒；2—走丝溜板；3—油液；4—供油管；5—压力表；6—滚筒；7—工作台；8—X 轴电动机；
9—数控装置；10—Y 轴电动机；11—收丝卷筒

想一想

高速走丝电火花线切割机床与低速走丝电火花线切割机床的区别有哪些？

机床本体由床身、坐标工作台、走丝机构、锥度切割装置、丝架、工作液箱、附件和夹角等部分组成。

1. 床身

床身结构一般有三种，如图 3-5 所示。

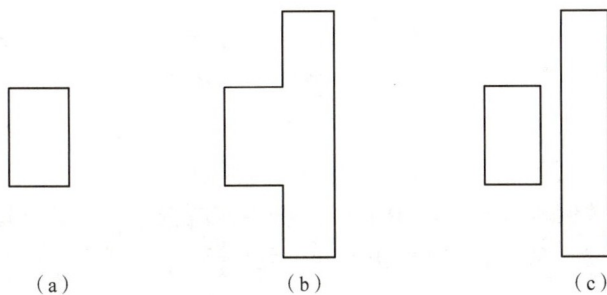

图 3-5　床身结构

（a）矩形结构；（b）T 形结构；（c）分体式结构

1）矩形结构，如图 3-5（a）所示。一般中小型电火花线切割机床采用此种结构，其坐标工作台采用串联式，即 X、Y 工作台上下叠在一起，工作台可以伸出床身。其特点是结构简单、体积小、承重轻、精度高。

2）T 形结构，如图 3-5（b）所示。一般中型电火花线切割机床采用此种结构，其坐标工作台采用串联式，长轴在下、短轴在上，但工作台不能伸出床身。其特点是机床更稳定可

105

靠，承重较大，床身四周由钣金全包，外形美观，整体效果突出，又可防止工作介质外溅，使机床更好地保证清洁，延长使用寿命，目前被广泛采用。

3）分体式结构，如图 3-5（c）所示。一般大型电火花线切割机床采用此种结构，其坐标工作台采用并联式，分别安装在两个互相垂直的床身上，承重大，且由于结构是分体的，所以制造简单、精度高，安装运输都比较方便。

多学一点

床身一般为铸件，是机床的构件，通常采用箱式结构，应有足够的强度和刚度，变形小，能长期保持机床的精度。工作台、绕丝机构及丝架都安装在床身上，在床身下装有水平调整机构，即地脚，床身上还装有便于搬运的吊装孔或吊装环。床身内部设置电源和工作液箱。考虑到电源发热和工作液泵的振动，有些机床将电源和工作液箱移出床身，另行安放。

想一想

你见过除以上三种情况之外的电火花线切割机床床身结构吗？

2. 坐标工作台

电火花线切割机床最终都是通过坐标工作台与电极丝的相对运动来完成零件加工的，通常坐标工作台完成 X、Y 方向的运动。为保证机床精度，对轨道的精度、刚度和耐磨性有较高的要求。一般采用十字滑板、滚动导轨和丝杠传动副将电动机的旋转运动转变为工作台的直线运动，通过两个坐标方向各自的进给运动，可合成获得各种平面图形曲线轨迹。为了保证工作台的定位精度和灵敏度，传动丝杠和螺母之间必须消除间隙。

3. 走丝机构

走丝机构使电极丝以一定的速度运动并保持一定的张力。在双向高速走丝电火花线切割机床上，一定长度的电极丝平整地卷绕在储丝筒上，丝的张力与排绕时的拉紧力有关（为提高加工精度，近年来已研制出恒张力装置）。储丝筒通过联轴器与驱动电动机相连。为了重复使用该段电极丝，电动机由专门的换向装置控制做正反向交替运转。走丝速度等于储丝筒周边的线速度，通常为 $8\sim10\ \mathrm{m/s}$。在运动过程中，电极丝有丝架支撑，并依靠导轮保持电极丝与工作台垂直或倾斜一定的几何角度（锥度切割时）。

新视野

单向低速走丝系统如图 3-6 所示。在图 3-6 中，废丝储丝筒 1 以较低的速度（通常为 $0.2\ \mathrm{m}\sim1\ \mathrm{s}$）旋转，带动新丝储丝筒 2（绕有 $1\sim5\ \mathrm{kg}$ 金属丝）旋转，使金属丝移动，切割工件。为了提供一定的张力（$2\sim25\ \mathrm{N}$），在走丝路径中装有机械式或电磁式张力机构 4 和 5。为使断丝时能自停车并报警，走丝系统中通常还装有断丝检测微动开关。用过的电极丝集中到废丝储丝筒上或送到专门的收集器中。

为了减轻电极丝的振动，应使其跨度尽可能小（按工件厚度调整），通常在工件的上下采

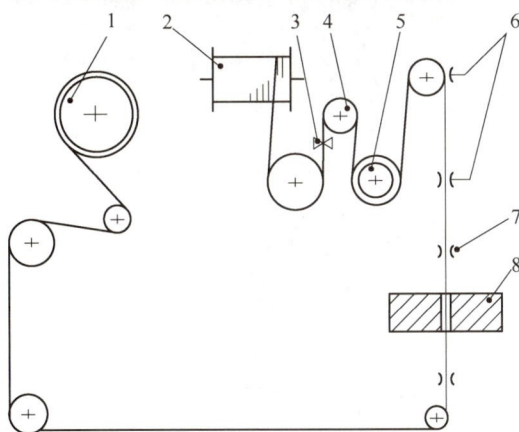

图 3-6　单向低速走丝系统实物与示意图

1—废丝储丝筒；2—新丝储丝筒；3—拉丝模；4—张力电动机；
5—电极丝张力调节轴；6—退火装置；7—导向器；8—工件

用蓝宝石 V 形导向器或圆孔金刚石模块导向器，其附近装有引电部分，工作液一般通过引电区和导向器后再进入加工区，这样可保证全部电极丝的通电部分都能冷却。近代的机床上还装有靠高压水射流冲刷引导的自动穿丝机构，能使电极丝经过一个导向器传动工件上的穿丝孔而被送到另一个导向器，必要时也能自动切断并再穿丝，为无人连续切割创造了条件。

想一想

你知道高压水射流冲刷引导的自动穿丝机构吗？请查阅资料了解。

4. 锥度切割装置

为了切割有落料角的冲模和某些有锥度（斜度）的内外表面，大部分线切割机床具有锥度切割功能，其中单向低速走丝四轴联动锥度切割装置如图 3-7 所示。实现锥度切割的方法有很多种，各生产厂家生产有不同的结构，主要由以下部分构成。

1）导轮偏移式丝架。这种丝架主要用在高速走丝线切割机床上，实现锥度切割。采用此法时锥度不宜过大，否则钼丝易拉断，导轮易磨损。

2）导轮摆动式丝架。采用此法时加工锥度不影响导轮磨损，最大切割锥度通常可达5°以上。

3）双坐标联动装置。在电极丝由恒张力装置控制的双向高速走丝和单向低速走丝线切割机床上广泛采用此类装置，它主要依靠上导向器做纵横两轴（称 U、V 轴）驱动，与工作台的 X、Y 轴在一起构成四轴控制。这种方式的自由度很大，依靠功能丰富的软件可以实现上、下异形截面的加工。

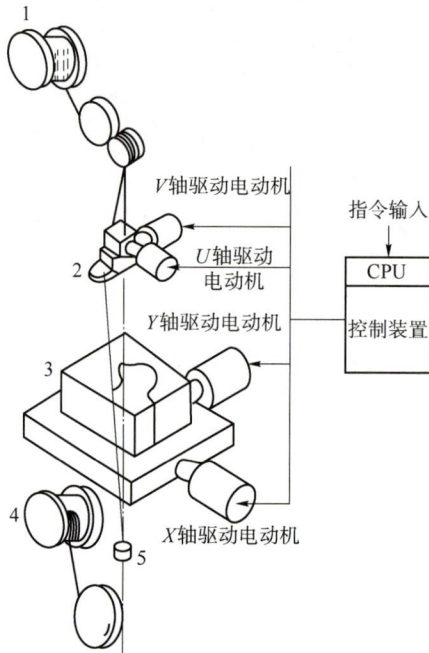

图 3-7　单向低速走丝四轴联动锥度切割装置
1—新丝储丝筒；2—上导向器；3—电极丝；4—废丝储丝筒；5—下导向器

多学一点

最大的倾斜角度一般为±5°，有的甚至可达 30°~50°（与工件厚度有关）。在锥度加工时，能保持一定的导向间距（上、下导向器与电极丝接触点之间的直线距离），是获得高精度的主要因素，为此，有的机床具有 Z 轴设置功能，并且一般采用圆孔式的无方向性导向器。

想一想

电火花线切割机床锥度切割时倾斜角度一般是多大的？为什么？

3.2.2 电火花线切割加工用脉冲电源

双向高速走丝电火花线切割加工使用的脉冲电源与电火花成形加工所使用的脉冲电源在理论上相同，不过受加工表面粗糙度和电极丝允许承载电流的限制，线切割加工脉冲电源的脉冲宽度较窄（$2\sim60~\mu s$），单个脉冲能量、平均电流（$1\sim5~A$）一般较小，所以线切割加工总是采用正极性加工。脉冲电源的形式和品种很多，如晶体管矩形波脉冲电源、高频分组脉冲电源、节能型脉冲电源等。

1. 晶体管矩形波脉冲电源

晶体管矩形波脉冲电源的工作原理与电火花成形加工所使用的脉冲电源相同，如图 3-8 所示，控制功率管 VT 的基极以形成高压脉冲宽度 t_i、电流脉冲宽度 t_e 和脉冲间隔 t_0，限流电阻 R_1、R_2 决定峰值电流 i_e 的大小。

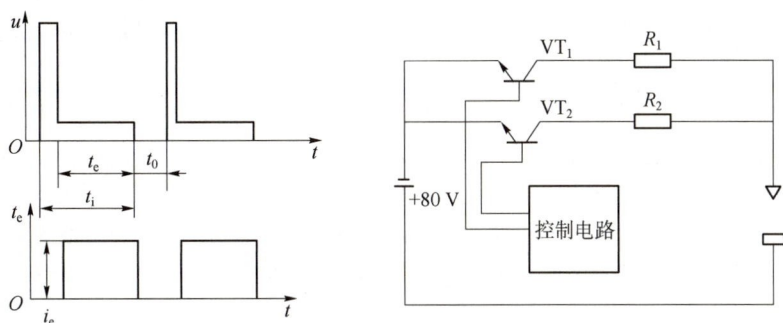

图 3-8 晶体管矩形波脉冲电压、电流波形及其脉冲电源

2. 高频分组脉冲电源

高频分组脉冲电压波形如图 3-9 所示，它是矩形波派生的一种波形，即把较高频率的小脉冲宽度 t_i 和小脉冲间隔 t_0 的矩形波脉冲分组成为大脉冲宽度 T_i 和大脉冲间隔 T_0 输出。

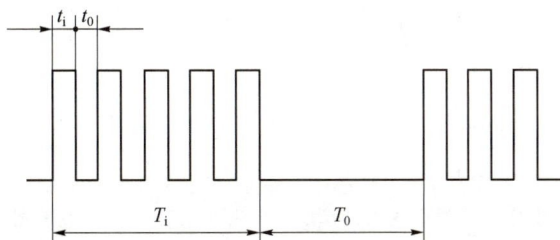

图 3-9 高频分组脉冲电压波形

采用矩形波脉冲电源时，提高切割速度和减小表面粗糙度值这两方面是互相矛盾的，高频分组脉冲波形在一定程度上能解决这两者的矛盾，在相同的工艺条件下，可获得较好的加工效果，因而得到广泛的应用。

图 3-10 所示为高频分组脉冲电源的电路原理。图中的高频短脉冲发生器、分组脉冲发生器和与门电路生成高频分组脉冲波形，然后经脉冲放大和功率输出，把高频分组脉冲能量输送到放电间隙。一般取 $t_0 \geqslant t_i$，$T_i = (4\sim6)t_i$。

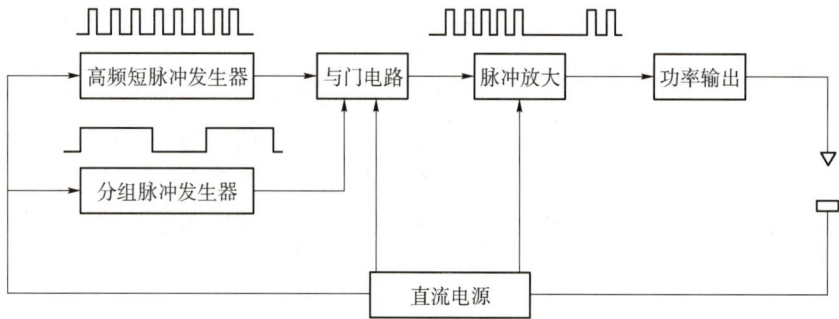

图 3-10　高频分组脉冲电源的电路原理

3. 节能型脉冲电源

为了提高电能利用率，近年来除了用电感元件 L 来代替限流电阻，避免了发热损耗外，还把 L 中存储、剩余的电能回输给电源。图 3-11 所示为这类技能型脉冲电源的主回路图和电压、电流波形图。

在图 3-11（a）中，$80 \sim 100$ V（+）的电源和电流经过大功率开关元件 VT_1（常用 V-MOS 管或 IGBT），由电感元件 L 限制电流的突变，在流过工件和钼丝的放电间隙，最后经大功率开关元件 VT_2 流回电源（−）。由于用电感 L（扼流线圈）代替了限流电阻，当主回路中流过图 3-11（b）所示的矩形波电压脉冲宽度 t_i 时，其电流波形由 0 按斜线升至最大值（峰值）i_e。当 VT_1、VT_2 瞬时关断截止时，电感 L 中电流不能突然截止而是继续流动，通过放电间隙和两个二极管回输给电容器和直流电源，逐渐减小为 0。把储存在电感 L 中的能量释放出来加以利用，进一步节约了能量，它比电火花加工节能脉冲电源更进了一步。

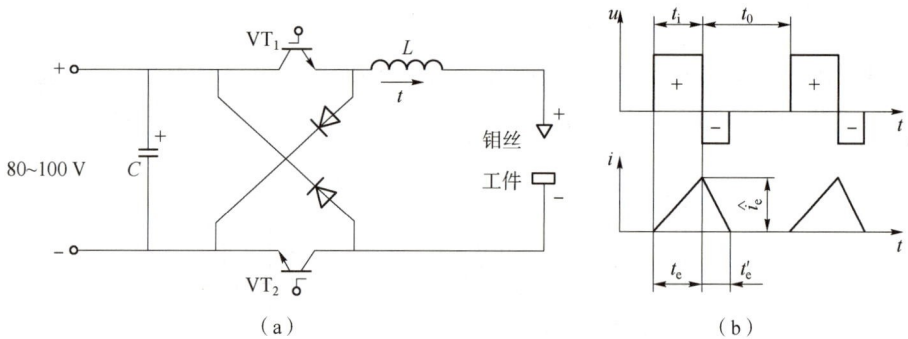

图 3-11　线切割节能型脉冲电源的主回路图和波形图
(a) 主回路图；(b) 电压、电流波形图

对照图 3-11（b）所示的电压和电流波形可见，VT_1、VT_2 导通时，电感 L 中为正向矩形波，放电间隙中流过的电流由小变大，上升沿为一斜线，因此钼丝的损耗很小。当 VT_1、VT_2 截止时，由于电感是一种储能惯性元件，其上的电压由正变为负，流过的电流不能突变为零，而是按原方向流动逐渐减小为零，在这一小段续流时间内，电感把存储的电能经放电间隙和两个二极管回输给电源，电流波形为锯齿形，进一步加快了切割速度，提高了电能利用率，降低了钼丝损耗。

多学一点

这类电源的节能效果可达 80% 以上，控制柜不发热，可少用或不用冷却风扇，钼丝损耗很低，切割 20 万 mm² 时，钼丝直径损耗仅为 0.5 mm³/min，表面粗糙度值 $Ra \leqslant 2.0$ μm。

4. 单向低速走丝线切割加工的脉冲电源

单向低速走丝线切割加工有其特殊性：一是丝速较低，电蚀产物的排屑效果不佳；二是设备昂贵，必须有较高的生产率。因此常采用镀锌黄铜丝作为电极丝，当火花放电时，瞬时高温使低熔点的锌迅速熔化、汽化，爆炸式地、尽可能多地把工件上熔融的金属液体抛入工作液中。因此要求脉冲电源有较大的瞬时峰值电流，一般在 100~500 A，但电流脉冲宽度极短（0.1~1 μs），否则电极丝将被烧断。

由此看来，单向低速走丝的脉冲电源必须能提供窄的脉冲宽度、大的瞬时峰值电流。根据节能要求，在功放主回路中往往既无限流电阻，又无限流电感（有的利用导线本身很小的潜布电感来适当阻止加工电流过快地增长）。这类脉冲电源的基本原理是由一频率很高（脉冲宽度为 0.1~1 μs，可调）的开关电路来触发、驱动功率级高频 1GBT 组件，使其迅速导通。因主回路中无电阻和电感，因此瞬时流过很大的峰值电流，当达到额定值时，主振级开关电路使功率级迅速截止，然后停歇一段时间，待放电间隙消电离恢复绝缘后，再由第二个脉冲触发功率级，如此循环。

多学一点

此外，为了防止工件接在水基工作液中的电解（阳极溶解）作用，使电极丝出入口处的工件表面发黑，影响表面质量和外观，有的脉冲电源还具有防电解功能。具体原理是在脉冲停歇时间内，使工件带有 10 V 左右的负电压，有防止电解的作用。

想一想

以上几种脉冲电源之间的联系和区别是什么？

3.2.3　工作液循环系统

在线切割加工中，工作液对加工工艺指标的影响很大，如对切割速度、表面粗糙度、加工精度等都有影响。低速走丝线切割机床大多采用不污染环境的去离子水作为工作液，只在特殊的精加工时才采用绝缘性能较高的煤油。高速走丝线切割机床使用的工作液是专用乳化液，目前仍在使用的乳化液有 DX-1、DX-2、DX-3 等。工作液循环系统一般由工作液泵、工作液箱、过滤器、管道和流量控制阀等组成。对于高速走丝机床，通常采用浇注式供液方式；而对于低速走丝机床，近年来有些采用浸泡式供液方式。

乳化液各有特点，有的适合快速加工，有的适合大厚度切割，也有的是在原有的工作液中添加某些化学成分来提高切割速度或增加防锈能力等，但这类工作液中都含有一定成分的全损耗系统用油和防腐剂，使用中会产生油污和炭黑，对皮肤和呼吸系统有一定的刺激作用，而且废液不易分解处理，对环境有一定污染。

近年来苏州和南京等地的公司生产出不含油脂的新型工作液，其中不含亚硝酸钠、碳化物，干净透明，不产生油污，不会发黑，不刺激皮肤和呼吸系统。用后的废液沉淀 2~3 天后金属屑会沉在水底，分离后上层的工作液仍可使用，也可直接排放，下层的金属屑可回收。此类新型水基工作液切割和环保性能都较好。

根据你的了解，工作液循环系统还可以有哪些部件？

3.2.4 控制系统

控制系统是进行电火花线切割加工的重要环节。控制系统的稳定性、可靠性、控制精度及自动化程度都直接影响加工工艺指标和工人的劳动强度。

控制系统的主要作用是在电火花线切割加工过程中，首先按加工要求自动控制电极丝相对工件的运动轨迹；其次自动控制伺服进给速度，保持恒定的放电间隙，防止开路和短路，实现对工件形状和尺寸的加工。即当控制系统使电极丝相对工件按一定轨迹运动时，同时还应实现伺服进给速度的自动控制，以维持正常的放电间隙和稳定的切割加工，这是两个独立的控制系统。前者是靠数控编程和数控系统来进行轨迹控制的，后者则是根据放电间隙大小与放电状态进行自动伺服控制的，使进给速度与工件材料的蚀除速度相平衡。

所以电火花线切割机床控制系统的具体功能包括以下两个。

1）轨迹控制。精确控制电极丝相对于工件的运动轨迹，以获得所需的形状和尺寸。

2）加工控制。加工控制主要包括对伺服进给速度、电源装置、走丝机构、工作液循环系统及其他机床操作的控制。此外，断电记忆、故障报警、安全控制及自动诊断功能也是加工控制的重要方面。

电火花线切割机床的轨迹控制系统曾经历过靠模仿形控制、光电跟踪仿形控制，现在已普遍采用数字程序控制（NC 控制），并已发展到微型计算机直接控制阶段。

数字程序控制电火花线切割的控制原理是把图样上工件的形状和尺寸编制成程序指令（3B 指令或 ISO 代码指令），一般通过键盘（较早时使用穿孔纸带或磁带）输送给线切割机床的计算机，计算机根据输入指令进行插补运算，控制执行机构驱动电动机，由驱动电动机带动精密丝和坐标工作台，使工件相对电极丝做轨迹运动。

数字程序控制方式与靠模仿形和光电跟踪仿形控制不同，它无须制作精密的模板或描绘精确的放大图，而是根据图样的形状、尺寸，经编程后由计算机直接控制加工。只要机床的进给精度比较高，就可以加工出高精度的零件，而且在生产准备时间段内，机床占地面积小。目前，双向高速走丝电火花线切割机床的数控系统大多采用较简单的步进电动机开环数控系统，而单向低速走丝线切割机床的数控系统则大多采用伺服电动机加码盘的半闭环系统或全闭环数控系统。

此外，线切割加工控制系统还具有故障安全（断电记忆等）和自诊断等功能。

想一想

你了解线切割加工控制系统的故障安全（断电记忆等）和自诊断等功能吗？请查阅资料学习。

3.2.5 电火花线切割机床种类及性能

1. 常用电火花线切割机床的种类

电火花线切割机床的分类方法有很多，一般可以按照机床的走丝速度、工作液供给方式、电极丝位置等进行分类。

（1）按走丝速度分类

根据电极丝的走丝速度不同，电火花线切割机床分为高速走丝电火花线切割机床和低速走丝电火花线切割机床两类，这也是电加工行业普遍采用的分类方法，近年来还出现了中速走丝电火花切割（WEDM-MS）机床。

1）高速走丝电火花线切割加工，俗称快走丝，利用电极丝做高速往复运动，一般走丝速度为 8~10 m/s，电极丝可重复使用。为了保证火花放电时电极丝不被烧断，电极丝必须做高速运动，目的是迅速脱离加工区域，以免火花放电总在电极丝的局部而被烧断。但是，高速的走丝速度容易造成电极丝抖动和换向时的停顿，而且由于电极丝是循环往复使用的，电极丝在放电加工时，它的直径逐渐变细，这就使加工工件的尺寸精度低、表面质量差。高速走丝电火花线切割机床是我国研制成功并最先用于生产的，而且产量巨大，占世界电火花线切割机床总量的 80% 左右，但由于其加工精度低，用途受到一些限制。

2）低速走丝电火花线切割，俗称慢走丝，利用电极丝做低速单向运动，一般走丝速度低于 0.25 m/s，电极丝放电后就不再使用，电极丝的直径不会发生变化。该类机床工作平稳、均匀、抖动小、加工尺寸精度高、表面质量好，是国外生产和使用的主要机种。随着我国制造水平的快速提升与发展，我国也在生产低速走丝电火花线切割机床，它们主要用来加工高精度的模具和零件。

多学一点

高速走丝电火花线切割机床不能实现真正意义上的多次切割，只能进行一次切割加工，所以切割的工件不论在尺寸精度还是表面上都比低速走丝电火花线切割机床的精度差很多，故把高速走丝机床作为一个低精度的加工机床来使用，使用范围受到很大制约。高速走丝与低速走丝电火花线切割机床的比较见表3-1。

表3-1 高速走丝与低速走丝电火花线切割机床的比较

比较项目	高速走丝电火花线切割机床	低速走丝电火花线切割机床
走丝速度	8~12 m/s	0.001~0.25 m/s
电极丝工作状态	往复供丝，循环使用	单向运行，一次性使用
电极丝材料	钼丝、钨钼合金	黄铜、铜及铜合金或其他镀覆材料
电极丝直径	0.03~0.25 mm，常用0.25 mm	0.003~0.30 mm，常用0.10~0.25 mm
电极丝抖动	大	小
运丝系统结构	简单	复杂
导丝机构形式	普通导轮，寿命较短	宝石或钻石导向器，寿命长
工作液	乳化液或水基工作液	去离子水
穿丝方式	只能手工	可手工、可半手工、可全自动
加工精度	0.01~0.03 mm	0.002~0.005 mm
表面粗糙度 Ra	3.2~1.6 μm	1.6~0.1 μm
电极丝损耗	均布于参与工作的电极丝全长	无
重复定位精度	0.02 mm	0.002 mm
驱动电动机	步进电动机	直线电动机

3）中速走丝电火花线切割机床，属于往复高速走丝电火花线切割机床范畴，是在快速走丝电火花线切割机床上实现多次切割功能，俗称中走丝。所谓中走丝，并非指走丝速度介于高速与低速之间，它的走丝速度接近于高速走丝电火花线切割机床，而加工质量趋于低速走丝电火花线切割机床。

多学一点

中速走丝的速度为1~12 m/s，可以根据需要进行调节，进行多次切割，是一种复合走丝的电火花线切割，即走丝原理是在粗加工时采用高速（8~10 m/s）走丝，精加工时采用低速（1~3 m/s）走丝，这样工作相对平稳、抖动小，并通过多次切割减少材料变形及相丝损耗带来的误差，使加工质量也相对提高，可介于快速走丝与慢速走丝之间。可以说，中速走丝实际上是快走丝借鉴了慢走丝的加工工艺技术，并实现了无条纹切割和多次切割，虽然加工质量还不能达到低速走丝电火花线切割机床的加工水平，但比原来意义上的高速走丝电火花线切割机床已经有了长足的进步。

（2）按工作液供给方式分类

按工作液供给方式分类，电火花线切割机床可分为冲液式机床和浸液式机床两种。冲液式电火花线切割机床采用冲液（上、下两股射流）沿电极丝输送工作液。高速走丝电火花线切割机床都是采用冲液方式。我国生产的大部分低速走丝线切割机床也是采用冲液方式。浸液式电火花线切割机床的放电加工是在工作液中进行的，先进的低速走丝电火花线切割机床多属于浸液式。在浸液状态下，工件在工作区域恒定的温度下加工可获得更高的加工精度，并有良好的工件防锈效果。

（3）按电极丝位置分类

按电极丝位置分类，电火花线切割机床可分为立式和卧式两种。立式电火花线切割机床的电极丝是沿垂直方向进行加工的。卧式电火花线切割机床的电极丝是沿水平方向进行加工的。

（4）按控制方式分类

按控制方式分类，电火花线切割机床有靠模仿形控制机床、光电跟踪控制机床、数字程序控制机床及微机控制机床等，前两种机床现已很少采用。

（5）按脉冲电源形式分类

按脉冲电源形式分类，电火花线切割机床有RC电源机床、晶体管电源机床、分组脉冲电源机床及自适应控制电源机床等，RC电源机床现已基本不再使用。

（6）按加工特点分类

按加工特点分类，电火花线切割机床有大、中、小型机床，以及普通直壁切割型机床与锥度切割型机床等。

想一想

你的周围用哪种方式对电火花线切割机床进行分类？

2. 常用电火花线切割机床的主要性能

高速走丝线切割机床是一种加工尺寸规格较大、加工性能较强、可加工不同锥度范围的线切割机床，具有生产率高，加工精度高，工作稳定、可靠等特点。此类机床主要适用于切割较大尺寸的淬火钢、硬质合金材料和其他由特殊金属材料制作的通孔模具（如冲模等）；也可用于切割样板、量规及形状复杂的精密零件或一般机械加工无法完成的特殊形状的零件，如带窄缝的零件等；还可加工0°~60°以内不同锥度的各种工件。用户可根据需要加工的锥度大小不同，选用不同锥度范围的机床。

（1）高速走丝线切割机床的性能特点

1）机床与高频脉冲电源柜配套使用。

2）T形床身结构，可使工作台完全在床身内运动，提高了机床刚性，有效保证了工作台的运动精度，使机床稳定、可靠。

3）机床采用大型可调线架，结构合理、刚性好，适于大厚度切割，可调范围根据机床型号不同分为 100~300 mm、100~400 mm 和 100~500 mm。

4）锥度线架采用独特的四连杆技术，可实现大锥度切割。进行锥度加工时，上、下导轮同步旋转，既保证了加工精度和表面质量，又可有效地防止锥度加工时的跳丝现象。

（2）机床型号和主要技术参数

1）机床型号。高速走丝电火花线切割机床的型号是根据《金属切割机床型号编制方法》（GB/T 15375—2008）进行编制的，机床型号由汉语拼音字母和阿拉伯数字组成，表示机床的类别、特性和基本参数。例如，DK7740 数控电火花线切割机床型号中各字母与数字的含义如下：

D——机床类别代号（电加工机床）；

K——机床特性代号（数控）；

7——组别代号（电火花加工机床）；

7——型别代号（7 为高速走丝线切割机床，6 为走丝线切割机床）；

40——主参数代号（工作台横向行程为 400 mm）。

2）主要技术参数。高速走丝电火花线切割机床是依据《数控往复走丝电火花线切割机床参数》（GB/T 7925—2021）进行设计制造的。其主要技术参数包括工作台行程（纵向行程×横向行程）、最大切割厚度、加工表面粗糙度值、加工精度、切割速度及数控系统的控制功能等。表 3-2 所示为 DK77 系列数控电火花线切割机床的主要型号及技术参数。

表 3-2　DK77 系列数控电火花线切割机床的主要型号及技术参数

机床型号	DK7716	DK7720	DK7725	DK7732	DK7740	DK7750	DK7763	DK77120
工作台行程/mm	200×160	250×200	320×250	500×320	500×400	800×500	800×630	2 000× 1 200
最大切割厚度/mm	100	200	140	300 可调	400 可调	300	—	500 可调
表面粗糙度值 Ra/μm	2.5	2.5	2.5	2.5	6.3~3.2	2.5	2.5	—
加工精度/mm	0.01	0.015	0.012	0.015	0.025	0.01	0.02	—
切割速度/ （mm² · min⁻¹）	70	80	80	100	120	120	120	
加工锥度	3°~60°							
控制方式	各种型号均由单板（或单片）机或计算机控制							

任务实施

步骤一：上中国知网检索近年来电火花线切割机床发展的相关文献。

步骤二：总结近年来电火花线切割机床发展的现状。

步骤三：针对电火花线切割机床的结构组成、工作液循环系统、脉冲电源和控制系统等做具体论述。

问题探究

1) 高速走丝电火花线切割机床本体一般由_____、_____工作台、_____切割装置、走丝机构、_____、工作液箱、附件和夹角等部分组成。

2) 常见的电火花线切割加工用脉冲电源包含_____脉冲电源、_____脉冲电源、_____脉冲电源等。

3) 工作液循环系统一般由_____、工作液箱、_____、管道和_____阀等组成。对于高速走丝机床，通常采用_____供液方式；而对于低速走丝机床，近年来有些采用_____供液方式。

4) 线切割加工控制系统具有_____和_____等功能。

5) 电火花线切割机床的分类方法有很多，一般可以按照机床的_____、工作液_____、电极丝位置等方式进行分类。根据电极丝的走丝速度不同，电火花线切割机床分为_____走丝、_____走丝、_____走丝电火花线切割机床三类。

任务评价

任务评价按照学生任务分配表中的项目和评分标准进行。

活动过程小组评价表

电火花线切割加工设备							
序号	考核评价指标		评价要素	学生自评	小组互评	教师评价	配分	成绩
1	过程考核	专业能力	电火花线切割加工机床本体				30	
			电火花线切割加工用脉冲电源					
			工作液循环系统					
			电火花线切割加工控制系统					
			电火花线切割机床的种类及性能					
2		方法能力	电火花线切割加工机床型号、分类、组成、工作介质循环过滤系统、脉冲电源、自动进给调节系统等知识信息搜集，自主学习，分析、解决问题，归纳总结及创新能力				30	
3		社会能力	团队协作、沟通协调、语言表达能力				10	

续表

电火花线切割加工设备						
4	常规考核	自学笔记			10	
5		课堂纪律			10	
6		回答问题			10	

总结反思

1）学到的新知识有哪些？

_____

_____

_____

2）掌握的新技能有哪些？

_____

_____

_____

3）你对自己在本次任务中的表现是否满意？写出课后反思。

_____

_____

_____

_____

3.3 电火花线切割机床的基本操作

任务描述

通过学习本部分内容，能够复述并进行电火花线切割机床的基本操作。要求：以小组为单位，通过查阅相关文献、网站等，总结当前关于电火花线切割加工操作中的步骤、常见故障及其解决办法、日常维护保养等内容，并提交一份研究分析报告。

学前准备

本任务以电火花线切割机床基本操作为引导，你能查阅资料，简要地介绍电火花线切割加工机床的操作流程、故障及其排除方法、日常维护和保养等内容吗？请扫描二维码进行任务学前的准备。

学习目标

1）能复述电火花线切割机床操作前的准备工作。
2）能复述电火花线切割机床的操作程序。
3）能复述电火花线切割机床常见的故障与排除方法。
4）能复述电火花线切割机床的润滑系统。
5）能复述常见电火花线切割机床安全技术规程和日常的维护保养。

知识导图

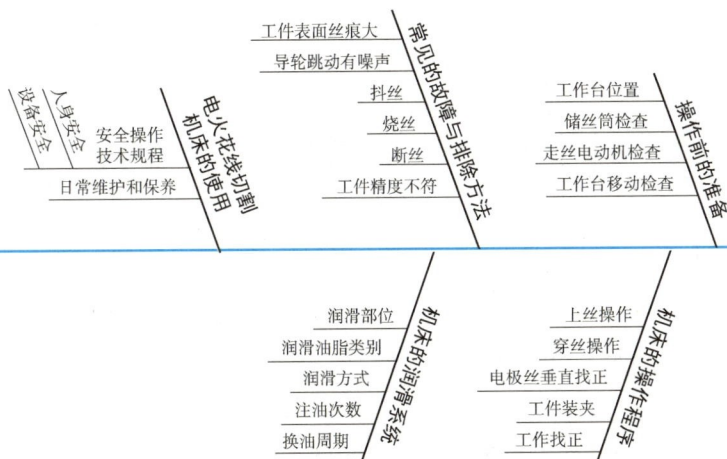

相关知识

3.3.1 操作前的准备

电火花线切割机床在操作前要做以下准备工作。

1）将工作台移动到中间位置。

2）摇动储丝筒，检验拖板的往复运动是否灵活，调整左右撞块，控制拖板行程。

3）开启总电源，启动走丝电动机，检验其运转是否正常，检查拖板的换向动作是否可靠，换向时高频电源是否自行切断，并检查限位开关是否起到停止走丝电动机的作用。

4）使工作台做纵横向移动，检查输入信号与移动动作是否一致。

电火花线切割机床在操作前除以上几项主要的准备工作之外，还需要做哪些准备工作？

3.3.2 机床的操作程序

慢走丝线切割机床的穿丝较简单，本项目以快走丝线切割机床为例讨论电极丝的上丝、穿丝及调节行程的方法。

1. 上丝操作

上丝的过程是将电极丝从丝盘绕到快走丝线切割机床储丝筒上的过程。不同的机床操作可能略有不同，下面以北京阿奇公司的 FW 系列产品为例说明上丝要点，如图 3-12 所示。

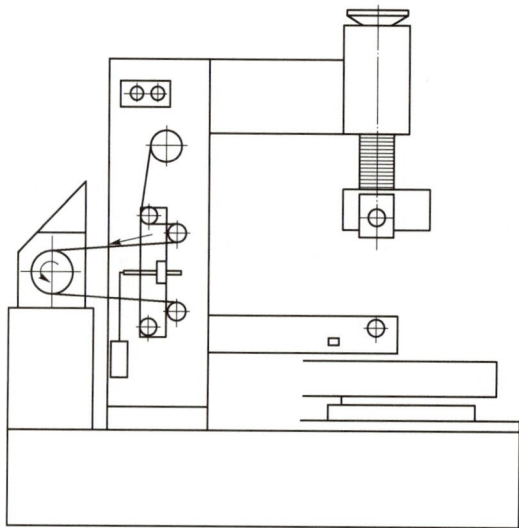

图 3-12 上丝

1）上丝以前，要先移开左、右行程开关，再启动储丝筒，将其移到行程左端或右端极限位置（目的是将电极丝上满，如果不需要上满，则需与极限位置有一段距离）。

2）上丝过程中要打开上丝电动机启停开关，并旋转上丝电动机电压调节按钮以调节上丝电动机的反向力矩（目的是保证上丝过程中电极丝有均匀的张力，避免电极丝打折）。

3）按照机床操作说明书中的上丝提示将电极丝从丝盘上到储丝筒上。

2. 穿丝操作

1）拉动电极丝头，按照操作说明书说明依次绕接各导轮、导电块至储丝筒，如图 3-13 所示。在操作中要注意手的力度，防止电极丝打折。

2）穿丝开始时，首先要保证储丝筒上的电极丝与辅助导轮、张紧导轮、主导轮在同一个平面上，否则在运丝过程中，储丝筒上的电极丝会重叠，从而导致断丝。

3）穿丝中要注意控制左右行程挡杆，使储丝筒左右往返换向时，储丝筒左右两端留有 3~5 mm 的余量。

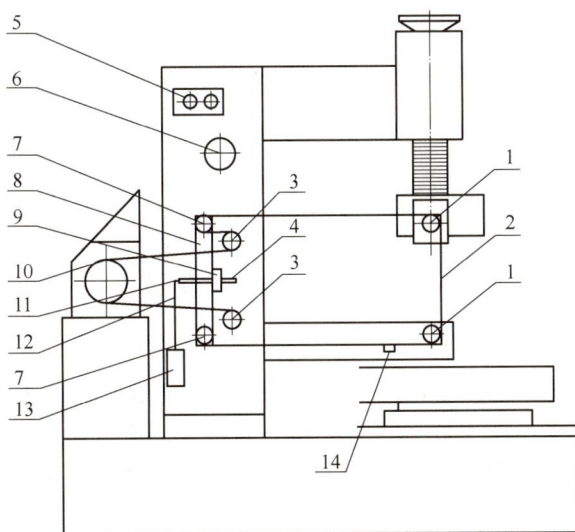

图 3-13　穿丝

1—主导轮；2—电极丝；3—辅助导轮；4—直线导轨；5—工作液旋钮；6—上丝盘；7—张紧导轮；8—移动板；
9—导轨滑块；10—储丝筒；11—定滑轮；12—绳索；13—重锤；14—导电块

想一想

除了以上介绍的穿丝操作外，你还了解哪种穿丝方法？

穿丝时如何保证电极丝的张紧力？

3. 电极丝垂直找正

在进行精密零件加工或切割锥度等情况下需要重新校正电极丝对工作台平面的垂直度。常见电极丝垂直度找正的方法有两种：一种是利用找正块；一种是利用校正器。

（1）利用找正块进行火花法找正

找正块是一个六方体或类似六方体，如图 3-14（a）所示。在校正电极丝垂直度时，首先目测电极丝的垂直度，若明显不垂直，则调节 U、Z 轴，使电极丝大致垂直工作台；然后将找正块放在工作台上，在弱加工条件下，将电极丝沿 X 方向缓缓移向找正块。

当电极丝快碰到找正块时，电极丝与找正块之间产生火花放电，然后肉眼观察产生的火花：若火花上下均匀，如图 3-14（b）所示，则表明在该方向上电极丝垂直度良好；若下面火花多，如图 3-14（c）所示，则说明电极丝右倾，需将 U 轴的值调小，直至火花上下均匀；若上面火花多，如图 3-14（d）所示，则说明电极丝左倾，需将 U 轴的值调大，直至火花上下均匀。同理，调节 Z 轴的值，使电极丝在 Z 轴的垂直度良好。

多学一点

在用火花法校正电极丝的垂直度时，需要注意以下几点。

1）找正块使用一次后，其表面会留下细小的放电痕迹。在下次找正时，要重新换位置，不可用有放电痕迹的位置碰火花校正电极丝的垂直度。

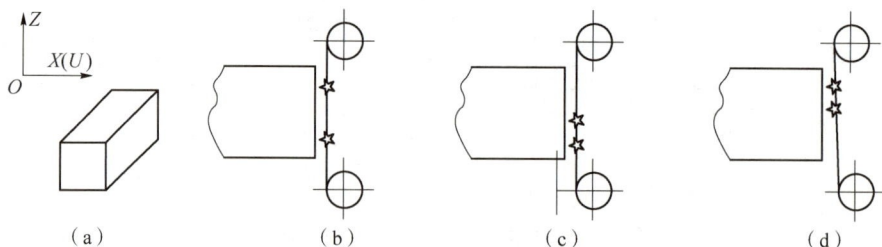

图 3-14　火花法校正电极丝垂直度

（a）找正块；（b）垂直度较好；（c）垂直度较差（右倾）；（d）垂直度较差（左倾）

2）在精密零件加工前，分别校正 U、Z 轴的垂直度后，需要再检验电极丝垂直度校正的效果。具体方法是：重新分别从 U、Z 轴方向碰火花，看火花是否均匀，若 U、Z 轴方向上火花均匀，则说明电极丝垂直度较好；若 U、Z 轴方向上火花不均匀，则需重新校正，再检验。

3）在校正电极丝垂直度之前，电极丝应张紧，张力与加工中使用的张力相同。

4）在用火花法校正电极丝垂直度时，电极丝要运转，以免电极丝断丝。

（2）用校正器进行校正

校正器是一个触点与指示灯构成的光电校正装置，当电极丝与触点接触时指示灯亮。它的灵敏度较高，使用方便且直观。校正器的底座用耐磨不变形的大理石或花岗岩制成，如图 3-15 和图 3-16 所示。

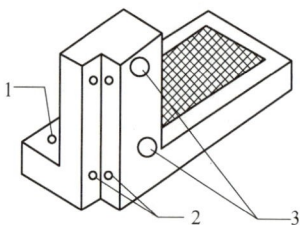

图 3-15　垂直度校正器

1—导线；2—触点；3—指示灯

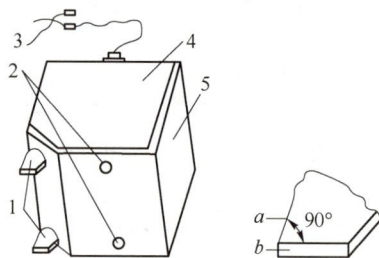

图 3-16　DF55-J50A 型垂直度校正器

1—上下测量头（a、b 为放大的测量面）；
2—上下指示灯；3—导线及夹子；4—盖板；5—支座

使用校正器校正电极丝垂直度的方法与火花法大致相似。主要区别是：火花法是观察火花上下是否均匀，而用校正器则是观察指示灯。若在校正过程中，指示灯同时亮，则说明电极丝垂直度良好，否则需要校正。

在使用校正器校正电极丝的垂直度时，要注意以下几点。

1）电极丝停止走丝，不能放电。

2）电极丝应张紧，电极丝的表面应干净。

3）若加工零件精度高，则电极丝垂直度在校正后需要检查，其方法与火花法类似。

电极丝垂直找正的目的是什么？它与数控铣床的对刀操作目的一样吗？

4. 工件装夹

线切割加工属于较精密加工，工件的装夹对加工零件的定位精度有直接影响，特别是在模具制造等加工中，需要认真、仔细地装夹工件。

（1）线切割装夹注意事项

1）确认工件的设计基准或加工基准面，尽可能使设计或加工的基准面与 X、Y 轴平行。

2）工件的基准面应清洁、无飞边。经过热处理的工件，在穿丝孔内及扩孔的台阶处，要清理热处理残留物及氧化皮。

3）工件装夹的位置应有利于工件找正，并应与机床行程相适应。

4）工件的装夹应确保加工中电极丝不会过分靠近或误切割机床工作台。

5）工件的夹紧力大小要适中、均匀，不得使工件变形或翘起。

线切割装夹夹紧力与数控铣床加工时工件装夹夹紧力对比，谁的更大？为什么？

（2）线切割装夹方法

1）悬臂支撑方式装夹工件。该装夹方式如图 3-17（a）所示，工件一端悬伸，装夹简单方便，具有很强的通用性，但是工件一端固定，一端悬空，因工件平面难以与工作台面找平，工件容易变形，切割质量稍差。因此，该方式在技术要求不高、悬臂部分较小时使用。

2）两端支撑方式装夹工件。该装夹方式如图 3-17（b）所示，工件的两端固定在两个相对工作台面上，装夹简单方便，支撑稳定，定位精度高，但要求工件长度大于两个工作台面的距离，不适合装夹小型工件，且工件的刚性要好，工件悬空部分不会产生挠曲。

3）桥式支撑方式装夹工件。该装夹方式如图 3-17（c）所示，先在两端支撑的工作台面上架上两根支撑垫铁，再在垫铁上安装工件，垫铁的侧面也可以做定位面使用。该方式稳定、方便、灵活、通用性好，平面的定位精度高，工件底面、线切割垂直度好，方便大尺寸工件的加工，对大、中、小型工件都适用。

4）板式支撑方式装夹工件。该装夹方式如图 3-17（d）所示，根据常规工件的形状和尺寸大小，制成各种矩形或圆形孔的平板作为辅助工作台，将工件安装在支撑板上。该方式装夹精度高，适合批量生产各种小型和异形工件。但无论是切割型孔还是工件外形都需要穿丝，通用性也较差。

5）复式支撑方式装夹工件。该装夹方式如图 3-17（e）所示，在工作台面上装夹专用夹具并校正好位置，再将工件装夹于其中。该方式特别适用于批量生产的零件装夹，可大幅缩短装夹和校正时间，提高效率。

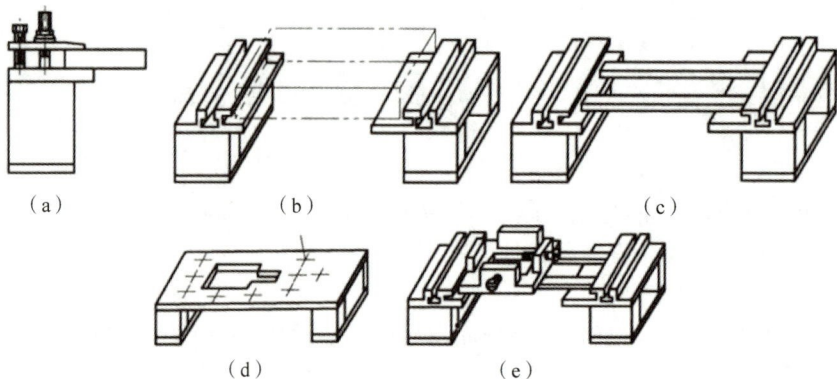

图 3-17　线切割加工工件的装夹方式

（a）悬臂支撑方式；（b）两端支撑方式；（c）桥式支撑方式；

（d）板式支撑方式；（e）复式支撑方式

想一想

你认为加工一个凹模零件适合用以上哪种装夹方法？

多学一点

工件安装到机床工作台上后，在进行装夹和夹紧之前，应先对工件进行平行度的找正，即将工件的水平方向调整到指定角度，一般为工件的某个侧面与机床运动的坐标轴（X、Y轴）平行。工件的找正精度关系到线切割加工零件的位置精度。在实际生产中，根据加工零件的重要性，往往采用划线法、拉表法、固定基准面靠定法等。其中划线法用于零件要求不严的情况。

（1）划线法找正

如图 3-18 所示，当工件图形与定位的相互位置要求不高时，可采用划线法找正，即采用固定在线架上的一个带有顶丝的零件将划针固定，划针尖指向工件图形的基准线或基准面，移动纵（或横）向拖板，目测调整工件。

（2）拉表法找正

如图 3-19 所示，拉表法是利用磁力表架将百分表固定在线架或其他固定位置上，百分表触头接触在工件基面上，根据百分表的指示数值相应地调整工件。

（3）固定基面靠定法找正

如图 3-20 所示，利用通用或专用夹具纵、横方向的基准面，经过一次找正后，保证基准面与相应坐标方向一致，于是具有相同加工基准面的工件可以直接靠定，从而保证工件的正确加工位置。

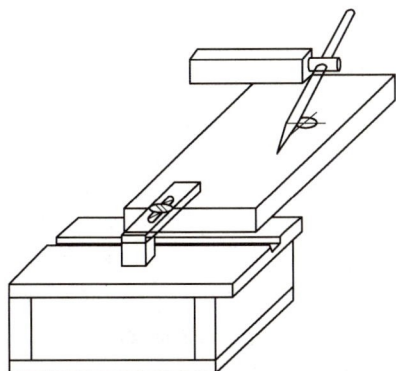
图 3-18 划线法找正

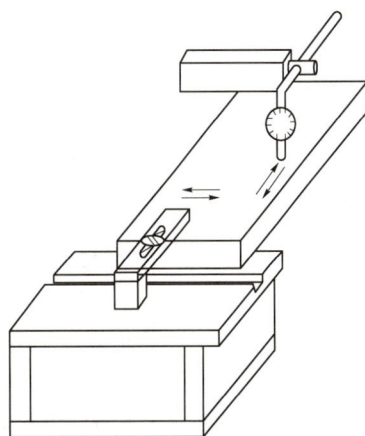
图 3-19 拉表法找正

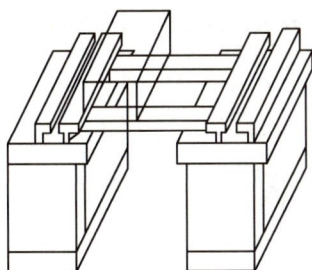
图 3-20 固定基面靠定法找正

想一想

加工时工件是否可以目测找正？

3.3.3 电火花线切割机床常见的故障与排除方法

电火花线切割机床常见的故障与排除方法见表 3-3。

表 3-3 电火花线切割机床常见的故障与排除方法

序号	加工故障	产生原因	排除方法
1	工件表面丝痕大	钼丝松、抖动，导轮和轴承坏	按排除松丝或抖丝方法处理；检查和更换导轮及轴承
2	导轮转动不灵活、导轮跳动有噪声	导轮磨损过大、轴承精度降低、轴向间隙大、工作液进入轴承	更换导轮；更换轴承；调整轴向间隙；清除轴承脏物，充分润滑
3	抖丝	钼丝松动、导轮轴承精度低、导轮槽磨损	更换导轮、检查调整导轮轴承、重新张紧或更换钼丝

序号	加工故障	产生原因	排除方法
4	烧丝	高频电源电规准选择不当、工作液太脏及供应不足、变频跟踪过慢不稳	调整电规准；更换工作液；检查高频电源检测电路及数控装置变频电路，跟紧调稳变频
5	断丝	钼丝使用时间长，老化变脆；工作液供应不足或太脏；工件厚度与电规准选择不当；钼丝太紧或抖丝严重；限位开关失灵；导轮转动不灵活；导轮进电块、断丝保护块磨损过大，出现沟槽	更换钼丝，正确选择电规准；增加工作液流量或更换清洁工作液；检查限位开关，重新卷丝，清洗调整导轮轴承或更换导轮；调整进电块位置，使其接触表面良好
6	工件精度不符	滚珠丝杠间隙过大、减速齿轮间隙过大	调整滚珠丝杠副和减速齿轮间隙，以及传动链中的联轴器，检查数控装置；更换导轮及轴承，电参数应保持一件加工不变为好

3.3.4　机床的润滑系统

为了保证电火花线切割机床的各部件运动灵活，减少零件磨损，机床上凡有相对运动的表面之间都必须用润滑剂进行润滑。润滑剂分润滑油和润滑脂两类。对于运动速度高、配合间隙小的部位，用润滑油润滑；反之，对于运动速度低、配合间隙大的部位用润滑脂润滑。

线切割机床结构简单，运动速度较低，无须设置专门的自动润滑系统，只需定期进行人工润滑即可，详见表3-4。

表3-4　电火花线切割机床的润滑

序号	润滑部位	润滑油脂类别	润滑方式	注油次数	换油周期
1	储丝筒拖板导轨	20#	注油	1	—
2	储丝筒拖板丝杠副	20#	压配式压注油杯	1	—
3	储丝筒支架轴承	轴承润滑脂	填封	—	1
4	工作台导轨	凡士林、黄油	填封	—	1
5	滚珠丝杠副	凡士林、黄油	填封	—	1
6	滚珠丝杠轴承	轴承润滑脂	填封	—	1
7	导轮轴承	4#	注油	2	—
8	可调线架丝杠支承轴承	轴承润滑脂	填封	—	1

3.3.5　电火花线切割机床的使用

电火花线切割加工的安全技术规程，可从两个方面考虑，一方面是人身安全，另一方面是设备安全，主要包括以下几点。

1）操作者必须熟悉线切割机床的操作技术，开机前应按设备的润滑要求对机床有关部位进行注油润滑。

2）操作者必须熟悉线切割加工工艺，能够适当地选取加工参数，按规定的操作顺序合理操作，防止断丝、短路等故障的发生。

3）上丝用的套筒手柄使用后，必须立即取下，以免伤人。废丝要放在规定的容器中，防止混入电路和走丝系统中，造成短路、触电和断丝事故。停机时，要在储丝筒换向后尽快按下停止按钮，防止因储丝筒惯性造成断丝式传动件碰撞。

4）在正式加工之前，应确认工件位置是否安装正确，防止碰撞丝架和因超程撞坏丝杠、螺母等传动部件。对于无超程限位的工作台，要防止超程坠落事故。

5）在加工之前应对工件进行热处理，尽量消除工件的残余应力，防止切割过程中工件爆裂伤人。加工时要将防护罩装上，机床运行时，严禁打开防护罩，严禁手触电极丝。

6）在检修之前，应注意切断电源，防止损坏电路元件和触电事故发生。

7）禁止用湿手按开关、电气部分。

8）合理配置工作液，确保工作液包住电极丝，并注意防止工作液飞溅，防止工作介质等导电物质进入电气部分。一旦电气短路造成火灾，应先切断电源，用四氯化碳灭火器等灭火，禁止使用水灭火。

9）在放电加工时，工作台不允许放置杂物，以免影响切割精度。机床周围禁止放置易燃、易爆物品，防止加工过程中因工作介质供应不足而产生放电火花，引起火灾。

10）定期检查机床电气部分的绝缘情况，特别是机床床身应接地良好，在检查机床时，不可带电操作。

11）切割加工时不可随意走动，要随时观察加工情况，排除事故隐患。

12）穿丝、紧丝时，务必注意电极丝不要从导轮槽中脱出，并与导电块有良好的接触。装夹工件时，要充分考虑装夹部分和电极丝的进刀位置与进刀方向，确保切割路线通畅。

13）停机时，应先停止高频脉冲电源，再停止工作液，让电极丝运行一段时间，并等到储丝筒反时向再停走止丝。工作结束后，关闭总电源，擦净工作台及夹具，并润滑机床。在使用机床前，必须经过严格的培训，取得合格的操作证后才能上机工作。

多学一点

线切割机床是技术密集型产品，属于精密加工设备，必须对机床机械进行日常的维护和保养，才能安全、合理、有效地使用机床。

1）严格遵守机床安全操作规程使用机床。

2）定期检查机床电源线、行程开关、换向开关等是否可靠。

3）定期按机床说明书对机床各个零部件进行润滑。

4）定期调整机床丝杠螺母、导轨、电极换丝挡和导电块。

5）定期检查机床导轨、馈电电刷、挡丝块、导轮轴承等易损件，如有磨损应更换。

6）定期清洁和更换工作液，加工前检查工作液箱的工作液是否足够，同时检查水管和喷嘴是否通畅。

7）必须在机床允许的规格范围内进行加工，严禁超重或超行程工作。

8）突发故障，应立即切断电源，让专业维修人员进行检修。

9）每天工作结束清洁机床，清理工作区域，擦净夹具及附件等。

任务拓展

1. 电火花线切割加工具体的操作流程

要想加工一个合格的零件，一台与之相适应的设备是不可或缺的，但更重要的前提是好的加工工艺与正确的加工操作。电火花线切割加工也是如此，做好加工前的工艺准备，安排好合理的加工工艺路线，合理选择电参数，是完成工件加工的重要环节。了解电火花线切割加工具体的操作流程，请扫描二维码进行学习。

2. 加工过程中几种特殊情况的处理

电火花线切割机床加工过程中有时会出现特殊情况。想了解加工过程中几种特殊情况的处理及操作中几种常见的故障与排除方法，请扫描二维码进行学习。

任务实施

步骤一：上中国知网检索近年来电火花线切割机床操作方面的相关文献。

步骤二：总结近年来电火花线切割机床操作方面的故障及其解决方法。

步骤三：针对电火花线切割机床操作方面某一常见的故障做具体论述。

问题探究

1）电火花线切割机床在加工前要做的操作包括上丝操作，_____操作，电极丝_____找正，_____装夹，以及工件_____等。

2）工件表面丝痕大，产生的主要原因是_____松、_____，导轮和_____损坏。

3）断丝是线切割加工中最常见的故障，造成断丝的原因有很多，但主要包括_____使用时间长，老化变脆；_____供应不足或太脏；工件厚度与电规准选择不当；_____太紧或抖丝严重；_____失灵；_____转动不灵活；导轮进电块、_____磨损过大，出现沟槽等。

4）穿丝、紧丝时，务必注意_____不要从导轮槽脱出，并与_____有良好接触。

5）定期检查机床电气部分的绝缘情况，特别是机床床身应_____良好，在检查机床时，不可_____操作。

任务评价

任务评价按照学生任务分配表中的项目和评分标准进行。

活动过程小组评价表

电火花线切割机床基本操作							
序号	考核评价指标		评价要素	学生自评	小组互评	教师评价	配分	成绩
1	过程考核	专业能力	复述线切割加工具体的操作流程				30	
			复述线切割机床常见故障与排除方法					
			了解线切割机床的润滑系统					
			复述电火花线切割加工安全技术规程					
			复述线切割机床的日常维护和保养					
2		方法能力	电火花线切割机床基本操作信息搜集，自主学习，分析、解决问题，归纳总结及创新能力				30	
3		社会能力	团队协作、沟通协调、语言表达能力及安全文明、质量保障意识				10	
4	常规考核		自学笔记				10	
5			课堂纪律				10	
6			回答问题				10	

总结反思

1）学到的新知识有哪些?

_____

_____

_____

2）掌握的新技能有哪些？

_____

_____

3）你对自己在本次任务中的表现是否满意？写出课后反思。

_____

_____

_____

3.4 电火花线切割加工工艺

任务描述

通过学习本部分内容，能够复述并进行电火花线切割加工工艺。要求：以小组为单位，通过查阅相关文献、网站等，总结当前电火花线切割加工主要工艺指标、参数影响、加工过程、常见工艺问题等内容，并提交一份研究分析报告。

学前准备

电火花线切割加工工艺与通用机械加工工艺有很大区别，它一般是作为工件加工中的精加工工序，即按照图样的要求，最后使工件达到图样上的形状、尺寸、精度和表面质量等各项工艺指标。因此，必须合理制定电火花线切割加工工艺，才能高效率地加工出质量好的工件。本任务以电火花线切割加工工艺为引导，你能查阅资料，简要地介绍电火花线切割加工主要工艺指标、参数影响、加工过程、常见工艺问题等内容吗？请扫描二维码进行任务学前的准备。

学习目标

1）能复述电火花线切割加工主要工艺指标。
2）能复述电火花线切割加工电参数影响及合理选择。
3）能复述电火花线切割加工非电参数影响。
4）能复述电火花线切割加工过程。
5）能复述电火花线切割加工常见工艺问题和解决方法。
6）能复述电火花线切割加工材料和功能的拓展。

知识导图

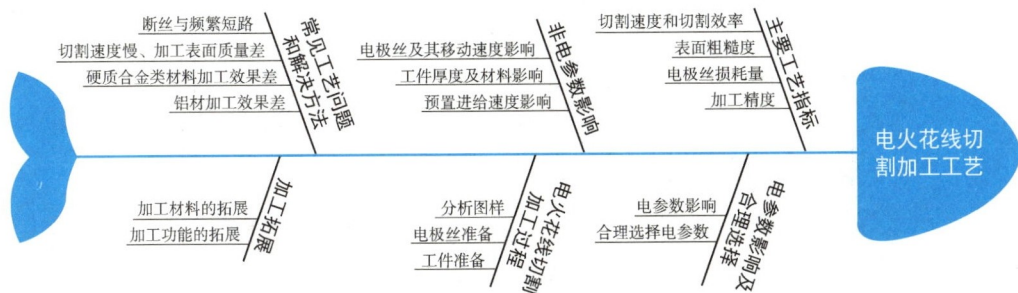

断丝与频繁短路
切割速度慢、加工表面质量差
硬质合金类材料加工效果差
铝材加工效果差
常见工艺问题和解决方法

切割速度和切割效率
表面粗糙度
电极丝损耗量
加工精度
主要工艺指标

电极丝及其移动速度影响
工件厚度及材料影响
预置进给速度影响
非电参数影响

电火花线切割加工工艺

加工材料的拓展
加工功能的拓展
加工拓展

分析图样
电极丝准备
工件准备
电火花线切割加工过程

电参数影响
合理选择电参数
电参数对表面质量及加工精度的影响

相关知识

3.4.1　电火花线切割加工主要工艺指标

影响电火花加工工艺指标的各种因素在项目二中已作介绍，这里仅就电火花线切割工艺的一些特殊问题进行补充。

1. 切割速度和切割效率

在保持一定表面粗糙度的切割过程中，单位时间内电极丝中心线在工件上切出的面积总和称为切割速度，单位为 mm^2/min。最高切割速度是指在不计切割方向和表面粗糙度等的条件下所能达到的切割速度。通常高速走丝切割速度为 $80 \sim 180 \ mm^2/min$，它与加工电流的大小有关。为了比较输出电流不同的脉冲电源的切割效果，将每安培电流的切割速度称为切割效率，一般切割效率为 $20 \ mm^2/(min \cdot A)$，即属于中上等的加工水平。

想一想

电火花线切割加工的切割速度和切割效率与数控铣削加工进给速度和切削效率有何区别？

2. 表面粗糙度

用双向高速走丝方式切割钢工件时，在切割出表面的进出口两端附近，往往有黑白相间的条纹，仔细观察时能看出黑色的微凹，白色的微凸。电极丝每正、反向换向一次，便有一条窄的黑白条纹，如图 3-21（a）所示。这是由于工作液出入口处的供应状况和蚀除物的排除情况不同所造成的。如图 3-21（b）所示，电极丝入口处工作液供应充分，冷却条件好，蚀除量大，但蚀除物不易排出，工作液在放电间隙中高温热裂分解出的炭黑和钢中的碳微粒被移出的钼丝带入间隙，致使放电产生的炭黑等物质凝聚附着在该处加工表面上，使该处呈黑色。而在出口处工作液减少，冷却条件差，但因靠近出口，排出蚀除物的条件好，又因工作液少，蚀除量小，放电产物中炭黑也较少，且放电常在小气泡等气体中发生，因此表面呈白色。由于在气体中放电间隙比在液体中小，所以电极丝入口处的放电间隙比出口处大，如图 3-21（c）所示。

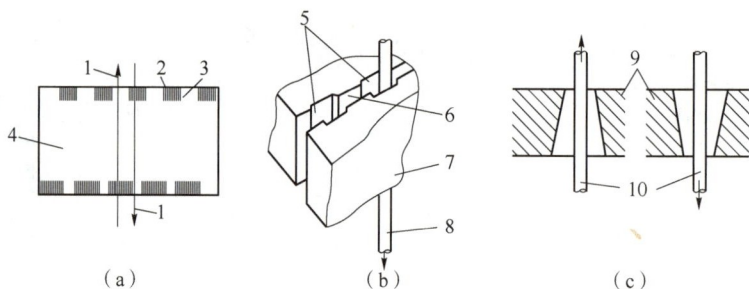

图 3-21　线切割表面的黑白条纹及其切缝形状

（a）电极丝往复运动产生的黑白条纹；（b）电极丝入口和出口处的宽度；（c）电极丝不同走向处的断面图
1—电极丝运动方向；2—微凹的黑色部分；3—微凸的白色部分；4，7，9—工件；5—入口；6—出口；8，10—电极丝

新视野

和电火花加工表面粗糙度一样，我国和欧洲常用轮廓算术平均偏差 Ra（μm）来表示，而日本常用 R_{max}（μm）来表示。一般高速走丝线切割的表面粗糙度为 $Ra5 \sim 2.5$ μm，最佳也只有 $Ra1$ μm 左右；低速走丝线切割一般可达 $Ra1.25$ μm，最佳可达 $Ra0.04$ μm。

3. 电极丝损耗量

对于双向高速走丝机床，用电极丝在切割 10 000 mm² 面积后直径的减少量来表示电极丝损耗量。一般每切割 10 000 mm² 后，钼丝直径减小不应大于 0.01 mm。

4. 加工精度

加工精度是指所加工工件的尺寸精度、形状精度（如直线度、平面度、圆度等）和位置精度（如平行度、垂直度、倾斜度等）的总称。高速走丝线切割的可控加工精度为 0.01 ~ 0.02 mm，低速走丝线切割可达 0.002 ~ 0.005 μm。

想一想

一般高速走丝电火花线切割加工与低速走丝电火花线切割加工哪个精度更高？

多学一点

电火花线切割加工的工艺方法有一次切割和多次切割两种，详细情况请扫描二维码进行学习。

3.4.2 电参数影响及合理选择

1. 电参数影响

（1）脉冲宽度 t_i

当脉冲宽度 t_i 加大时加工速度提高而表面粗糙度变差。一般 $t_i = 2 \sim 60 \ \mu s$，在分组脉冲及光整加工时，t_i 可小至 0.5 μs 以下。

（2）脉冲间隔 t_0

当脉冲间隔 t_0 减小时平均电流增大，切割速度加快，但 t_0 不能过小，否则会引起电弧和断丝。一般取 $t_0 = (4 \sim 8) \ t_i$。在刚切入或进行大厚度加工时，应取较大的 t_0 值。

（3）开路电压 u_i

开路电压 u_i 会引起脉冲峰值电流和放电加工间隙改变。u_i 提高，加工间隙增大，排屑变易，能提高切割速度和加工稳定性，但易造成电极丝振动。通常 u_i 的提高还会使电极丝损耗增大。

（4）脉冲峰值电流 i_e

脉冲峰值电流 i_e 是决定单个脉冲能量的主要因素之一。i_e 增大时，切割速度提高，表面粗糙度值增大，电极丝相对损耗加大甚至断丝。一般 i_e 小于 40 A，平均电流小于 5 A。单向低速走丝线切割加工时，因脉冲宽度很窄，电极丝较粗，且只使用一次，故 i_e 常大于 100 A，甚至达到 1 000 A。

（5）放电波形

在相同的工艺条件下，高频分组脉冲能获得较好的加工效果。电流波形的前沿上升比较缓慢时，电极丝损耗较少。不过当脉冲宽度很窄时，必须有陡的前沿才能进行有效的加工。

2. 合理选择电参数

（1）要求切割速度高时

当脉冲电源的空载电压高、短路电流和脉冲宽度大时，切割速度高。但是切割速度和表面粗糙度的要求是互相矛盾的，所以，必须在满足表面粗糙度的要求下再追求高的切割速度。切割速度还受到间隙消电离的限制，即脉冲间隔也要适宜，不能太小。

（2）当要求表面粗糙度值低时

若切割的工件厚度在 80 mm 以内，则选用分组波脉冲电源为好。它与同样能量的矩形波脉冲电源相比，在相同的切割速度条件下，可以获得较低的表面粗糙度值。

无论是矩形波还是分组波，其单个脉冲能量小，则 Ra 值小，即脉冲宽度小、脉冲间隔适当、峰值电压低、峰值电流小时，表面粗糙度值可较小，但切割速度偏低。

（3）当要求电极丝损耗小时

应选用前阶梯脉冲波形或脉冲前沿上升缓慢的波形，由于这种波形电流的上升率低（即 d_i/d_t 小），故可以减小电极丝损耗，但切割速度也会降低。

（4）要求切割厚工件时

选用矩形波、高电压、大电流、大脉冲宽度和大脉冲间隔，并加大冲液流量和流速，可充分消电离，从而保证加工的稳定性。

多学一点

若加工模具厚度为 20 ~ 60 mm，表面粗糙度 $Ra = 3.2 \sim 1.6 \ \mu m$，则脉冲电源的电参数可在以下范围内选取。

脉冲宽度：4~20 μs；脉冲电压：60~80 V；功率管数：3~6 个；加工电流：0.8~2 A；切割速度：15~40 mm²/min。

选择上述电参数的下限值，表面粗糙度 $Ra = 1.6$ μm，随着电参数的增大，表面粗糙度 Ra 增至 3.2 μm。在加工薄工件时，电参数应小些，否则会使放电间隔增大。加工厚工件时，电参数应适当大些，否则会使加工不稳定，加工质量下降。

想一想

你还了解哪些电参数选择的注意事项？

3.4.3 非电参数影响

1. 电极丝及其移动速度对工艺指标的影响

双向高速走丝线切割机床广泛采用 φ0.06~φ0.20 mm 的钼丝，因为它耐损耗、抗拉强度高、丝质不易变脆且较少断丝。提高电极丝的张力可减轻电极丝振动的影响，从而提高精度和切割速度。

多学一点

电极丝张力的波动对加工稳定性影响很大，产生波动的原因是：导轮、导轮轴承磨损偏摆、跳动；电极丝在储丝筒上缠绕松紧不均；正、反向运动时张力不一样；工作一段时间后电极丝伸长，张力下降。采用恒张力装置可以在一定程度上改善电极丝张力的波动。

想一想

如何调整电极丝的张紧力？

电极丝的直径决定了切缝宽度和允许的峰值电流。最高切割速度一般是用较粗的电极丝实现的。在切割小规模齿轮等复杂零件时，采用细电极丝才能获得精细的形状和很小的圆角径。随着走丝速度的提高，在一定的范围内，加工速度也提高。提高走丝速度有利于电极丝把工作液带入较大厚度工件的放电间隙中，有利于电蚀产物的排除和放电加工的稳定。但走丝速度过快，将加大机械振动，降低精度和切割速度，表面粗糙度值也增大，并易造成断丝。

多学一点

走丝速度一般以小于 10 m/s 为宜。对于单向低速走丝线切割机床，电极丝的材料和直径有较大的选择范围。在高生产率时可用 0.3 mm 以下的镀锌黄铜丝，它允许较大的峰值电流和汽化爆炸力。精微加工时可用 0.03 mm 以上的钨丝。如果电极丝张力均匀，振动较小，则加工稳定性、表面粗糙度、精度指标等均较好。

2. 工件厚度及材料对工艺指标的影响

工件薄，工作液容易进入并充满放电间隙，对排屑和消电离有利，加工稳定性好，但工件太薄，电极丝易产生抖动，对加工精度和表面粗糙度不利。工件厚，工作液难以进入和充满放电间隙，使加工稳定性差，但电极丝不易抖动，因此精度较高，表面粗糙度较小。切割速度先随厚度的增加而增大，当达到最大值（一般最佳切割厚度为 50～100 mm）后开始下降，这是因为厚度过大时，冲液和排屑条件变差。

想一想

如何使薄板类零件的切割速度达到理想的速度？

工件材料不同，其熔点、汽化点、热导率等都不一样，因而加工效果也不同。例如，采用乳化液加工时：

1）加工铜、铝、溶火钢时，加工过程稳定，切割速度高。
2）加工不锈钢、磁钢、未溶火高碳钢时，切割速度低，稳定性及表面质量差。
3）加工硬质合金时，加工过程比较稳定，切割速度较低，表面粗糙度值小。

3. 预置进给速度对工艺指标的影响

预置进给速度（指进给速度的调节设定量，俗称变频调节）对切割速度、加工精度和表面质量的影响很大。因此，应调节预置进给速度，保持加工间隙恒定在最佳值上。这样可使有效放电状态的概率和比例大，而开路和短路的比例小，使切割速度达到给定加工调节下的最大值，相应的加工精度和表面质量也好。

多学一点

如果预置进给速度调节得太快，超过工件可能的蚀除速度，会出现频繁的短路现象，切割速度反而降低，表面粗糙度值增大，上、下端面切缝呈焦黄色，甚至可能断丝；反之，预置进给速度调得太慢，大大落后于工件可能的蚀除度，极间将偏于形成开路，有时会时而开路时而短路，上、下端面切缝也呈焦黄色。这两者情况都大大影响了工艺指标。因此，应按电压表、电流表调节进给旋钮，使表针稳定不动，此时进给速度均匀、平稳，是线切割加工速度和表面粗糙度的最佳状态。

此外，机械部分的精度（如导轨、轴承、导轮等的磨损、传动误差）和工作液的种类、浓度及其脏污程度都会对加工效果产生相当大的影响。当导轮、轴承偏摆，工作液上、下冲水不均匀时，会使加工表面产生上、下凹凸相间的条纹，恶化工艺指标。

想一想

你使用的线切割机床最优的进给速度是多少？请通过切割实验得出结论。

3.4.4　电火花线切割加工过程

电火花线切割加工模具或零件的过程，一般可分为以下几个步骤。

1. 分析图样

分析图样对保证工件加工质量和工件的综合技术指标有决定性意义。在分析图样时首先要挑出不能或不宜用电火花线切割加工的工件部分，大致有以下几种。

1）表面质量和尺寸精度要求很高，切割后无法进行手工研磨的工件。

2）窄缝小于电极丝直径加放电间隙的工件。

3）非导电材料。

4）厚度超过丝架跨度的工件。

5）加工长度超过 X、Y 轴拖板的有效行程长度的工件。

2. 电极丝准备

电火花线切割加工机床分为高速走丝机床和低速走丝机床两类。高速走丝机床的电极丝是快速往复运行的，在加工过程中反复使用。这类电极丝主要有钼丝、钨丝和钨钼丝。常用钼丝的规格为 0.10~0.18 mm。钨丝耐蚀性好，抗拉强度高，但脆而不耐弯曲，仅在精密零件加工中使用。

1）钼丝和钨丝的性能见表 3-5。

表 3-5　钼丝和钨丝的性能

材料	适用温度/℃		伸长率/%	抗拉强度/MPa	熔点/℃	电阻率/（Ω·cm）	备注
	长期	短期					
钨	2 000	2 500	0	1 200~1 400	3 400	0.061 2	较脆
钼	2 000	2 300	30	700	2 600	0.047 2	较韧
钨钼（W50Mo）	2 000	2 400	15	1 000~1 100	3 000	0.053 2	脆韧适中

2）电极丝的直径尺寸。电极丝的直径太小，承受电流小，切缝窄，不利于排屑和加工稳定性；电极丝直径过大，切缝过大，切割速度会降低。电极丝材料和直径与切割速度和切割效率的关系见表 3-6。

表 3-6　电极丝材料和直径与切割速度和切割效率的关系

电极丝材料	电极丝直径/mm	加工电流/A	切割速度/（mm²·min⁻¹）	切割效率/（mm²·min⁻¹·A⁻¹）
Mo	0.18	5	77	15.4
Mo	0.09	4.3	100	25.4
W20Mo	0.18	5	86	17.2
W20Mo	0.09	4.3	112	26.4

电极丝材料	电极丝直径/mm	加工电流/A	切割速度/($mm^2 \cdot min^{-1}$)	切割效率/($mm^2 \cdot min^{-1} \cdot A^{-1}$)
W50Mo	0.18	5	90	17.9
W50Mo	0.09	4.3	127	27.2

3）电极丝的伸缩性。钼丝具有良好的伸缩性（在弹性模量允许的范围内），但其伸缩量一旦超出弹性模量允许的范围，则电极丝就会变得越来越松，影响正常的切割加工，甚至使电极丝断裂，不能继续使用。

4）电极丝的损耗量。电极丝的损耗量用电极丝在切割 10 000 mm^2 的面积后电极丝减少量来表示。一般 100 m 长的钼丝，切割 10 000 mm^2 后，其直径的减少量要小于 0.01 mm。

想一想

低速走丝线切割机床的电极丝是什么材料制作？其性能如何？

3. 工件准备

（1）工件材料的选择和处理

电火花线切割机床可以加工的材料有很多，如碳钢、合金钢、有色金属及其合金、硬质合金等，选择的依据如下。

1）依据工件的用途选择。例如，冲模一般选用模具用钢，型腔模选用热作模具钢，航空、航天业一般选用高温耐热合金，等等。

2）依据图样设计确定。依据零件图样的技术要求、使用寿命和加工精度等全面考虑选择工件材料。

3）依据机床设备性能选择。有些工件材料虽然导电性能满足要求，但可加工性不好，仍然不适合作为工件材料，所以应依据设备性能选择能够加工的材料。

多学一点

采用电火花线切割方法加工时，在加工前毛坯一般需要经过锻打（或溶火）和热处理。锻打的作用与目的是改变工件材料中合金分布不均匀的状态，同时为热处理做好准备。

工件经锻打后，在锻打方向与其垂直方向会有不同的残余应力（淬火后也会出现残余应力），如果不进行热处理，在以后的加工、使用过程中，残余应力会逐渐释放，使工件变形，甚至出现裂纹（溶火不当的工件也会在加工、使用过程中出现裂纹）。因此，工件在锻打（或溶火）后需经两次或两次以上回火或高温回火（即热处理）。另外，线切割加工前还要进行消磁处理及去除表面氧化皮和锈斑等。

例如，采用电火花线切割加工作为主要工艺时，钢件的加工工艺路线一般如下。

下料→锻造→退火→机械粗加工→溶火与高温回火→磨加工（退磁）→电火花线切割加工→钳工修整。

什么材料不适合线切割加工？

（2）工件加工基准的选择

为了便于电火花线切割加工，根据工件外形和加工要求，应准备相应的找正基准和加工基准，并且此基准应尽量与图样的设计基准一致，常见的有以下两种形式。

1）以外形为找正基准和加工基准。外形是矩形的工件，一般需要有两个相互垂直的基准面，并垂直工件的上、下平面，如图 3-22 所示。

2）以外形为找正基准、内孔为加工基准。无论是矩形、圆形还是其他异形工件，都应准备一个与工件的上、下平面保持垂直的找正基准，而且其中一个内孔可作为加工基准，如图 3-23 所示。在大多数情况下，外形基准面在电火花线切割加工前的机械加工中就已经准备好了。工件淬硬后，若基准面变形很小，稍加打光便可用于电火花线切割加工；若变形较大，则应重新修磨基准面。外形一侧边为找正基准，内孔为加工基准。

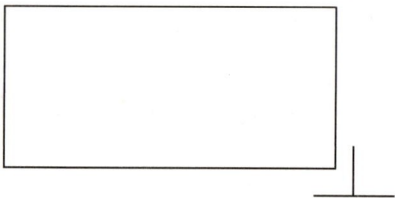

图 3-22　矩形工件的找正和加工基准

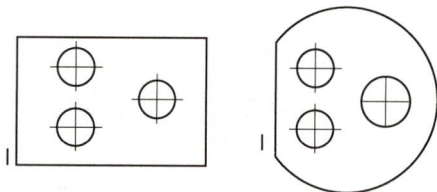

图 3-23　加工基准的选择

（3）切割起点、穿丝孔位置和切割路线的选择

在电火花线切割加工中，常出现加工变形问题，影响了加工精度，严重时会造成工件报废。工件变形的主要原因是工件中存在的内应力在电火花线切割加工时重新分布造成的。为了减少工件变形，必须考虑工件在坯料中的切割位置和合理选择切割起点、穿丝孔位置及切割路线。在选择切割路线时，应尽量使工件与夹持部分分离的切割段安排在最后切割，以减少工件的变形。

图 3-39 所示为由外向内顺序的切割路线，通常在加工凸模零件时采用。其中，图 3-24（a）所示的切割路线是错误的，因为切割完第一步后继续加工时，由于原来主要连接的部位被割离，余下材料与夹持部分的连接较少，工件的刚度会大为降低，容易产生变

形而影响加工精度；图 3-24（b）所示的切割路线可减少材料割离后残余应力重新分布而引起的变形。所以，一般情况下，最好将工件与其夹持部分分割的线段安排在切割路线的末端。

在实际加工中，为了保持工件的刚性，有时采用边切割边夹持的方法，如在线切割加工中采用胶水粘接工件。

切割起点一般也是切割终点，但电极丝返回到起点时必然存在重复位置误差，造成加工痕迹，影响加工精度和表面质量。为此，应合理选择加工起点。

1）应在表面粗糙度值较大的表面上选择切割起点。

2）应尽量在切割图形的交点上选择切割起点。

3）对于无切割交点的工件，切割起点应尽量选择在便于钳工修复的部位，如外轮廓的平面和半径大的弧面，要避免选择在凹入部分的表面上。

使用穿丝孔切割工件，可使坯料保持完整，从而有利于保持刚度，减小工件的变形。在切割起点确定后，可以确定穿丝孔的位置。一般穿丝孔安排在切割起点附近，直径不宜太大或太小，一般为 3~10 mm，如图 3-24（c）所示。

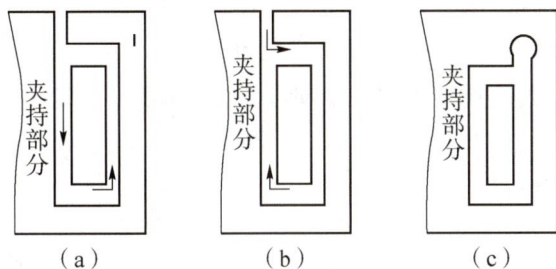

（a）　　　　　（b）　　　　　（c）

图3-24　切割起点与切割路线的安排

任务实施

1. 电火花线切割加工常见工艺问题和解决方法

了解电火花线切割加工常见工艺问题和解决方法，请扫描二维码进行学习。

2. 电火花线切割加工拓展

电火花线切割加工应用领域较广，了解电火花线切割加工拓展，请扫描二维码进行学习。

3. 合理调整变频进给方法

电火花线切割加工中合理调节变频进给，使其达到较好的加工状态是很重要的。调节变频进给主要有三种方法，请扫描二维码进行学习。

任务实施

步骤一：上中国知网检索近年来电火花线切割机床工艺方面的相关文献。

步骤二：总结近年来电火花线切割机床工艺方面的故障及其解决方法。

步骤三：针对电火花线切割机床工艺方面某一常见的故障做具体论述。

问题探究

1）电火花线切割加工的主要工艺指标有切割速度和切割＿＿＿＿＿＿，表面＿＿＿＿＿＿，电极丝＿＿＿＿＿＿，＿＿＿＿＿＿。

2）通常脉冲宽度加大时加工速度提高而＿＿＿＿＿＿变差；当脉冲间隔减小时平均电流增大，＿＿＿＿＿＿加快；开路电压会引起脉冲＿＿＿＿＿＿电流和＿＿＿＿＿＿间隙的改变。

3）双向高速走丝线切割机床广泛采用＿＿＿＿＿＿ mm 的钼丝，提高走丝速度有利于电蚀产物的排除和放电加工的稳定，但走丝速度＿＿＿＿＿＿，将加大机械振动，降低精度和＿＿＿＿＿＿速度，表面粗糙度值也增大，并易造成＿＿＿＿＿＿。

4）预置进给速度调节得＿＿＿＿＿＿，会出现频繁的＿＿＿＿＿＿现象；预置进给速度调得＿＿＿＿＿＿，大幅落后于工件可能的蚀除度，极间将偏于形成开路，有时会时而开路时而短路，上、下端面切缝也呈＿＿＿＿＿＿色。

5）电火花线切割加工过程包括分析＿＿＿＿＿＿，＿＿＿＿＿＿准备和工件准备。

任务评价

任务评价按照学生任务分配表中的项目和评分标准进行。

活动过程小组评价表

电火花线切割加工工艺							
序号	考核评价指标		评价要素	学生自评	小组互评	教师评价	配分	成绩
1	过程考核	专业能力	复述线切割加工主要工艺参数				30	
			复述电参数影响及合理选择					
			复述非电参数影响					
			掌握电火花线切割加工要点					
			掌握电火花线切割加工常见工艺问题和解决方法					
2		方法能力	电火花线切割加工工艺信息搜集，自主学习，分析、解决问题，归纳总结及创新能力				30	
3		社会能力	团队协作、沟通协调、语言表达能力及安全文明、质量保障意识				10	
4	常规考核		自学笔记				10	
5			课堂纪律				10	
6			回答问题				10	

总结反思

1）学到的新知识有哪些？

_____

_____

2）掌握的新技能有哪些？

_____

_____

3）你对自己在本次任务中的表现是否满意？写出课后反思。

_____

_____

_____

3.5 数控电火花线切割加工编程实例

任务描述

试加工本项目导入中图 3-1 所示工件的外形，该工件的材料为溶火后的 T10 钢，上、下表面都已经磨削平整，厚度为 1 mm。

学前准备

电火花线切割机床控制系统是按照人的命令去控制机床加工的，因此必须事先把要切割的图线，用机器所能接受的语言编排好命令，并告诉控制系统。这项工作称为电火花线切割数控编程，简称编程。本任务以电火花线切割编程为引导，你能查阅资料，简要地介绍电火花线切割编程的步骤、程序格式、编程代码等内容吗？请扫描二维码进行任务学前的准备。

学习目标

1）能复述电火花线切割数控编程步骤。

2）能复述电火花线切割 3B 代码编程程序格式。

3）能复述电火花线切割 3B 代码编程程序代码。

4）能分别用 3B 代码和 ISO 代码编写电火花线切割加工程序。

知识导图

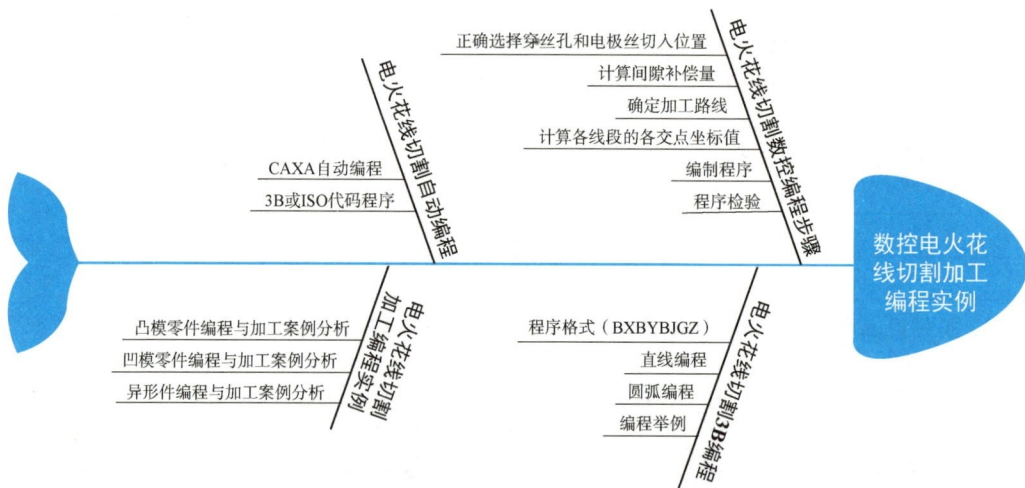

相关知识

3.5.1 电火花线切割数控编程步骤

1. 正确选择穿丝孔和电极丝切入位置

穿丝孔是电极丝加工的起点，也是程序的原点，O 点为穿丝孔。一般选工件的基准点附近为穿丝孔。

穿丝孔到工件之间有一条引入线段，称为引入程序段。在手工编程时，应减去一个间隙补偿量 f，从而保证图形位置的准确性，如图 3-25 所示的 OA 段。

2. 计算间隙补偿量

数控电火花线切割加工是采用电极丝（如钼丝）作为工具电极进行加工的。因为电极丝具有一定的直径 d；加工时又有放电间隙 δ 的存在，致使电极丝中心的运动轨迹与给定图形相差距离 f，如图 3-26 所示，即 $f=d/2+\delta$。所以，在加工模具中的凸模类零件时，电极丝中心轨迹应放大；加工模具中的凹模类零件时，电极丝中心轨迹应缩小，如图 3-27 所示。

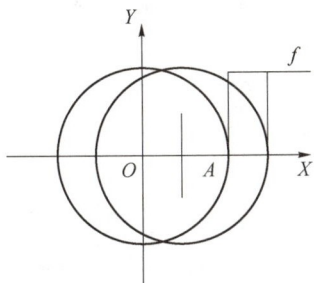

图 3-25 间隙补偿示意图

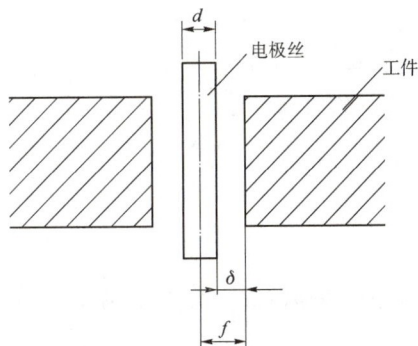

图 3-26 电极丝与工件放电位置的关系

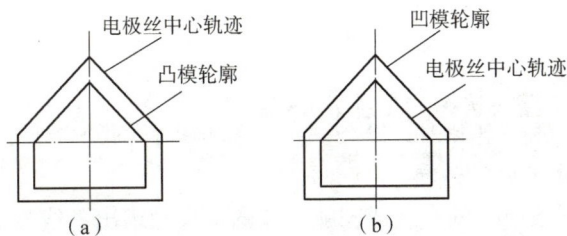

图 3-27 电极丝中心轨迹与给定图线的关系
(a) 凸模加工；(b) 凹模加工

想一想

放电间隙 δ 大概有多大？

多学一点

一般数控装置都有刀具补偿功能，不需要计算刀具中心的运动轨迹，而只需按零件轮廓编程，从而使编程简单方便，但需要考虑电极丝直径及放电间隙，即要设置间隙补偿量 f，$f=\pm(d/2+\delta)$。加工凸模时，f 取"＋"值；加工凹模时，f 取"－"值。

在数控线切割加工时，数控装置所控制的是电极丝中心轨迹，加工凸模时电极丝中心轨迹应在所加工图形的外面；加工凹模时，电极丝中心轨迹应在所加工图形的里面。工件图形与电极丝中心轨迹间的距离，在圆弧的半径方向和线段的垂直方向都等于间隙补偿量 f。

（1）间隙补偿量的符号。间隙补偿量的符号可根据在电极丝中心轨迹图形中圆弧半径及直线段法线长度的变化情况来确定。对于圆弧，考虑电极丝中心轨迹后，其圆弧半径比原图形半径增加时取 $+f$，减小时取 $-f$；对于直线段，考虑电极丝中心轨迹后，使该直线段的法线长度增加时取 $+f$，减小时则取 $-f$。

（2）间隙补偿量的算法。加工冲模的凸、凹模时，应考虑电极丝半径 $r_丝$，电极丝和工件之间的单边放电间隙 $\delta_电$ 及凸模和凹模间的单边配合间隙 $\delta_配$。当加工冲孔模具时（即冲后要求保证工件孔的尺寸），凸模尺寸由孔的尺寸确定。因 $\delta_配$ 在凹模上扣除，故凸模的间隙量 $f_凸=r_丝+\delta_电$，凹模的间隙补偿量 $f_凹=r_丝+\delta_电-\delta_配$。当加工落料模时（即冲后要求保证冲下的工件尺寸），凹模尺寸由工件尺寸确定。因 $\delta_配$ 在凸模上扣除，故凸模的间隙补偿量 $f_凸=r_丝+\delta_电-\delta_配$，凹模的间隙补偿量 $f_凹=r_丝+\delta_电$。

想一想

你能计算线切割间隙补偿量吗？

3. 确定加工路线

根据工件的装夹情况，建立坐标系。正确的加工路线能减小工件的变形，保证加工精度。

想一想

电火花线切割加工路线选择的注意事项有哪些？

4. 计算各线段的各交点坐标值

将图形分割成若干条单一的直线或圆弧，按图样尺寸求出各线段的交点坐标值。

5. 编制程序

编程要点见 3.5.2 节。

6. 程序检验

空运行，即将程序输入数控装置后空走，检查机床的回零误差。

3.5.2　电火花线切割 3B 编程

以下介绍我国往复高速走丝线切割机床应用较广的 3B 代码程序的编程要点。

常见的图形都是由直线和圆弧组成的，任何复杂的图形，只要分解为直线和圆弧就可依次分别编程。编程时需用的参数有5个：切割的起点或终点坐标X、Y值，切割时的计数长度J（切割长度在 X 轴或 Y 轴上的投影长度），计数方向G，加工指令Z（切割轨迹的类型）。

多学一点

为了便于机器接受命令，必须按照一定的格式来编制电火花线切割的数控程序。目前高速走丝线切割机床一般采用3B（个别扩充为4B或5B）代码，而低速走丝线切割机床常采用国际上通用的国际标准化组织（ISO）或美国电子工业协会（EIA）代码。为了便于国际交流和标准化，我国特种加工学会和特种加工行业协会建议我国生产的线切割控制系统逐步采用 ISO 代码（ISO 代码编程知识见项目二任务 2.7 数控电火花加工编程实例）。

1. 程序格式

我国数控高速走丝线切割机床采用统一的五指令 3B 程序格式，即：

$$BXBYBJGZ$$

式中　B——分隔符，用它来区分、隔离X、Y和J等数码，若B后的数字为0，则此0可以不写。

X，Y——直线终点或圆弧起点的坐标值，编程时均取绝对值，以 μm 为单位。

J——计数长度，以 μm 为单位。以前编程时必须写满 6 位数，如计数长度为4 560 μm，应写成004560，现在的微机控制器则不必用 0 填满 6 位数。

G——计数方向，分 Gx 或 Gy，即可以按 X 方向或 Y 方向计数。工作台在该方向每走 1 μm，计数器累减 1，当累减到计数长度J=0 时，这段程序即加工完毕。

Z——加工指令，分为直线 L 与圆弧 R 两大类。直线按走向和终点所在的象限分为 L1、L2、L3、L4 四种；圆弧按第一步进入的象限及走向的顺、逆圆分为 SR1、SR2、SR3、SR4 及 NR1、NR2、NR3、NR4 八种，如图 3-28 所示。

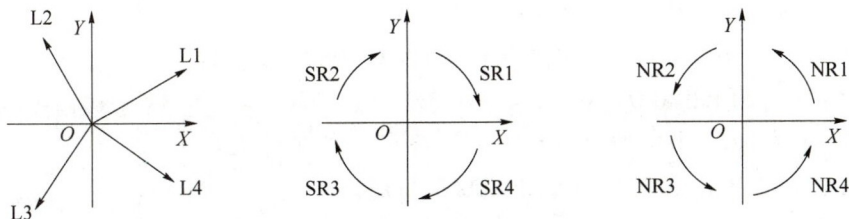

图 3-28　直线和圆弧的加工指令

2. 直线编程

1) 把直线的起点作为坐标原点。

2) 把直线的终点坐标值作为 X、Y，均取绝对值，单位为 μm。因 X、Y 的比值表示直线的斜度，故也可用公约数将 X、Y 缩小为原来的整数分之一。

3) 计数长度 J，按计数方向 Gx 或 Gy 取该直线在 X 轴或 Y 轴上的投影值，即取 X 值或

Y 值，以 pm 为单位。决定计数长度要和选择计数方向一并考虑。

4）计数方向的选取原则，应取程序最后一步的轴向作为计数方向。不能预知时，一般选取与终点处走向较平行的轴向作为计数方向，这样可以减小编程误差与加工误差。对直线而言，可取 X、Y 中较大的绝对值及其轴向作为计数长度 J 和计数方向 G。

5）加工指令按直线走向和终点所在象限不同分为 L1、L2、L3、L4，其中与+X 轴重合的直线算作 L1，与+Y 轴重合的直线算作 L2；与−X 轴重合的直线算作 L3，与−Y 轴重合的直线算作 L4。与 X、Y 轴重合的直线，编程时 X、Y 均可作 0，且在 B 后可不写。

3. 圆弧编程

1）把圆弧的圆心作为坐标原点。

2）把圆弧的起点坐标值作为 X、Y，均取绝对值，单位为 μm。

3）计数长度 J 按计数方向取 X 轴或 Y 轴上的投影值，以 μm 为单位。如果圆弧较长，跨越两个以上象限，则分别取计数方向 X 轴（或 Y 轴）上各象限投影值的绝对值并相互累加，作为该方向总的计数长度，这要和选计数方向一并考虑。

4）计数方向同样也取与该圆弧终点时走向较平行的轴向作为计数方向，以减少编程和加工误差。即取圆弧终点坐标中绝对值较小的轴向作为计数方向（与直线相反）。最好也取最后一步的轴向作为计数方向。

5）加工指令对圆弧而言，按其第一步所进入的象限可分为 R1、R2、R3、R4；按切割走向又可分为顺圆 S 和逆圆 N，于是共有 8 种指令，即 SR1、SR2、SR3、SR4 及 NR1、NR2、NR3、NR4，如图 3–34 所示。

想一想

电火花线切割加工直线编程与圆弧编程的区别是什么？

4. 编程举例

假设要切割如图 3–29 所示的轨迹，该图形由 3 条直线和 1 条圆弧组成，故分 4 条程序编制（暂不考虑切入路线的程序）。

1）加工直线 AB。坐标原点取在 A 点，AB 与 X 轴向重合，X、Y 均可作 0 计（按 X = 40 000，Y = 0，也可编程为 B40000B0B40000GxL1，不会出错），故程序为 BBB40000 GxL1。

2）加工斜线 BC。坐标原点取在 B 点，终点 C 的坐标值是 X = 10 000，Y = 90 000，故程序为 B1B9B90000CyL1。

3）加工圆弧 CD。坐标原点应取在圆心 O，这时起点 C 的坐标可用勾股定律算得为 X = 30 000，Y = 40 000，故程序为 B30000B40000B60000GxNR1。

4）加工斜线 DA。坐标原点应取在 D 点，终点 A 的坐标为 X = 10 000，Y = −90 000（其绝对值为 X = 10 000，Y = 90 000），故程序为 B1B9B90000GyL4。

加工程序见表 3–7。

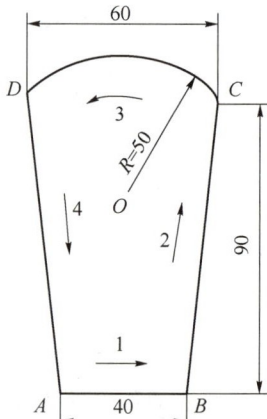

图 3–29　编程图形

表 3-7 加工程序表

程序	B	X	B	Y	B	J	G	Z
1	B	—	B	—	B	40000	Gx	L1
2	B	1	B	9	B	90000	Gy	L1
3	B	30000	B	40000	B	60000	Gx	NR4
4	B	1	B	9	B	90000	Gy	L4
5	—	—	—	—	—	—	—	D（停机码）

在实际线切割加工和编程时，要考虑钼丝半径 r 和单面放电间隙 S 的影响。切割孔和凹体时，应将编程轨迹偏移减小 $r+S$ 距离；对于凸体，则应偏移增大 $r+S$ 距离。

3.5.3 电火花线切割自动编程

数控编程可分为人工编程和自动编程两类。人工编程通常是根据图样把图形分解成直线段和圆弧段，并且将每段的起点、终点，中心线的交点、切点的坐标一一定出，按这些直线的起点、终点，圆弧的中心、半径、起点、终点坐标进行编程（如上文所述）。当零件的形状复杂或具有非圆曲线时，人工编程的工作量大，容易出错。

新视野

为简化编程工作，利用计算机进行自动编程是必然趋势。自动编程使用专用的数控语言及各种输入手段，向计算机输入必要的形状和尺寸数据，利用专门的应用即可求得各交点切点的坐标及编写数控加工程序所需的数据，编写出数控加工程序，再将程序传输给线切割机床。即使是数学知识不多的人也能简单地进行这项工作。已有多种可输出两种代码格式（ISO 和 3B）程序的自动编程机。值得指出的是，一些 CNC 线切割机床本身具有多种自动编程机的功能，或做到控制机与编程机合二为一，在控制加工的同时，可以脱机进行自动编程。例如，国外单向走丝线切割机床及我国生产的一些双向走丝线切割机床都有类似的功能。

目前，我国双向走丝线切割加工的自动编程机有根据编程语言来编程的，也有根据菜单采用人机对话来编程的。后者易学，但繁琐；前者简练，但事先需要记忆大量的编程语言、语句，适合于专业的编程人员。

为了使编程人员免除记忆枯燥繁琐的编程语言等麻烦，我国科技人员开发了 YH 型和CAXA 型绘图式编程技术。采用此技术，只需根据待加工零件的图形，按照机械制图的步骤，在计算机屏幕上绘出零件图，计算机内部的软件即可自动将其转换成 3B 或 ISO 代码切割程序，非常简捷方便。

对于一些毛笔字或熊猫、大象等工艺美术品等复杂曲线图案的编程，可以用数字化仪描图法把图形直接输入计算机，或用扫描仪直接将图形扫描输入计算机，处理成一笔画，再经内部的软件处理，编译成线切割图形。这些描图式输入器和扫描仪等直接输入图形的编程系统，已有商品出售。图 3-30 所示是用扫描仪直接输入图形编程切割出的工件图形。

图 3-30 用扫描仪直接输入图形编程切割出的工件图形

你会使用哪种电火花线切割加工自动编程软件？

任务实施

3.5.4 电火花线切割加工编程实例

加工如图 3-1 所示的零件，具体操作如下。

1. 分析图样

该工件直棱直角、材料硬、件薄，采用数控铣可以加工该零件，但由于材料较硬，加工时刀具磨损大。电火花线切割加工的工艺性与材料硬度无关，故采用电火花线切割加工方法。

2. 准备电极丝

电极丝采用钼丝，直径为 ϕ0.18 mm。

3. 准备毛坯

毛坯采用如图 3-31 所示的规格，材料为淬火后的 T10 钢。

4. 装夹与找正工件

用螺钉和夹板直接把毛坯装夹在工作台面上，采用如图 3-32 所示的悬臂式支撑。由于工件的装夹要求不高，可用 90°角尺与工作台靠一下，使工件的侧边与工作台的 Y 轴平行。

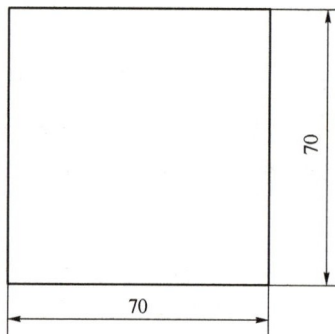

图 3-31 毛坯图

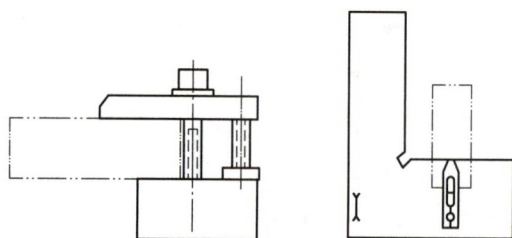

图 3-32 毛坯装夹

5. 调整电极丝位置

采用电火花法调整电极丝位置。该方法是工厂中常用的一种调整方法。如图 3-33 所示，移动工作台，使电极丝靠近工件的基准面（采用弱电参数），当出现均匀火花时，记下工作台的相应坐标即可。

6. 手工编程

1）确定加工路线。如图 3-34 所示，起始点为 A，加工路线按照图中所标的①②…⑧记下，共分为 8 个程序段，其中①为切入程序段，⑧为切出程序段。

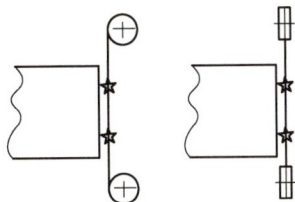

图 3-33　电火花法调整电极丝的位置

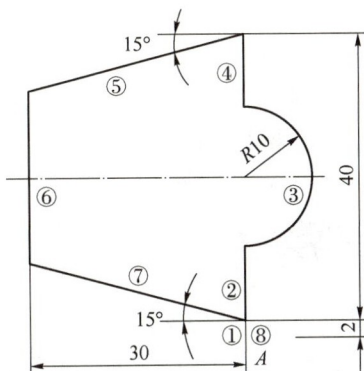

图 3-34　加工路线图

2）计算坐标值。按照坐标系和坐标 X、Y 的规定，分别计算①~⑧程序段的坐标值。若以 A 为坐标原点，则①~⑧程序段的终点坐标值分别为 $A(0,0)$，①$(0,2)$，②$(0,12)$，③$(0,32)$，④$(0,42)$，⑤$(-30,33.96)$，⑥$(-30,10.04)$，⑦$(0,2)$，⑧$(0,0)$。逐段编写 3B 程序，见表 3-8。

表 3-8　加工程序

N	B	X	B	Y	B	J	G	Z	备注
1	B	0	B	2 000	B	2 000	GY	L2	切入
2	B	0	B	10 000	B	10 000	GY	L2	—
3	B	0	B	10 000	B	20 000	GX	NR4	—
4	B	0	B	10 000	B	10 000	GY	L2	—
5	B	3 000	B	8 040	B	30 000	GX	L3	—
6	B	0	B	23 920	B	23 920	GY	L4	—
7	B	3 000	B	8 040	B	30 000	GX	L4	—
8	B	0	B	2 000	B	2 000	GY	L4	切出

7. 选择参数

此工件作为样板零件，对切割的表面质量要求不高，板也比较薄，属于粗加工，故线切割参数选择如下：

脉冲宽度：20 μs；

脉冲幅值：80 V；

功率管数：6 个；

加工电流：2 A；

切割速度：40 mm²/min。

8. 进行零件加工

加工完成后，取下并测量。

任务拓展

1. 凸模零件编程与加工案例分析

了解电火花线切割加工凸模零件编程加工，请扫描二维码进行学习。

2. 凹模零件编程与加工案例分析

了解电火花线切割加工凹模零件编程加工，请扫描二维码进行学习。

3. 异形件编程与加工案例分析

了解电火花线切割加工异形件编程加工，请扫描二维码进行学习。

问题探究

1. 穿丝孔是电极丝加工的_____，也是程序的原点，也可以是程序加工的_____。一般选工件的_____点附近为穿丝孔。

2. 加工凸模时，f 取_____值；加工凹模时，f 取_____值。

3. 我国数控高速走丝线切割机床采用统一的五指令 3B 程序格式，即 B_B_B_GZ。

4. 加工指令按直线走向和终点所在象限不同分为_____、_____、_____、_____，其中与 +X 轴重合的直线算作_____，与 +Y 轴重合的直线算作_____，与 –X 轴重合的直线算作_____，与 –Y 轴重合的直线算作_____。

5. 加工指令对圆弧而言，按其第一步所进入的象限可分为 R1、R2、R3、R4；按切割走向又可分为顺圆 S 和逆圆 N，于是共有 8 种指令，即顺圆_____、_____、_____、_____和逆圆_____、_____、_____、_____。

任务评价

任务评价按照学生任务分配表中的项目和评分标准进行。

活动过程小组评价表

数控电火花线切割加工编程实例							
序号	考核评价指标		评价要素	学生自评	小组互评	教师评价	配分	成绩
1	过程考核	专业能力	掌握电火花线切割数控编程步骤				30	
			掌握电火花线切割 3B 编程					
			掌握电火花线切割自动编程					
			掌握电火花线切割加工编程实例					
2		方法能力	数控电火花线切割加工编程实例信息搜集，自主学习，分析、解决问题，归纳总结及创新能力				30	
3		社会能力	团队协作、沟通协调、语言表达能力				10	
4	常规考核		自学笔记				10	
5			课堂纪律				10	
6			回答问题				10	

总结反思

1）学到的新知识有哪些？

_____

_____

_____

_____

2）掌握的新技能有哪些？

_____

_____

_____

_____

3）你对自己在本次任务中的表现是否满意？写出课后反思。

_____

_____

_____

_____

拓展知识

请扫描二维码进行拓展知识的学习。

项目思考与练习

3-1　电火花线切割加工的基本原理是什么？

3-2　电火花线切割加工适用于哪些加工场合？

3-3　火花放电与电弧放电的主要区别是什么？

3-4　影响电火花加工质量的因素有哪些？

3-5　什么是电火花线切割的切割速度和加工精度？

3-6　工件的装夹方式有哪些？

3-7 电极丝的位置调整方式有哪几种？

3-8 要求运用线切割机床加工如图 3-35 所示的样板零件，工件厚度为 2 mm，加工表面粗糙度 Ra 为 3.2 μm，电极丝为 0.18 mm 的钼丝，单边放电间隙为 0.01 mm，采用 3B 代码编程。

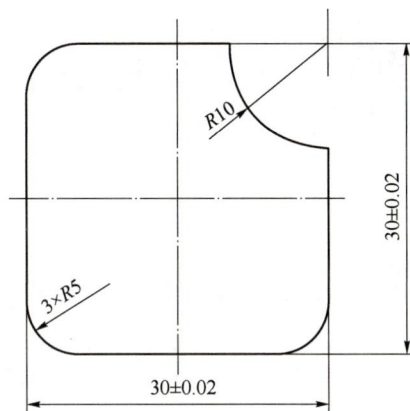

图 3-35 样板零件

项目 4 快速成形技术

项目学习导航

学习目标	➢ 素质目标 1）塑造学生爱国敬业、使命奉献的核心价值观。 2）培养学生严谨细致、精益求精的工匠精神。 3）培养学生实践应用、自主探究的创新精神。 4）培养学生团队协作、安全文明的职业素养。 ➢ 知识目标 1）掌握快速成形技术概念、原理及特点，了解快速成形技术发展历程。 2）掌握几种常见的快速成形技术的原理及应用。 3）了解快速成形在各个领域的应用。 ➢ 能力目标 1）能了解快速成形技术发展历程，理解快速成形技术的概念、原理及特点。 2）能理解 SLA、SLS、LOM、FDM、3DP 等典型快速成形工艺及应用。 3）能了解快速成形在汽车、航空航天、电子电器、医疗、文化创意等领域的应用
教学重点	快速成形原理与特点，快速成形典型工艺及应用
教学难点	SLA、SLS、LOM、FDM、3DP 等典型快速成形工艺
建议学时	4 学时

项目导入

  随着全球市场一体化的形成，制造业的竞争愈加激烈，产品开发速度与制造技术的柔性日益成为企业发展的关键因素。在这种情况下，自主快速产品开发的周期已逐渐成为制造业全球竞争的实力基础。快速成形（图 4-1）技术从 CAD 设计到完成原型制作通常只需数小时至几十个小时，能够快速、直接、精确地将设计思想转化为具有特定功能的实物模型或样件。与传统加工方法相比，加工周期节约 70% 以上，对复杂零件尤其如此；并且成本与产品复杂程度无关，特别适合复杂新产品的开发和单件小批量零件的生产；同时该制造技术具有较强的灵活性，能够以小批量甚至单件生产而不增加产品的成本。有些特殊复杂制件，由于只需单件生产，或少于 50 件的小批量生产，一般均可用快速成形技术直接进行成形，成本低，周期短。那么快速成形的基本原理是什么？它有哪些典型的工艺？什么是快速制造技术？这就是本项目需要介绍的内容。

图 4-1　快速成形示例

首先提出一个问题：如何加工图 4-2 所示的多重嵌套的套环？显然，若采用传统的车、铣、钻等方法是不易实现的，本项目将介绍一种适合快速加工这一类结构零件的快速成形技术。

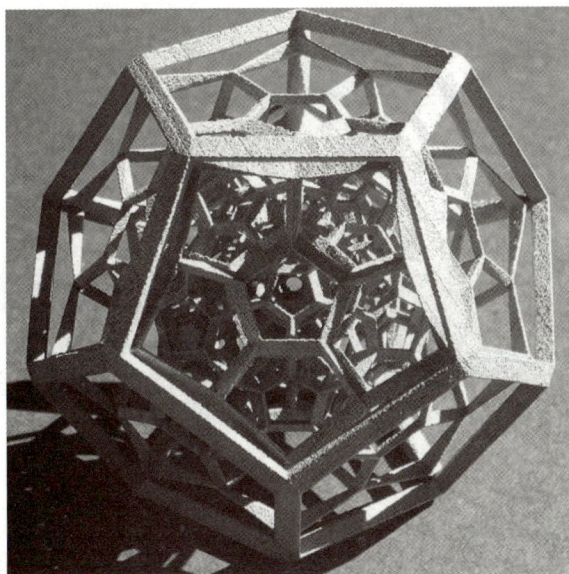

图 4-2　多重嵌套的套环

任务分组

学生任务分配表

班级			组号		指导教师	
组长			学号			
组员	学号	姓名		学号		姓名
	任务分工					

4.1 快速成形技术

任务描述

通过学习本任务内容，能够复述快速成形技术的概念、原理、特点、方法、发展历程、应用现状，并能够概括其主要应用。要求：以小组为单位，通过查阅相关文献、网站等，总结关于当前快速成形技术的应用，并提交一份对应的研究分析报告。

学前准备

快速成形制造技术（Rapid Prototyping&Manufacturing）是 20 世纪 80 年代问世并迅速发展起来的一项崭新的制造技术，是由 CAD 模型直接驱动的快速制造任意复杂形状三维实体技术的总称。它是机械工程、CAD、NC、激光技术、材料技术等多学科综合渗透与交叉的体现，能自动、快速、直接、准确地将设计思想固化为具有一定功能的原型，或直接制造出零件，包括模具，从而可以对产品设计进行快速评价、修改，响应市场需求，提高企业的竞争能力。快速成形制造技术的出现，反映了现代制造技术本身的发展趋势和激烈的市场竞争对制造技术发展的重大影响。可以说，快速成形制造技术是近 30 年来制造技术领域的一次重大突破。快速成形技术利用所要制造零件的二维 CAD/CAM 模型数据直接生成产品原型，并且可以在修改 CAD/CAM 模型后重新制造产品原型，因而可以在不用模具和工具的条件下生成几乎任意复杂的零部件，极大地提高了生产效率和制造柔性。该技术已经广泛应用于航空、汽车、通信、医疗、电子、家电、玩具、军事装备、工业造型、建筑模型、机械行业等领域。你能查阅资料，了解快速成形技术的相关知识及最新应用吗？请扫描二维码进行任务学前的准备。

学习目标

1）能复述快速成形技术的概念。
2）能理解快速成形技术的原理。
3）能辨析快速成形技术的优缺点。
4）能了解国内外快速成形技术的研发现状。

知识导图

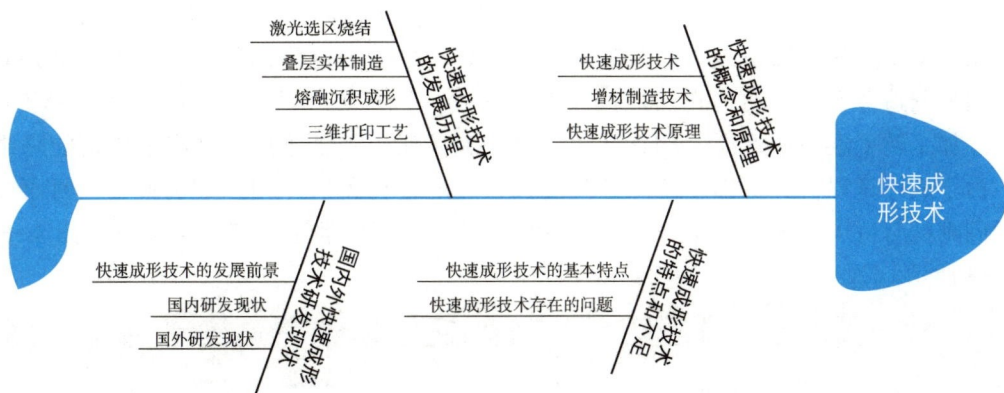

相关知识

4.1.1　快速成形技术的概念和原理

1. 快速成形技术的概念

快速原型（Rapid Prototyping，RP）是快速成形（即快速制造）大家族中最早出现并发展的一种技术，采用增材制造（Material Increase Manufacture，MIM；或 Additive Manufacture，AM）原理，实现空间形状任意复杂零件快速制造的技术，一般也叫 3D 打印技术。

多学一点

在快速原型技术飞速发展的背景下，许多学者试图用更宽泛的学术概念及更明确的工程内容来命名这一领域。芬兰快速成形学者 Dr. Jukka Tuomi 建议将一切基于离散堆积成形原理的成形方法统称为快速制造，再根据各种方法的特点冠以不同的名称，即：快速原型制造（Rapid Prototyping Manufacturing，RPM）、快速工具制造（Rapid Tooling Manufacturing，RTM）、快速模具制造（Rapid Mold Manufacturing，RMM）、快速生物模具制造（Rapid Biological Mold Manufacturing，RBMM）、快速支架制造（Rapid Scaffold Manufacturing，RSM）。

2. 快速成形技术的原理

快速制造（快速成形）是快速原型制造向功能性零件制造方向发展的结果，是一类先进制造技术的总称，其内核和本质与快速原型技术是相同的，由此可得出快速制造的定义：由产品三维 CAD 模型数据直接驱动，组装（堆积）材料单元而完成任意复杂且具有使用功能的零件的科学技术总称；与其相对应，快速原型制造的定义为：由产品三维 CAD 模型数据直接驱动，组装（堆积）材料单元而完成任意复杂三维实体（不具使用功能）科学技术的总称。其基本过程是首先完成被加工件的计算机三维模型（数字模型、CAD 模型），然后根据工艺要求，按照一定的规律将该模型离散为一系列有序的单元，通常在 Z 向将其按一定厚度进行离散（分层、切片），把原 CAD 三维模型变成一系列层片的有序叠加；再根据每个层片的轮廓信息，输入加工参数，自动生成数控代码；最后由成形机完成一系列层片制造并实时自动将它们连接起来，得到一个三维物理实体。这样就将一个复杂的三维加工转变成一系列层片的加工，因此大大降低了加工难度，这就是所谓的降维制造。由于成形过程为材料标准单元体的叠加，成形过程无须专用刀具和夹具，因而成形过程的难度与待成形物理实体形状的复杂程度无关，其技术原理与基本过程如图 4-3 和图 4-4 所示。

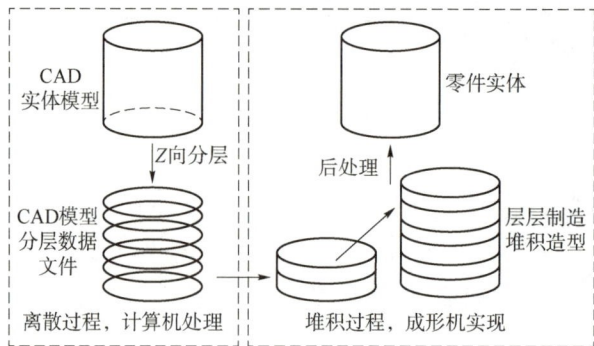

图 4-3　快速成形技术的原理

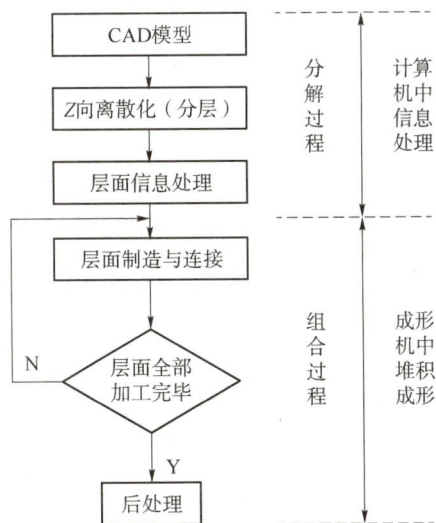

图 4-4 快速成形的基本过程

想一想

快速成形原理与机械加工原理的主要区别？

尽管 Rapid Prototyping 的英文原义是指快速原型，常简写为 "RP"，已成为学术界和工业界的专用术语，但它并不仅仅指快速原型，而是代表了一种成形概念，泛指快速成形过程、快速成形工艺方法和相应的软件、材料、设备以及整个技术链，即 RP 已被公认为泛指快速成形或快速成形制造。由于快速制造已用 RM（Rapid Manufacturing）代表，故 RP 不具有快速制造之意。本书中，成形的 "形" 不用 "型" 而用 "形"，其意非指模型、型腔等而是指有形的物体，成形寓意为形成三维实体。在工程上，经常混淆 RP、RPM 原型与 RM 原型。事实上，它们在学术上是有明确含义的。如果原型仅用来对设计进行评价，即原型仅具备对设计评价的功能，此类原型应称为 RP 或 RPM 原型；当原型具备了非评价功能，如用来翻制模具或金属零件或陶瓷型等，此类原型就应称为 RM 原型了。

4.1.2 快速成形技术的特点和不足

快速成形技术的出现，开辟了不用刀具、模具而制作原型和各类零部件的新途径。从理论上讲，快速成形技术可以制造任意复杂形状的零部件，原料的利用率可达 100%。目前在工业应用中，采用专门的快速成形设备，最高精度可达到 0.01 mm，生产周期为每件数小时至每件数十小时。快速成形技术的出现，创立了产品开发研究的新模式，使设计师以前所未有的直观方式体会设计的感觉并迅速得到验证，检查所设计产品的结构、外形，从而使设计、制造工作进入一个全新的境界。

1. 快速成形技术的基本特点

1）由 CAD 模型直接驱动。快速成形技术实现了设计与制造一体化，在快速成形工艺中，计算机中的 CAD 模型数据通过接口软件转化为可以直接驱动快速成形设备的数控指令，快速成形设备根据数控指令完成原型或零件的加工。由于快速成形以分层制造为基础，可以较方便地进行路径规划，将 CAD 和 CAM 结合在一起，实现设计制造一体化，这也是直接驱动的含义。

2）可以制造具有任意复杂形状的三维实体。快速成形技术由于采用分层制造工艺，将复杂的三维实体离散成一系列层片加工和加工层片的叠加，从而大大简化了加工过程。它可以加工复杂的中空结构，不存在三维加工中刀具干涉的问题，因此理论上讲可以制造具有任意复杂形状的原型和零件。

3）快速成形设备是无须专用夹具或工具的通用机器。快速成形技术在成形过程中无须专用的夹具或工具，成形过程具有极高的柔性，这是快速成形技术非常重要的一个技术特征。对于不同的零件，不需要传统制造工艺中所需要的专用工装、模具或工具，而只需要建立 CAD 模型，调整和设置工艺参数，即可制造出符合要求的零件。快速成形设备是一种典型的通用加工设备。

4）成形过程中无须人工干预或较少干预。快速成形是一种完全自动的成形过程，传统成形设备在成形过程开始时需要由操作者安装和调整毛坯。而对于快速成形工艺，则是材料在底板上逐渐堆积成形，不存在安装和调整的过程。整个成形过程中，操作者无须或较少干预；出现故障，设备会自动停止，发出警示并保留当前数据；完成成形过程后，机器会自动停止并显示相关结果。

5）快速成形使用的材料具有多样性。快速成形技术具有极为广泛的材料可选性，其选材从高分子到金属材料、从有机到无机、从无生命到有生命（细胞），为快速成形技术广泛应用提供了前提，使其可以在航空、机械、家电、建筑、医疗、医学和生物等各个领域应用。此外，快速成形技术是边堆积边成形的，因此它有可能在成形的过程中改变成形材料的组分，从而制造出具有材料梯度的零件，这是其他传统工艺难以做到的，也是快速成形技术与传统工艺相比的主要优势之一。因此，快速成形过程可将材料制备与材料成形紧密地结合起来。

2. 快速成形技术存在的问题

1）材料问题。目前快速成形技术中成形材料的成形性大多不太理想，成形件的物理性能不能满足功能性、半功能性零件的要求，必须借助于后处理或二次开发才能生产出令人满意的产品。由于材料技术开发的专门性，一般快速成形材料的价格都比较贵，使生产成本升高。

2）高昂的设备价格。快速成形技术是综合计算机、激光、新材料、CAD/CAM 集成等技术而形成的一种全新的制造技术，是高科技的产物，技术含量较高，所以目前快速成形设备的价格较贵，限制了快速成形技术的推广及应用。

3）功能单一。现有快速成形机的成形系统都只能进行一种工艺成形，而且大多数只能用一种或少数几种材料成形。这主要是因为快速成形技术的专利保护问题，各厂家只能生产自己开发的快速成形工艺和成形设备。随着技术的进步，这种保护体制已成为快速成形技术集成的障碍。

4）成形精度和质量问题。由于快速成形的成形工艺发展还不完善，特别是对快速成形软件技术的研究还不成熟，目前快速成形零件的精度及表面质量大多不能满足工程直接使用的需要，不能作为功能性零件，只能作为原型使用。为提高成形件的精度和表面质量，必须改进成形工艺和快速成形软件。

5）应用问题。虽然快速成形技术在航空航天、汽车、机械、电子、电器、医学、玩具、建筑和艺术品等许多领域都已获得广泛应用，但大多仅作为原型件进行新产品开发及功能测试等，如何生产出能直接使用的零件是快速成形技术面临的一个重要问题。随着快速成形技的进一步推广及应用，直接零件制造是快速成形技术发展的必然趋势。

想一想

快速成形技术除了以上的优缺点之外，还有别的特点吗？

4.1.3　快速成形技术的发展历程

多学一点

快速成形技术的概念大约出现在 20 世纪 70 年代末，而实际上采用分层制造原理堆积三维实体的思维雏形最早可追溯到 19 世纪。早在 1892 年，美国的 J. E. Blather 在其申请的专利中就提出采用分层制造法构成地形图。1902 年，C. Bease 在其申请的专利中提到采用光敏聚合物制造塑料件的原理，这是光固化快速成形技术（Stere Lithography，SL）的初始设想。而 P. L. Dimatteo 在其 1976 年的美国专利中明确提出，先用轮廓跟踪器将三维物体转化为二维轮廓薄片，然后用激光切割使这些薄片成形，再用螺钉、销钉将一系列薄片连接成三维物体。这些设想和现代的叠层实体制造（Laminated Object Manufacturing，LOM）技术的原理极为相似。1979 年，日本的 Nakagawa 教授开始采用分层制造技术制作实际的模具。上述专利虽然提出了快速成形技术的基本原理，但还很不完善。20 世纪 70 年代末到 80 年代初，美国的 A. J. Hebert、日本的小玉秀、美国 UVP 公司 C. W. Hull 等人相继独立地提出了快速原型概念。20 世纪 80 年代，激光技术得到高速发展，高质量的激光束为材料快速固化提供了先决条件，第一个快速成形工艺就是利用当时先进的激光技术来实现光固化树脂的逐点、逐层胶连固化而成形。C. W. Hull 在美国 UVP 公司的支持下，完成了一个自动三维成形装置 Stero Lithography Apparatus-1（SLA-1），1986 年该系统获得专利，这成为快速成形技术发展的一个里程碑。目前美国 3D Systems 公司是激光固化快速成形系统最大的生产和研究厂家。

激光选区烧结（Selective Laser Sintering，SLS）是由美国得克萨斯州大学奥斯汀分校的 C. R. Deckard 于 1986 年提出的，其采用激光束烧结粉末而成形，并获得了专利。1988 年研制成功第一台 SLS 成形机，后由美国 B. F. Goodrich 公司投资的 DTM 公司将其商业化，推出 SLS Model 125 成形机，随后推出了 Sinterstation 系列成形机。在随后的近 30 年的时间里，各国的研究学者在 SLS 技术的成形工艺、方法、材料、成形效率、精度控制及其应用方面进行了大量的理论、实验研究和商业化开发工作。

叠层实体制造是快速原型技术中早期发展的技术之一。该工艺由美国的 M. Feygin 首先提出，即用激光束切割簿材（如纸材）而层层粘接成形，于 1985 年获得专利。1991 年，

Helisys Inc. 公司基于该工艺推出 LOM1015、LOM2030 两种型号的成形机。

直接将材料（如塑料、蜡等）熔化并挤压喷出堆积成形，称为熔融沉积成形（Fused Deposition Modeling，FDM）工艺，是众多快速成形工艺中发展速度最快的工艺之一。1992 年美国的 S. S. Crump 获得了 FDM 工艺的第一个专利。

美国麻省理工学院（MIT）的 E. M. Sachs 博士提出用喷射黏结剂微滴粘连铺平粉层中的粉末，实现局部的固结，逐层制造而获得三维实体模型的三维打印（Three Di-mension Printing，3DP）工艺。E. M. Sachs 于 1993 年获得专利。ZCorp 和 Soligen 等许多公司随后购买了 3DP 的专利权。

表 4-1 为上述 5 种专利情况简表。

表 4-1　主要 RP 工艺获得的专利

年份	国别	工艺名称	专利所有人
1985	美国	叠层实体制造	M. Feygin
1986	美国	光固化	C. W. Hull
1986	美国	激光选区烧结	C. R. Deckard
1992	美国	熔融沉积制造	S. S. Crump
1993	美国	三维打印	E. M. Sachs

4.1.4　国内外快速成形技术研发现状

1. 快速成形技术的发展前景

近年来，国内外快速成形技术高速发展，普及程度日益广泛，作为共性技术，在航空航天、航海潜海、兵器车辆、生物医疗、康复保健、创意设计、复杂产品开发等领域应用的成功案例日益增多，制造设备交易量呈几何级数上升。根据全球快速成形市场完成交易的记录（按 Wohlers Associates Inc. 的样本）统计，1987—2005 年，快速成形系统设备交易量是 9 302 台，经过 20 年（1987—2007 年）的发展，全球市场规模达到 10 亿美元，随着微纳制造新型光机电液成熟器件（如光调制微镜阵列芯片、低黏度光敏彩色树脂微喷头阵列）的出现，在行业跨国公司（如 3D Systems 以及 HP）的推动下，产生了许多桌面型和大尺寸工业级新机型，到 2012 年全球快速成形市场规模达到 20 亿美元。

据专业调研预测，到 2022 年国内市场容量将增长 4 倍，全球快速成形市场规模将达到 354 亿美元，从 2015 年开始计算，年均复合增长率达 24.1%。其中打印机和耗材的增长占一半左右，其余是软件和服务。按设备售价高于 5 000 美元统计，2015 年全球共有工业级 3D 打印系统厂商 62 家，2014 年有 49 家，2011 年仅有 31 家；2015 年售价低于 5 000 美元的桌面型打印机销量超过 27.8 万台，比 2014 年的 16 万台高出 74%。金属 3D 打印机的增长率约为 45%，市场增速迅猛。

据《2016—2021 年中国 3D 打印产业市场需求与投资潜力分析报告》统计，2014 年我国 3D 打印产业链规模为 40 亿元，形成了完善的产业运营模式。按我国战略目标预测，到 2035 年 3D 打印市场直接产值（设备与服务）可达 1 000 亿元~1 500 亿元，制造业扩散效益可达 6 000 亿~10 000 亿元。

新视野

4D 打印技术是指由 3D 打印技术成形出来的结构能够在外界激励下发生形状或者结构的改变，直接将材料与结构的变形设计内置到物料中，简化了从设计理念到实物的造物过程，让物体能自动组装构型，实现了产品设计、制造和装配的一体化融合。4D 打印比 3D 打印多了一个"D"也就是时间维度，人们可以通过软件设定模型和时间，变形材料会在设定的时间内变形为所需的形状。准确地说 4D 打印是一种能够自动变形的材料，直接将设计内置到物料中，不需要连接任何复杂的机电设备，就能按照产品设计自动折叠成相应的形状。4D 打印最关键的是记忆合金，主要构成要素可以分为 4 个部分：智能或刺激反馈材料、4D 打印设备、外部刺激因子、智能化设计过程。4D 打印制造的物体至少有两种形式：一种是物体的各部分连接在一起，可自我变换成另一种形态或性能；另一种是该物体由可分离的三维像素（一种基于体积的像素，与平面像素类似，三维像素是"可编程物质"的基本单元，不同的"可编程物质"具有不同的三维像素）组成。

想一想

4D 打印技术最适合应用在哪个领域？

2. 国外快速成形技术的研发现状

国外快速成形技术主要集中在欧美地区，其中美国是快速成形技术的起源地，也是对此技术研究最广泛的国家。美国得克萨斯大学奥斯汀分校的 Laboratory for Freeform Fabrication 是世界上最早成立的快速成形研究中心之一，研究领域涵盖了快速成形技术的各个方面。美国得克萨斯大学埃尔帕索分校设立的 W. M. Keck Centre for 3D Innovation 联合新墨西哥大学、扬斯敦州立大学、洛克希德马丁公司、诺斯罗普·格鲁曼公司、rp+m 和 Stratasys 公司，致力于面向航空航天系统的 3D 打印技术研发。美国宾夕法尼亚州立大学联合 Battelle Memorial Institute 和 Sciaky Corporation 成立了 Centre for Innovative Materials Processing Through Direct Digital Deposition，它侧重于金属、高分子等材料的设计及工业化应用研究。

多学一点

欧美其他发达国家和地区的科研单位都设立了快速成形的增材制造研究中心。例如，英国谢菲尔德大学设立了 Centre for Advanced Additive Manufacturing，重点研究增材制造零件结构设计、喷墨打印、生物材料激光成形、航空材料激光选区熔化成形、激光烧结新材料等。英国诺丁汉大学成立了 EPSRC Centre for Innovative Manufacturing in Additive Manufacturing，针对多功能快速成形技术、快速成形材料体系设计等方面进行创新突破。英国埃克塞特大学设立的 Centre for Additive Layer Manufacturing 致力于解决快速成形技术与工业应用结合的难题。德国弗劳恩霍夫激光研究所成立了弗劳恩霍夫增材制造联盟，着眼于金属、高分子、陶瓷及生物材料的 3D 打印成形，其下属的 11 个研究中心遍布德国。法国设立了 Centre for Technology Transfers in Ceramics（CTTC），利用喷墨打印、黏结剂喷射、陶瓷直接沉积等快速成形技术成形难加工的脆性材料。比利时鲁汶大学机械工程学院则针对快速成形技术种类进行了深入研究，并将其应用于实际生产。除了上述欧美国家外，澳大利亚莫纳什大学成立了 Monash Centre for Additive Manufacturing，该中心拥有激光选区熔化设备 Concept Laser X-Line 1000，并在 2015 年打印出世界上第一个全金属航空发动机。在亚洲地区，如新加坡也成立了快速成形研究中心，研究面向未来制造、海洋应用、生物医疗和建筑打印，几乎囊括了金属、生物等各个领域的快速成形设备，致力成为东南亚的快速成形中心支点。

3. 国内快速成形技术的研发现状

世界科技强国和新兴国家都将这一技术作为未来产业发展的新的增长点加以培育和支持，努力抢占未来科技产业的制高点，通过科技创新推动社会发展。当前，我国快速成形装备技术水平基本与国外先进水平相当，但在快速成形用材方面落后于国外先进水平。我国自 20 世纪 90 年代初开始对快速成形技术进行研究和产业化，积极筹建了一批快速成形技术创新中心、服务中心等。例如，由快速成形领域的专家卢秉恒院士牵头，聚集了清华大学、北京航空航天大学、西安交通大学、西北工业大学、华中科技大学等单位快速成形领域的领军人物，集成国内外研发力量，在南京成立了 3D 打印研究院，将重点开展航空制造、航天科技、汽车研发、生物制造、医疗康复等领域的 3D 打印工艺、装备、材料、应用等产业化技术研发，逐渐实现技术转化与孵化。天津、青岛等地先后建立了 3D 打印创新中心，围绕地方产业特点，打造展示体验中心、加工服务中心和技术研发中心，展示并传播全球 3D 打印及产业发展的前沿技术和动态，促进产业化发展。北京建立了数字化医疗 3D 打印协同创新联盟，重点突破数字化医疗 3D 打印材料、工艺与装备、工具软件等关键技术，致力于建立国内首创和世界一流的"数字化医疗 3D 打印协同创新中心"与"服务平台"。上海联合 5 个研发团队成立 3D 打印技术创新中心，结合本土的行业应用需求，推动 3D 打印技术在多领域的应用。贵州省在贵阳经济技术开发区正式建成了 3D 打印技术中心，为经济技术开发区的装备制造类企业提供工业设计及技术创新平台和快速制造服务。长沙市建立了 3D 打印技术产业基地，依托装备制造企业重点攻关 3D 打印材料与装备关键技术，促进 3D 打印产业链的完善，带动 3D 打印技术的不断突破和发展。

目前我国制造业产值虽跃居世界第一位，但高端产品及相关技术还受制于人，其逐渐成为制约我国经济持续健康发展的短板。转变经济发展方式是我国经济发展面临的首要问题。而 3D 打印技术的发展给我们提供了一个很好的契机。

任务实施

步骤一：上中国知网检索近年来快速成形技术相关文献。
步骤二：总结近年来快速成形技术发展现状。
步骤三：针对快速成形技术的现状或 4D 打印等新技术做研究分析报告。

问题探究

1）快速成形技术采用_____原理，实现空间形状任意复杂零件快速制造的技术，一般也叫_____技术。

2）快速成形技术基本过程是首先完成被加工件的_____模型，然后根据工艺要求，按照一定的规律将该模型_____单元，通常在 Z 方向将其按一定_____进行离散（分层、切片），把原 CAD 三维模型变成一系列_____的有序叠加；再根据每个层片的轮廓信息，输入_____，自动生成_____；最后由成形机完成一系列层片制造并实时自动将它们连接起来，得到一个三维物理实体。

3）快速成形技术具有以下几个基本特点：由_____直接驱动，可以制造具有_____的三维实体，成形过程中无须_____干预或较少干预，快速成形使用的材料具有_____。

4）快速成形技术存在的问题：_____问题，_____问题，_____问题，_____问题，_____问题。

5）4D 打印最关键的是_____，主要构成要素可以分为 4 个部分：_____材料、_____设备、_____因子、_____过程。

任务评价

任务评价按照学生任务分配表中的项目和评分标准进行。

活动过程小组评价表

快速成形技术概述							
序号	考核评价指标		评价要素	学生自评	小组互评	教师评价	配分	成绩
1	过程考核	专业能力	掌握快速成形技术的概念				30	
			理解快速成形技术的原理					
			掌握快速成形技术的应用领域					
			了解快速成形技术的发展历程和现状					
2		方法能力	快速成形技术基础知识信息搜集，自主学习，分析、解决问题，归纳总结及创新能力				30	
3		社会能力	团队协作、沟通协调、语言表达能力及安全文明、质量保障意识				10	

续表

		快速成形技术概述					
4	常规考核	自学笔记				10	
5		课堂纪律				10	
6		回答问题				10	

总结反思

1）学到的新知识有哪些？

_____

_____

2）掌握的新技能有哪些？

_____

_____

3）你对自己在本次任务中的表现是否满意？写出课后反思。

_____

_____

4.2　快速成形技术的典型工艺

任务描述

通过学习本任务内容，能够复述并运用 SLA、SLS、LOM、FDM、3DP 等快速成形技术的典型工艺，要求：以小组为单位，查阅相关文献或网站，总结关于当前快速成形技术典型工艺的使用场合、优缺点等，并提交一份研究分析报告。

学前准备

自 1988 年第一台快速成形设备 SLA-1 出现至今，30 多年来，世界上已有 20 多种不同的成形方法和工艺，而且新方法和工艺不断出现，各种方法均具有自身的特点和适用范围。比较成熟的典型工艺有光固化快速成形、激光选区烧结、叠层实体制造、熔融沉积制造、三维打印快速成形等。本任务以快速成形技术典型工艺为引导,你能查阅资料,简要地介绍几种快速成形技术的概念、原理、工艺流程及应用吗?请扫描二维码进行任务学前的准备。

学习目标

1) 能复述光固化快速成形工艺基本原理、特点、设备与应用。
2) 能复述激光选区烧结工艺基本原理、特点、设备与应用。
3) 能复述叠层实体制造工艺基本原理、特点、设备与应用。
4) 能复述熔融沉积制造工艺基本原理、特点、设备与应用。
5) 能复述三维打印快速成形工艺基本原理、特点、设备与应用。
6) 能辨析并概括几种快速成形典型工艺的主要区别。

知识导图

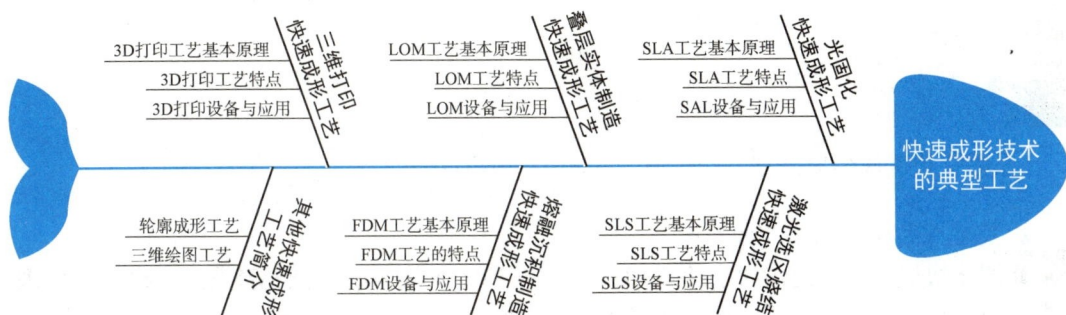

相关知识

4.2.1 光固化快速成形工艺

1. 光固化快速成形工艺基本原理

光固化快速成形,又称为立体光刻、光成形等,是一种采用激光束逐点扫描液态光敏树脂使之固化的 RP 成形工艺。该工艺是美国的 C. W. Hull 于 1986 年研制成功的,称为 SL,也有时称为 SLA 工艺。1988 年,美国 3D Systems 公司推出第一台快速成形商用样机 SLA-1。

光固化快速成形工艺基本原理如图 4-5 所示。树脂槽中储存了一定量的光敏树脂,由液面控制系统使液体上表面保持在固定的高度,紫外激光束在扫描振镜控制下按预定路径在树脂表面上扫描。扫描的速度和轨迹及激光的功率、通断等均由计算机控制。激光扫描之处的光敏树脂由液态转变为固态,从而形成具有一定形状和强度的层片;扫描固化完一层后,未被照射的地方仍是液态树脂，然后升降台带动加工平台下降一个层厚的距离，通过涂覆机构使已固化表面重新充满树脂，然后进行下一层固化，新固化的一层黏结在前一层上，如此重复，直至固化完所有层片，这样层层叠加起来即可获得所需形状的三维实体。

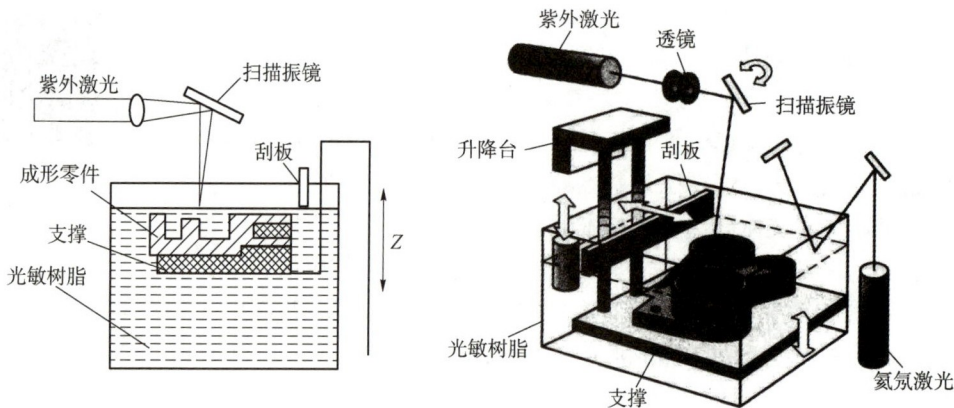

图4-5　光固化快速成形工艺基本原理

完成的零件从工作台取下后，为了提高零件的固化程度，增加零件强度和硬度，可以将其置于阳光下，或者专门的容器中进行紫外光照射。最后，对零件进行打磨或者上漆，以提高其表面质量。

想一想

光固化快速成形原理与打印机原理的相似之处有哪些？

2. 光固化快速成形工艺的特点

光固化快速成形工艺作为快速成形技术的一种，所依据的仍然是离散-堆积成形原理。但是，由于层片成形机理的特点，光固化快速成形工艺具有以下特点。

（1）成形精度高

由于光固化工艺的扫描机构通常采用振镜扫描头，光点的定位精度和重复精度非常高，成形时扫描路径与零件实际截面的偏差很小；另外，激光光斑的聚焦半径可以做得很小，目前光固化工艺中最小的光斑可以做到 $\phi 25 \ \mu m$，所以与其他快速成形工艺相比，光固化工艺成形细节的能力非常好。

（2）成形速度快

美国、日本、德国和我国的商品化光固化成形设备均采用振镜系统（两面振镜）控制激光束在焦平面上的扫描。325~355 nm 的紫外激光热效应很小，无须镜面冷却系统，轻巧的振镜系统可保证激光束获得极大的扫描速度，加之功率强大的半导体激励固体激光器（其功率在 1 000 mW 以上），使目前商品化的光固化成形机的扫描速度可达 10 m/s 以上。

新视野

振镜简单来讲是用在激光行业的一种扫描振镜，其专业名词叫做高速扫描振镜（Galvo Scanner）。所谓振镜，又可以称为电流表计，它的设计思路完全沿袭电流表的设计方法，镜片取代了表针，而探头的信号由计算机控制的-5~5 V 或-10~10 V 的直流信号取代，以完成预定的动作。同转镜式扫描系统相同，这种典型的控制系统采用了一对折返镜，不同的是，驱动这套镜片的步进电动机被伺服电动机所取代，在这套控制系统中，位置传感器的使用和负反馈回路的设计思路进一步保证了系统的精度，整个系统的扫描速度和重复定位精度达到一个新的水平。

想一想

振镜的工作原理是什么？适用哪些场合？振镜的摆动原理又是怎样的？同学们你们了解吗？

（3）扫描质量好

现代高精度的焦距补偿系统可以实时地根据平面扫描光程差来调整焦距，保证在较大的成形扫描平面（600 mm×600 mm）内具有很高的聚焦质量，任何一点的光斑直径均限制在要求的范围内，较好地保证了扫描质量。

（4）成形件表面质量好

由于成形时加工工具与材料不接触，成形过程中不会破坏成形表面或在上面残留多余材料，因此光固化工艺成形的零件表面质量很高；另外，光固化成形可采用非常小的分层厚度，目前的最小层厚达 25 μm，因而成形零件的台阶效应非常小，成形件的表面质量非常高。

（5）成形过程中需要添加支撑

由于光敏树脂在固化前为液态，所以成形过程中，对于零件的悬臂部分和最初的底面都需要添加必要的支撑。支撑既需要有足够的强度来固定零件本体，又必须便于去除。由于支撑的存在，零件的下表面质量通常都差于没有支撑的上表面。

（6）成形成本高

光固化设备中的紫外线固体激光器和扫描振镜等组件价格都比较昂贵，从而导致设备的成本较高；另外，成形材料光敏树脂的价格也非常高，所以与熔融挤压成形、分层实体制造等快速成形工艺相比，光固化工艺的成形成本要高得多。但光固化成形设备的结构与系统比较简单。振镜扫描系统与绘图机式扫描系统相比，既简单高效又十分可靠。

多学一点

SLA 工艺的优点是精度较高，一般尺寸精度可控制在 0.01 mm；表面质量好；原材料利用率接近 100%；能制造形状特别复杂、精细的零件；设备市场占有率很高。其缺点是需要设计支撑；可以选择的材料种类有限，制件容易发生翘曲变形，材料价格较昂贵。该工艺适合比较复杂的中小型零件的制作。

3. 光固化快速成形设备与应用

光固化快速成形工艺作为最早商品化的快速成形工艺之一，其设备制造商遍布世界各地，其中具有代表性的制造商如美国的 3D Systems 公司，日本的 CMET 公司，以色列的 Cubital 公司，中国的北京殷华快速成形与模具有限公司、华中科技大学等。

美国的 3D Systems 公司于 1988 年推出了第一台商品化的光固化成形设备 SLA-1，1989 年又推出了类似的设备 SLA-250，1990 年推出了成形空间更大、速度更快的光固化成形设备 SLA-500。至今，3D Systems 公司的光固化成形设备型号包括 ProJet 系列、iPro 系列等。其中，SLA-3500 和 SLA-5000 使用半导体激励的固体激光器，扫描速度分别达到 2.54 m/s 和 5 m/s，成形层厚最小可达 0.05 mm。此外，还采用了一种称为 Zephyr Recoating 的新技术，该技术是在每一成形层上，用一种真空吸附式刮板在该层上涂一层 0.05~0.10 mm 的待固化树脂，大大改善了涂覆的质量，且使成形时间平均缩短 20%。图 4-6 和图 4-7 所示为 3D Systems 公司的 iPro 设备外形，图 4-8 所示为利用 SLA 技术制造的零件。

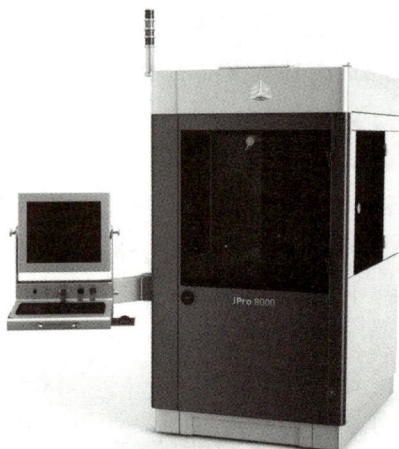

图 4-6　iPro8000

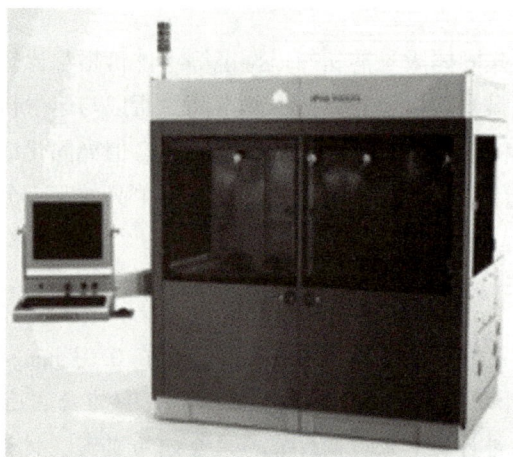

图 4-7　iPro9000

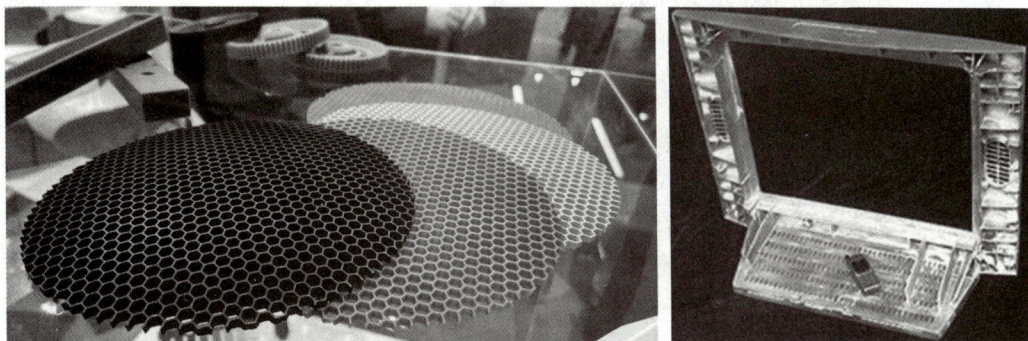

图 4-8 利用 SLA 技术制造的零件

　　SLA 技术在汽车车身制造中也有相关应用。SLA 技术可制造所需比例的精密铸造模具，从而浇注出一定比例的车身金属模型，利用此金属模型可进行风洞和碰撞等试验，从而完成对车身的最终评价，以决定其设计是否合理。美国克莱斯勒公司已利用 SLA 技术制成了车身模型，并将其放在高速风洞中进行空气动力学试验分析，取得了令人满意的效果，大大节约了试验费用。

4.2.2 激光选区烧结快速成形工艺

1. 激光选区烧结快速成形工艺基本原理

　　激光选区烧结工艺，又称为选择性激光烧结。它是采用红外激光作为热源来烧结粉末材料，并以逐层堆积的方式成形三维零件的一种快速成形技术。

　　SLS 工艺的基本思想是基于离散、堆积成形的制造方式，实现从三维 CAD 模型到实体原型/零件的转变。利用 SLS 工艺制造实体原型/零件的基本过程（图 4-9）如下。

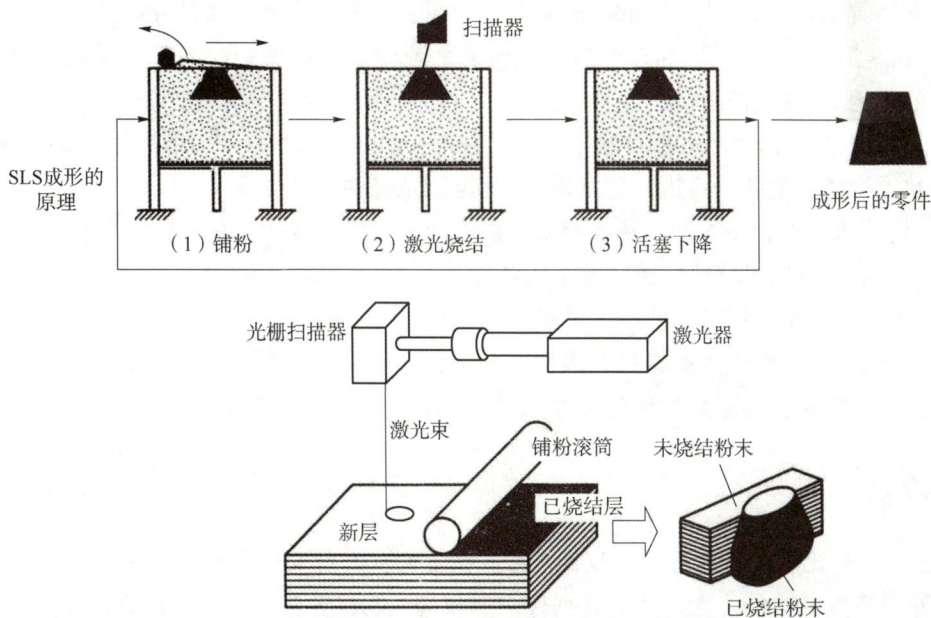

图 4-9 SLS 成形原理

第一步，在计算机上实现零件模型的离散过程。首先利用 CAD 技术构建被加工零件的三维实体模型；然后利用分层软件将三维 CAD 模型分解成一系列薄片，每一薄片称为一个分层，每个分层具有一定的厚度，并包含二维轮廓信息，即每个分层实际上是 2.5 维的；再用扫描轨迹生成软件，将分层的轮廓信息转化成激光的扫描轨迹信息。

第二步，在 SLS 成形机上实现零件的层面制造。堆积成形的过程：首先在成形缸内将粉末材料铺平，预热之后，在控制系统的控制下，激光束以一定的功率和扫描速度在铺好的粉末层上扫描，被激光扫描过的区域内，粉末烧结成具有一定厚度的实体结构，激光未扫描到的地方仍是粉末，可以作为下一层的支撑并能在成形完成后去除，这样得到零件的第一层；当一层截面烧结完成后，供粉活塞上移一定距离，成形活塞下移一定距离，通过铺粉操作，铺上一层粉末材料，继续下一层的激光扫描烧结，而且新的烧结层与前面已成形的部分连接在一起。如此逐层地添加粉末材料、有选择地烧结堆积，最终生成三维实体原型或零件。

第三步，全部烧结完成后，要做一些后处理工作，如去掉多余的粉末，再进行打磨、烘干等处理，便获得原型或零件。

想一想

激光选区烧结快速成形工艺的基本原理与光固化快速成形工艺的基本原理有什么不同？

2. 激光选区烧结快速成形的特点

与其他 RP 工艺相比，SLS 工艺具有如下特点。

1）可以成形几乎任意几何形状的零件，尤其适于生产形状复杂、壁薄、带有雕刻表面和内部带有空腔结构的零件，对于含有悬臂结构（Overhangs）、中空结构（Hollowed areas）和槽中套槽（Notches Within Notches）结构的零件制造特别有效，而且成本较低。

2）SLS 工艺无须支撑。SLS 工艺中当前层之前各层没有被烧结的粉末起到了自然支撑当前层的作用，所以省时省料，同时降低了对 CAD 设计的要求。

3）SLS 工艺可使用的成形材料范围广。任何受热黏结的粉末都可能被用作 SLS 原材料，包括塑料、陶瓷、尼龙、石蜡、金属粉末及它们的复合粉。

4）可快速获得金属零件。易熔消失模料可代替蜡模直接用于精密铸造，而不必制作模具和翻模，因而可通过精铸快速获得结构铸件。

5）未烧结的粉末可重复使用，材料浪费极小。

6）应用面广。由于成形材料的多样化，SLS 适合多种应用领域，如原型设计验证、模具母模、精铸熔模、铸造型壳和型芯等。

多学一点

SLS 工艺的优点是：原型件机械性能好、强度高；无须设计和构建支撑；可选材料种类多且利用率高（100%）。它的缺点是制件表面粗糙，疏松多孔，需要进行后处理。

3. 激光选区烧结快速成形设备与应用

SLS 工艺最早由美国的 DTM 公司商品化。2001 年，3D Systems 公司并购 DTM 公司后，SLS 设备进入 3D Systems 公司的产品序列。3D Systems 的 SLS 设备已经发展到第 5 代，目前的型号是 Sinterstation HiQ 和 Sinterstation HiQ HS，分别使用 30 W 和 100 W 的射频 CO_2 激光器，二者的差别主要体现在成形速度上。图 4-10 所示为 3D Systems 公司的 Spro 系列快速成形机，图 4-11 所示为采用 Spro 系列快速成形机制造的各类零件。

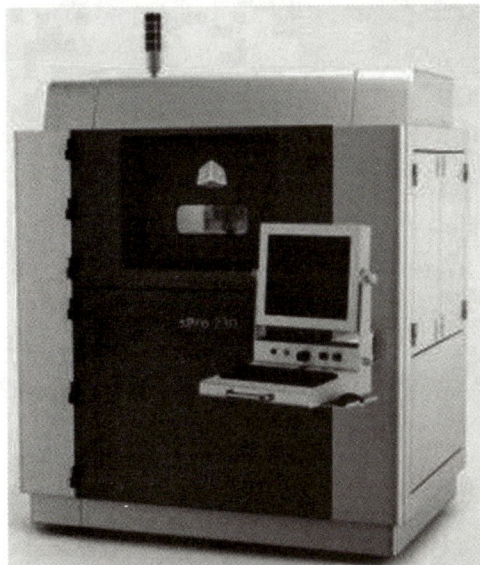

图 4-10　Spro 系列快速成形机

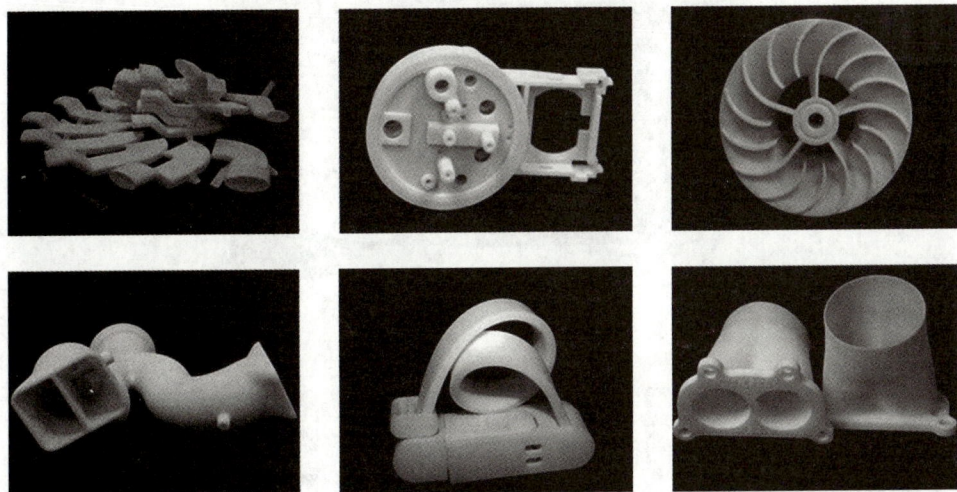

图 4-11　采用 Spro 系列成形机制造的各类零件

德国 EOS 公司自 1989 年进入 RP 领域，一直专注于 SLS 设备的研发。目前共有 5 种型号的产品。EOS 公司产品最大的特点是一机一材，其 EOSINT P 系列适用于热塑性树脂材料的成形；EOSINT S 系列适用于铸造树脂砂的成形；EOSINT M 系列适用于金属零件的直接成形。一机一材的好处是可以使设备结构最大限度地适应材料和工艺要求，利于工业上的连续生产。图 4-12 所示为 EOS 公司的 EOSINT F 800。

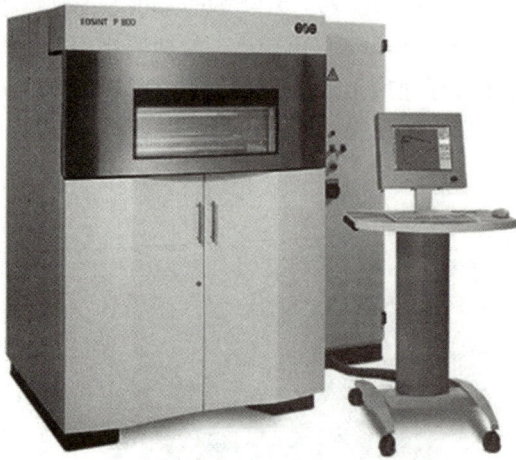

图 4-12　EOSINT F 800

国内主要的 SLS 设备制造商主要有北京隆源自动成形系统有限公司和武汉滨湖机电技术产业有限公司。图 4-13 所示为北京隆源的 AFS-500 设备，图 4-14 所示为采用该公司 AFS-500 设备制造的成形产品。

图 4-13　AFS-500 设备

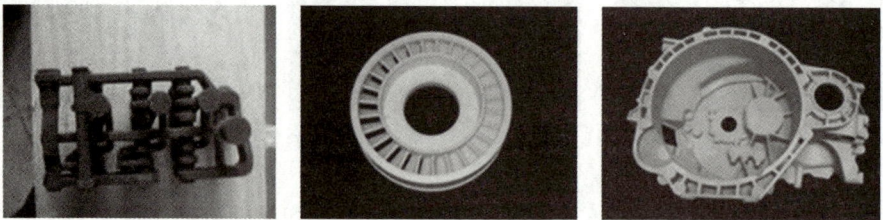

图 4-14　采用 AFS-500 设备制造的成形产品

　　SLS 技术在汽车设计与制造技术中应用广泛。大多数汽车灯具形状是不规则的，曲面复杂，模具制造难度很大。通过快速成形技术，可以很快得到精确的产品试样，用于产品外观设计验证和结构设计验证，发现设计缺陷，完善产品设计，为模具设计 CAD 和 CAM 提供了有益的参考。图 4-15 所示为利用 SLS 技术制造的汽车前照灯。SLS 技术也可用来制造汽车模具。图 4-16 所示为利用 SLS 技术制造的汽车内饰件。

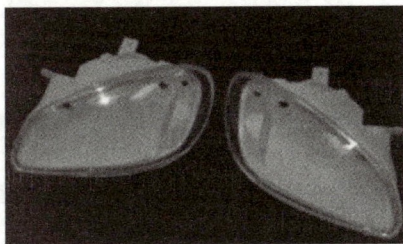

图 4-15　利用 SLS 技术制造的汽车前照灯

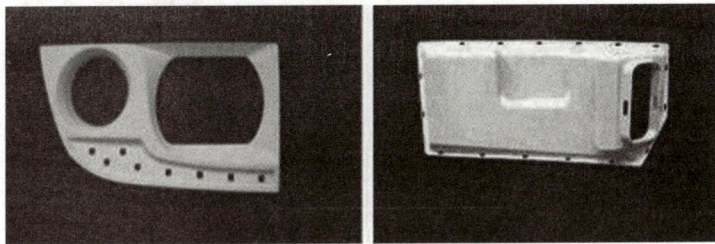

图 4-16　利用 SLS 技术制造的汽车内饰件

4.2.3　叠层实体制造快速成形工艺

1. 叠层实体制造快速成形工艺基本原理

　　叠层实体制造成形工艺是快速成形技术中具有代表性的技术之一。其系统原理如图 4-17 所示。由图 4-17 可知，系统由 CO_2 激光器及扫描机构、热压辊、升降台、送纸辊、收纸辊和控制计算机等部分组成。

　　LOM 的成形工艺基于激光切割薄片材料，由黏结剂黏结各层成形，其具体过程如图 4-18 所示。

　　1）料带移动，使新的料带移到工件上方。

　　2）工作台上升，同时热压辊移到工件上方；当工件顶起新的料带，并触动安装在热压辊前端的行程开关时，工作台停止移动；热压辊来回碾压新的堆积材料，将最上面的一层新材料与下面的工件黏结起来，添加一层新层。

　　3）系统根据工作台停止的位置，测出工件的高度，并反馈给计算机。

　　4）计算机根据当前零件的加工高度，计算出三维形体模型的交截面。

　　5）截面的轮廓信息输入控制系统中，控制 CO_2 激光沿截面轮廓切割。激光的功率设置在只能切透一层材料的功率值上。轮廓外面的材料用激光切成方形的网格，以便在工艺完成后分离。

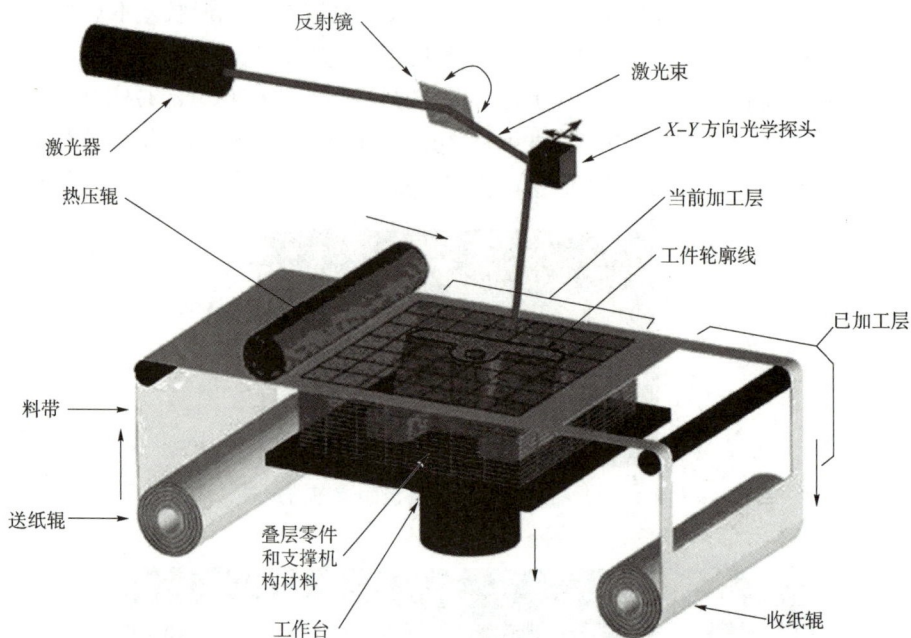

图 4-17　叠层实体制造系统的原理

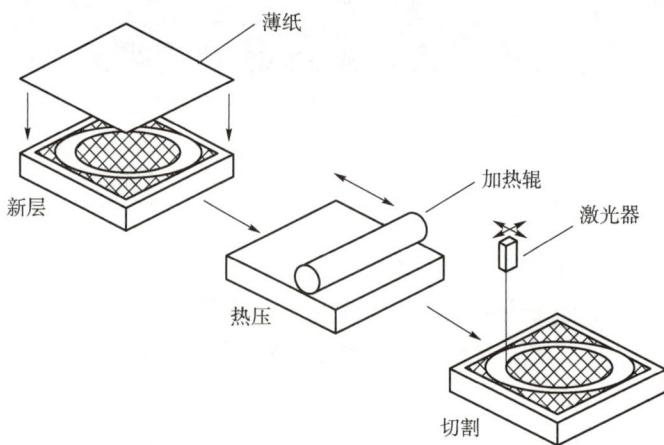

图 4-18　LOM 成形工艺制造过程

6）工作台向下移动，使刚切割的新层与料带分离。

7）料带移动一段比切割下的工件截面稍长的距离，并绕在收料轴上。

8）重复上述工艺过程，直到所有的截面都切割并粘接上，所得到的是包含零件的方体。零件周围的材料由于激光的网格式切割，而被分割成一些小的方块条，能容易地从零件上分离，最后得到三维的实体零件。

想一想

叠层实体制造快速成形原理与激光选区烧结快速成形原理有什么不同？

2. 叠层实体制造快速成形的特点

从叠层实体制造的工艺过程可以看出其具有以下特点。

1）用 CO_2 激光进行切割。

2）零件交截面轮廓外的材料用打网格的办法使之成为小的方块条，便于去除。

3）采用成卷的带料供材。

4）行程开关控制加工平面。

5）热压辊对最上面的新层加热、加压。

6）先进行热压、黏结，再切割交截面轮廓，以防定位不准和错层问题。

多学一点

LOM 工艺的优点是无须设计和构建支撑；只需切割轮廓，无须填充扫描；制件的内应力和翘曲变形小；制造成本低等。它的缺点是材料利用率低，种类有限；表面质量差；内部废料不易去除，后处理难度大。该工艺适于制作大中型、形状简单的实体类原型件，特别适用于直接制作砂型铸造模。

3. 叠层实体制造快速成形设备与应用

叠层实体制造快速成形设备代表有美国 Helisys 公司的 LOM 系列，日本 Kira 公司的 PLT 系列，新加坡 Kinergy 公司的 ZIPPY 系列，中国华中科技大学的 HRP 系列、清华大学的激光快速成形中心的 SSM 系列等。图 4-19 所示为 Helisys 公司的设备。

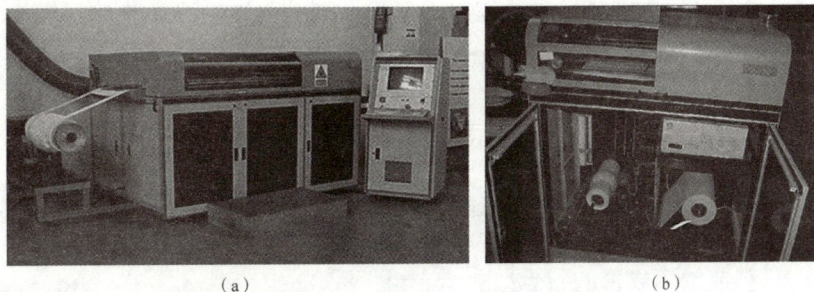

（a）　　　　　　　　　　　　　　　（b）

图 4-19　Helisys 公司的设备
（a）LOM 2030E；（b）LOM 1015

4.2.4　熔融沉积制造快速成形工艺

1. 熔融沉积制造快速成形工艺基本原理

熔融沉积成形工艺是一种利用喷嘴熔融、挤出丝状成形材料，并在控制系统的控制下，按一定扫描路径逐层堆积成形的一种快速成形工艺，其工艺原理如图 4-20 所示。

该工艺最先由美国 Stratasys 公司推出商品化设备。该设备采用喷嘴将丝状的成形材料熔融、挤出，喷嘴在 X、Y 扫描机构的带动下沿层面模型规定的路线进行扫描、堆积熔融的成形材料。一层扫描完毕后，底板下降或者喷嘴升高一个层厚高度，重新开始下一层的成形。依此逐层成形直至完成整个零件的成形。

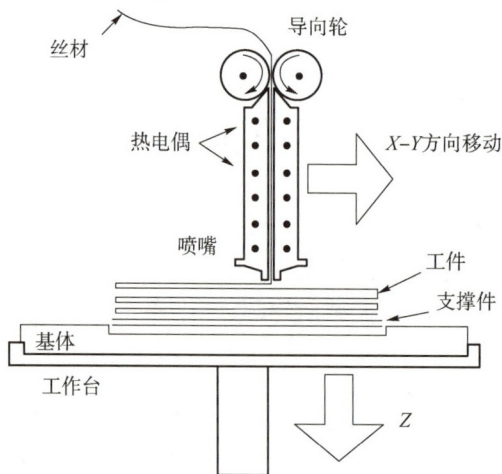

图 4-20 熔融沉积成形技术原理

多学一点

FDM 工艺的典型特征是使用喷嘴熔融、挤出成形材料进行堆积成形，层与层之间仅靠堆积材料自身的热量进行扩散黏结。在成形过程中，成形材料加热熔融后在恒定压力作用下连续地从喷嘴挤出，而喷嘴在扫描系统的带动下进行二维扫描运动。当材料挤出和扫描运动同步进行时，由喷嘴挤出的材料丝堆积形成了材料路径，材料路径的受控积聚形成了零件的层片，堆积完一层后，成形平台下降一层片的厚度，再进行下一层的堆积，直至零件完成。

想一想

熔融沉积制造快速成形工艺原理与叠层实体制造快速成形工艺原理有什么不同？

2. 熔融沉积制造快速成形的特点

熔融沉积制造快速成形技术是快速成形诸多工艺中发展最快的成形工艺之一。与其他 RP 工艺相比，FDM 工艺具有以下特点。

（1）成形材料广泛

一般热塑性材料如塑料、蜡、尼龙、橡胶等，将其适当改性后都可用于熔融、挤出堆积成形。FDM 工艺成形时需要支撑结构，支撑材料可与成形材料异类异种，也可以是同种材料。随着可溶解性支撑材料的发展，FDM 工艺支撑结构去除的难度大大降低。

多学一点

目前已经成功应用于 FDM 工艺的材料有蜡、ABS、PC、ABS/PC 合金以及 PPSF 等。其中 ABS 工程塑料是目前 FDM 工艺中应用最广泛的成形材料，也是成形工艺中最成熟、最稳定的一类成形材料。即使同一种材料也可以做出不同的颜色和透明度，从而制出彩色零件。

该工艺也可以用来堆积复合材料零件，如把低熔点的蜡或塑料熔融时与高熔点的金属粉末、陶瓷粉末、玻璃纤维、碳纤维等混合作为多相成形材料。

（2）成形零件具有优良的综合性

FDM 工艺成形 ABS、PC 等常用工程塑料的技术已经成熟，经检测使用 ABS 材料成形的零件力学性能可达到注塑模具零件的 60%～80%。使用 PC 材料制作的零件，其机械强度、硬度等指标已经达到或超过注塑模具生产的 ABS 零件的水平。因此可用 FDM 工艺直接制造可满足实际使用要求的功能零件。

此外，FDM 工艺制作的零件在尺寸稳定性、相对湿度等环境的适应能力上要远远超过 SL、LOM 及其他成形工艺成形的零件。

（3）成形设备简单、成本低、可靠性高

FDM 成形工艺是靠材料熔融实现连接成形的。由于不使用激光器及其电源，大大简化了设备结构，使设备尺寸减小、成本降低。一台熔融、挤出堆积成形设备一般为几万到十几万美元，而其他快速成形设备一般要十几万至几十万美元。熔融堆积成形设备运行、维护也十分容易，工作可靠。

（4）成形过程对环境无污染

熔融堆积成形所用材料一般为无毒、无味的热塑性材料，因此对周围环境不会造成污染。设备运行时噪声很小，适合办公应用。

（5）容易制成桌面化和工业化快速成形系统

桌面制造系统是快速成形领域产品开发的一个热点，快速成形系统作为三维 CAD 系统输出外部设备而广泛被人们接受。由于是在办公室环境中使用的，因此要求桌面制造系统体积小，操作、维护简单，噪声、污染少，且成形速度快，但精度要求可适当降低。

多学一点

FDM 的优点是材料利用率高，材料成本低，可选材料种类多，工艺简单。其缺点是精度低；复杂构件不易制造，悬臂件需加支撑；表面质量差。该工艺适合产品的概念建模及形状和功能测试，中等复杂程度的中小原型零件；不适合制造大型零件。

3. 熔融沉积制造快速成形设备与应用

（1）设备

熔融沉积制造工艺成形系统最早由成立于 1988 年的美国 Stratasys 公司开发并商品化。该公司从 1991 年起，先后推出了基于熔融、挤出工艺的 FDM 系列成形机。长期以来，该公司在 FDM 工艺设备方面一直处于领先地位。目前 Stratasys 公司推出的 FDM 系统的主要型号有 Prodigy Plus、FDM3000、Dimension 等。图 4-21 所示为 Dimension 设备。

北京殷华激光快速成形及模具技术有限公司是国内最早从事快速成形设备及工艺研究开发的单位。该公司研制的熔融、沉积快速成形设备主要有 MEM 系列产品，图 4-22 所示为 MEM350 熔融、挤出成形设备。

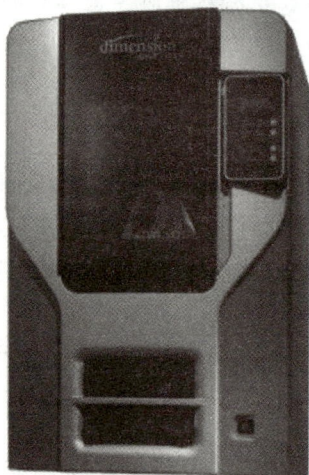

图 4-21　Dimension 设备

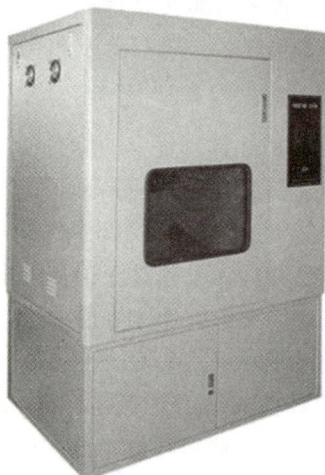

图 4-22　MEM350 熔融、挤出成形设备

（2）应用

韩国起亚汽车使用 Stratasys 公司的 Fortus 三维成形系统制造汽车仪表板。首先进行仪表板的三维 CAD 造型，如图 4-23 所示；然后使用 FDM 加工实际零件，并且用三坐标测量机（CMM）扫描检测成形零件是否符合设计公差要求，如图 4-24 所示；最后对成形零件进行表面打磨、喷漆等处理后，进行实际装配，如图 4-25 所示。

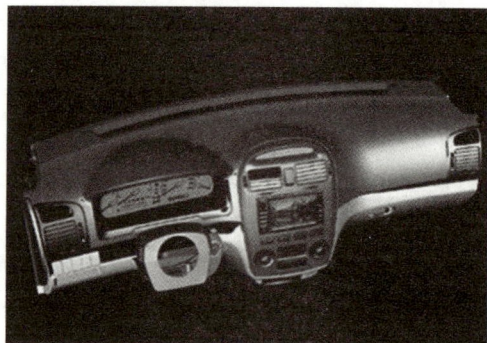

图 4-23　三维 CAD 造型

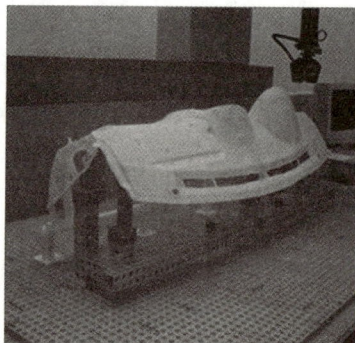

图 4-24　加工、检测

图 4-25　后处理、装配

4.2.5　三维打印快速成形工艺

1. 三维打印快速成形工艺基本原理

三维打印快速成形工艺是美国麻省理工学院 E. M. Sachs 教授等人开发的一种快速成形工艺，并于 1993 年申请了 3 个专利。与选区激光烧结工艺一样，该工艺的成形材料也需要制备成粉末状。所不同的是，3DP 是采用喷射黏结剂黏结粉末的方法来完成成形过程的。其具体过程如下：首先，底板上铺上一层具有一定厚度的粉末；接着，用微滴喷射装置在已铺好的粉末表面根据零件几何形状的要求在指定区域喷射黏结剂，完成对粉末的黏结；然后，将工作平台下降一定的高度（一般与一层粉末的厚度相等），铺粉装置在已成形粉末上铺设下一层粉末，喷射装置继续喷射以实现黏结；周而复始，直到零件制造完成。没有被黏结的粉末在成形过程中起到了支撑的作用，使该工艺可以制造悬臂结构和复杂内腔结构而不需要再单独设计添加支撑结构。造型完成后清理掉未黏结的粉末就可以得到需要的零件。3DP 工艺流程如图 4-26 所示。在某些情况下，还需要进行类似于烧结的后处理工作。

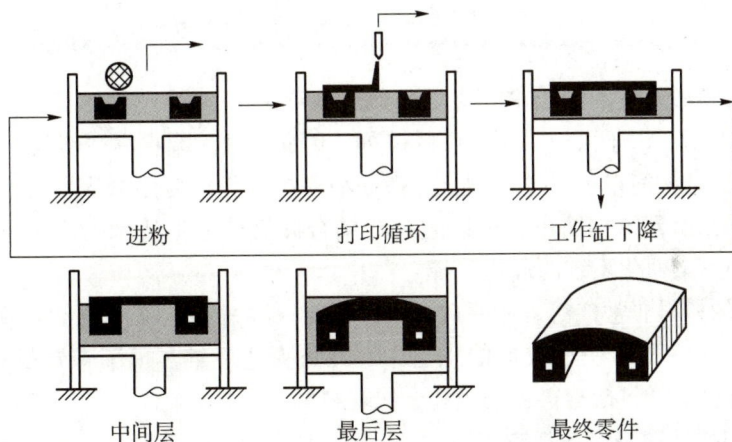

图 4-26　3DP 工艺流程

想一想

三维打印快速成形工艺原理与熔融沉积制造快速成形工艺原理有什么不同？

2. 三维打印快速成形工艺的特点

3DP 工艺最大的特点是采用了数字微滴喷射技术。数字微滴喷射技术是指在数字信号的控制下，采用一定的物理或者化学手段，使工作腔内流体材料的一部分在短时间内脱离母体，成为一个（组）微滴或者一段连续丝线，以一定的响应率和速度从喷嘴流出，并以一定的形态沉积到工作台上的指定位置。

图 4-27 为数字微滴喷射技术，一次数字脉冲的激励得到一个射流脉冲，射流脉冲的大小与激励信号的脉宽有关，当这个激励信号的脉宽极小时，射流（实际上已被离散为数十至数百微米大小的微滴）成为一个微单元（即一个微滴），可用数字技术中"位"的概念来描述。此时模型成为一种新的数字执行器的原型，喷嘴的流量由数字激励信号的频率和脉宽来进行控制。当射流连续喷射时，可视为激励信号输出全为"1"的特例。

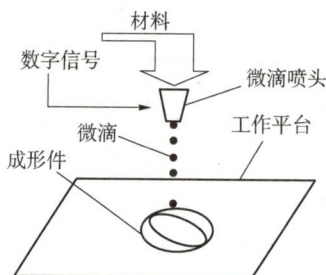

图 4-27 数字微滴喷射技术

基于数字微滴喷射技术的 3DP 工艺具有以下特点。

1）成形效率高。由于可以采用多喷嘴阵列，因此能够大幅提高造型效率。

2）成本低，结构简单，易于小型化。微滴喷射技术无须使用激光器等高成本设备，故其成本相对较低，而且结构简单，可以进一步结合微机械加工技术，使系统集成化、小型化，是实现办公室桌面化系统的理想选择。

3）可适用的材料非常广泛。从原理上讲，只要一种材料能够被制备成粉末，就可能应用到 3DP 工艺中。在所有快速成形的工艺中，3DP 工艺最早实现了陶瓷材料的快速成形。目前，其成形材料已经包括塑料、陶瓷和金属材料等。

3. 三维打印快速成形设备与应用

（1）设备

美国麻省理工学院在完成 3DP 工艺原理性研究后，先后将其授权给多个公司在不同的应用领域进行后续研究开发，包括 Soligen 公司、Z Corp. 公司、Extrude Hone（ProMetal）公司、Therics 公司等。其中，Z Corp. 公司的主要设备有 Z 系列（包括 Z310、Z510 等），ProMetal 公司也推出了 R 系列（包括 R2、R4、R10 等）。图 4-28、图 4-29 所示分别为 Z Corp. 公司的 Z310、Z510。

（2）应用

实例：摩托罗拉 V70 手机的研发。

摩托罗拉在研发 V70 手机（图 4-30）时，工程师们设计的 V70 手机概念机型有 15~20 个，如何选择与修改就成为一个问题。因此，摩托罗拉公司使用 Z310 设备，以石膏为材料在短时间内制造了廉价的石膏模型（图 4-31），并通过不同色彩的喷涂打印，清晰地表达出应力分布状况。

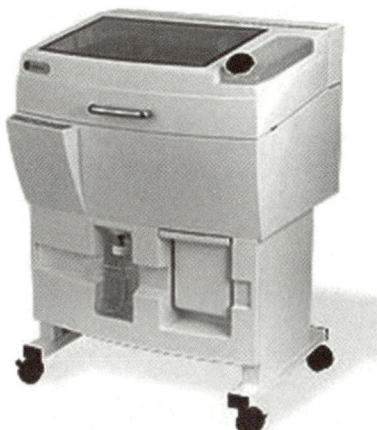

图 4-28　Z Corp. 公司的 Z310

图 4-29　Z Corp. 公司的 Z510

图 4-30　摩托罗拉的 V70 手机

图 4-31　Z310 快速成形的石膏模型

任务拓展

　　快速成形技术自 20 世纪 80 年代后期出现以后，涌现出种类繁多的工艺。下面简单介绍其中的两个，这些工艺从不同的方面对快速成形的原理给予了不同的诠释，希望能借此拓展大家的视野和思路。

　　1）了解轮廓成形工艺，请扫描二维码进行学习。

2）了解三维绘图工艺，请扫描二维码进行学习。

任务实施

步骤一：上中国知网检索近年来快速成形典型工艺相关文献。
步骤二：总结近年来快速成形加工工艺发展现状。
步骤三：针对快速成形某一典型工艺（SLA、SLS、LOM、FDM 等）做具体论述。

问题探究

1）光固化快速成形工艺所依据的仍然是_____原理，成形_____高，成形件_____质量好，常用_____作为成形材料，光固化设备中的紫外线固体激光器和扫描振镜等组件价格都比较高，成形_____较高，适合比较复杂的_____零件的制作。

2）激光选区烧结工艺，又称为_____烧结。它是采用_____作为热源来烧结粉末材料，并以_____的方式成形三维零件的一种快速成形技术。SLS 可以成形几乎任意几何形状的零件，尤其适于生产_____、_____、带有雕刻表面和内部带有_____结构的零件，也无须设计和构建_____，任何_____的粉末都可能被用作 SLS 原材料。其缺点是制件表面_____，_____，需要进行后处理。

3）叠层实体制造工艺，用_____进行切割，无须_____支撑，无须填充扫描，制件的_____变形小，制造成本低，适合于制作_____。其缺点是_____利用率低，_____有限，_____差。

4）熔融沉积成形工艺的典型特征是使用喷嘴熔融、_____材料进行堆积成形，层与层之间仅靠堆积材料自身的热量进行扩散黏结。FDM 工艺成形材料_____，成形零件具有_____的综合性，成形设备简单。其缺点是_____低；_____构件不易制造，悬臂件需加_____；_____差。

5）3DP 工艺最大的特点是采用了_____技术，成形效率_____，成本低，结构简单，易于_____，可适用的材料非常_____。

任务评价

任务评价按照学生任务分配表中的项目和评分标准进行。

活动过程小组评价表

快速成形技术的典型工艺与应用							
序号	考核评价指标		评价要素	学生自评	小组互评	教师评价	配分	成绩
1	过程考核	专业能力	理解光固化快速成形的原理与特点				30	
			理解激光选区烧结快速成形的原理与特点					
			理解叠层实体制造快速成形的原理与特点					
			理解熔融沉积制造快速成形的原理与特点					
			理解三维打印快速成形的原理与特点					
			了解其他快速成形工艺					
2		方法能力	快速成形技术基础知识信息搜集，自主学习，分析、解决问题，归纳总结及创新能力				30	
3		社会能力	团队协作、沟通协调、语言表达能力及安全文明、质量保障意识				10	
4	常规考核		自学笔记				10	
5			课堂纪律				10	
6			回答问题				10	

总结反思

1）学到的新知识有哪些？

_____

_____

_____

_____

2）掌握的新技能有哪些？

_____

_____

_____

3）你对自己在本次任务中的表现是否满意？写出课后反思。

_____

_____

_____

_____

4.3　快速成形技术的应用

任务描述

通过学习本部分内容，能够复述快速成形技术的典型应用场景。要求：以小组为单位，查阅相关文献或网站，总结关于当前快速成形技术的使用场合、优缺点等，并提交一份研究分析报告。

学前准备

随着 RP 技术的成熟与发展，其在航空航天、汽车、家电、医疗卫生、建筑、工艺品、玩具等各个领域的应用越来越广泛和深入。

据 2001 年 Wohlers Associates Inc. 对 14 家 RP 系统制造商和 43 家 RP 服务机构的统计，日用消费品和汽车行业对 RP 的需求占整体需求的 50% 以上，而医学领域的需求增长迅速，其他的学术机构、宇航和军事领域对 RP 的需求也占有一定的比例。60% 以上的 RP 模型需求目的和用途集中在设计可视化、装配检验和功能模型上，另一主要应用领域为快速模具母模制作的需求。本任务以快速成形技术在各个领域的典型应用为引导，你能查阅资料，简要地介绍几种快速成形技术的应用吗？请扫描二维码进行任务学前的准备。

学习目标

1）能复述快速成形技术在汽车领域的应用。

2）能复述快速成形技术在航空领域的应用。

3）能复述快速成形技术在电子电器领域的应用。

4）能复述快速成形技术在医疗领域的应用。

5）能复述快速成形技术在文化创意领域的应用。

知识导图

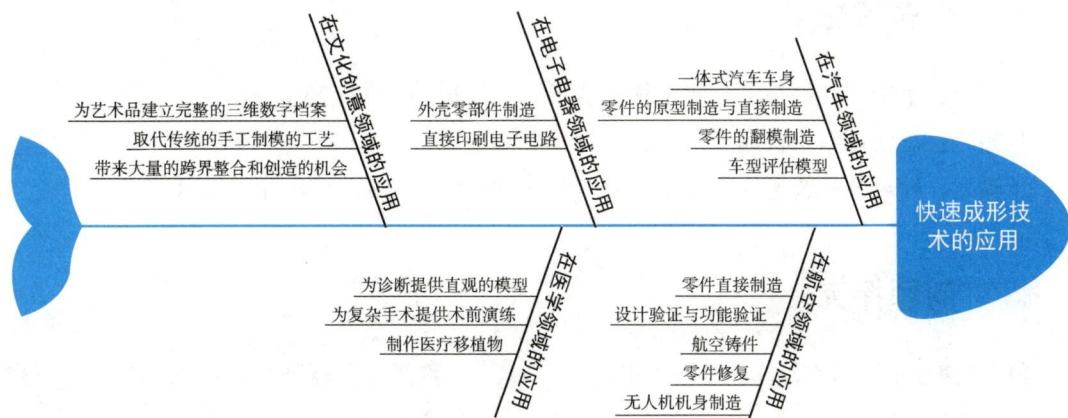

相关知识

4.3.1　快速成形技术在工业制造领域的应用

了解快速成形技术在工业制造领域的应用，请扫二维码进行学习。

4.3.2　快速成形技术在医学领域的应用

了解快速成形技术在医学领域的应用，请扫二维码进行学习。

4.3.3　快速成形技术在文化创意领域的应用

了解快速成形技术在文化创意领域的应用，请扫二维码进行学习。

任务实施

步骤一：上中国知网检索近年来快速成形工艺应用的相关文献。

步骤二：总结近年来快速成形工艺应用现状和前景。

步骤三：针对某一快速成形典型工艺（SLS、LOM、FDM、3DP 等）做具体论述。

问题探究

1）快速成形技术在汽车工业中常用于＿＿＿＿＿＿汽车车身制造，零件的＿＿＿＿＿＿制造与直接制造，零件＿＿＿＿＿＿制造，车型＿＿＿＿＿＿模型。

2）快速成形技术在航空工业中常用于＿＿＿＿＿＿零部件产品的直接制造，新产品开发过程中的＿＿＿＿＿＿验证与＿＿＿＿＿＿验证，高精度模型的航空＿＿＿＿＿＿，高附加值金属零部件的零件＿＿＿＿＿＿。

3）快速成形技术在电子电器领域中常用于＿＿＿＿＿＿零部件和＿＿＿＿＿＿制造，也可用＿＿＿＿＿＿直接印刷电子电路。

4）快速成形技术在医学领域的应用主要集中于医疗＿＿＿＿＿＿和＿＿＿＿＿＿，可有效地提高诊断和手术水平，缩短时间，节省费用。

5）快速成形技术在文化创意领域的应用主要有：为独一无二的文物和艺术品建立一个真实、准确、完整的＿＿＿＿＿＿档案；取代了传统的手工制模工艺，高效地实现＿＿＿＿＿＿的生产；在文物和高端艺术品的＿＿＿＿＿＿、＿＿＿＿＿＿，＿＿＿＿＿＿开发方面的作用非常明显。

任务评价

任务评价按照学生任务分配表中的项目和评分标准进行。

活动过程小组评价表

快速成形技术的应用							
序号	考核评价指标		评价要素	学生自评	小组互评	教师评价	配分	成绩
1	过程考核	专业能力	了解快速成形技术在汽车领域的应用				30	
			了解快速成形技术在航空领域的应用					
			了解快速成形技术在电子电器领域的应用					
			了解快速成形技术在医疗领域的应用					
			了解快速成形技术在文化创意领域的应用					
2		方法能力	快速成形技术基础知识信息搜集,自主学习,分析、解决问题,归纳总结及创新能力				30	
3		社会能力	团队协作、沟通协调、语言表达能力及安全文明、质量保障意识				10	
4	常规考核		自学笔记				10	
5			课堂纪律				10	
6			回答问题				10	

总结反思

1)学到的新知识有哪些?

_____

_____

_____

2)掌握的新技能有哪些?

_____

_____

_____

_____

3）你对自己在本次任务中的表现是否满意？写出课后反思。

_____

_____

_____

_____

拓展知识

请扫描二维码进行拓展知识的学习。

项目思考与练习

4-1 快速成形技术的基本原理是什么？

4-2 快速成形技术与传统机械加工技术有什么区别？

4-3 快速成形技术能给制造业带来什么效益？

4-4 快速成形技术有哪些主要应用？

4-5 什么是 SLA 工艺？有什么特点？

4-6 什么是 SLS 工艺？有什么特点？

4-7 什么是 LOM 工艺？有什么特点？

4-8 什么是 FDM 工艺？有什么特点？

4-9 什么是 3DP 工艺？有什么特点？

4-10 什么是快速制造？快速制造及其应用对制造业有何重要性？

项目 5　电化学加工技术

项目学习导航

学习目标	➢ 素质目标 1）培养学生深厚的爱国情感、中华民族自豪感。 2）培养学生严谨细致、精益求精的工匠精神。 3）培养学生重视实践、勇于探索的创新精神。 4）培养学生重视规划、团队合作的职业素养。 ➢ 知识目标 1）掌握电化学加工技术的基本原理、分类及特点。 2）理解电解加工、电解磨削和电沉积加工的原理、特点及应用等。 3）熟悉电化学加工分类及各类电解加工的发展趋势。 ➢ 能力目标 1）能复述电化学加工技术的基本原理、分类及特点。 2）具备区分电解加工、电解磨削和电沉积加工原理及应用的能力。 3）具备以本章节内容为基础掌握其他电化学加工技术的自学能力
教学重点	电化学加工技术的基本原理、分类及特点；电解加工、电解磨削和电沉积加工的原理及应用等
教学难点	电化学加工基本原理以及电解加工、电解磨削和电沉积加工的加工原理
建议学时	4 学时

项目导入

　　电化学是一门古老而又年轻的学科，一般公认电化学起源于 1791 年意大利解剖学家伽伐尼发现解剖刀或金属能使蛙腿肌肉抽缩的"动物电"现象。1800 年，伏特制成了第一个实用电池，开始了电化学研究的新时代。在经历一个多世纪后，电化学科学的发展和成就举世瞩目，无论是基础研究还是技术应用，从理论到方法，都有许多重大突破。目前电化学加工已经成为我国民用、国防工业中一个不可或缺的加工手段。

电化学加工（Electro-chemical Machining，ECM）是指基于电化学作用原理而去除材料（电化学阳极溶解）或增加材料（电化学阴极沉积）的加工技术。早在1833年，英国科学家法拉第（Faraday）就提出了有关电化学反应过程中金属阳极溶解（或析出气体）及阴极沉积（或析出气体）物质质量与所通过电量的关系，即创建了法拉第定律，奠定了电化学学科和相关工程技术的理论基础。它利用金属的电解现象，在通电的电解液中使离子从一个电极移向另一个电极，从而实现对工件材料的双向加工，即阳极溶解去除，如电解、电化学抛光，阴极沉积生长，如电镀、电铸。无论材料是减少还是增加，加工过程都是以离子的形式进行的，而金属离子的尺寸微小，因此，从原理上讲，电化学加工可以实现加工精度和微细程度在微米级甚至更小尺寸的微加工。只要采取措施精确地控制电流密度和电化学反应发生的区域，就能实现电化学微加工，达到对金属表面进行微量"去除"或"生长"加工的目的。

电化学加工作为一种重要的特种加工方法，已被广泛应用于难加工金属材料、复杂形状零件的批量加工中，包括从工件上去除金属的电解加工和向工件上沉积金属的电镀、涂覆、电铸加工两大类。与传统机械加工相比，电化学加工不受材料硬度、韧性的限制，加工质量高，在切削过程中无机械切削力的存在，工件表面一般无残余应力存在，已广泛应用于航空航天及军工生产中。传统的电化学加工有电解加工、电磨削、电化学抛光、电镀、电铸、电蚀刻等。该技术作为一门先进制造技术，正在不断发展、应用和创新，推动了世界科学的进步，促进了社会经济的发展，对解决人类社会面临的能源、交通、材料、环保、信息等问题，做出了重大贡献。

任务分组

学生任务分配表

班级		组号		指导教师	
组长		学号			
组员	学号	姓名	学号	姓名	
任务分工					

5.1　电化学加工的原理、分类及特点

任务描述

通过学习本部分内容，能够复述电化学加工的原理、分类及特点，并能够概括其主要应用。要求：以小组为单位，通过查阅相关文献等，总结关于当前电化学加工的应用，并提交一份对应的研究分析报告。

学前准备

电化学加工是当前迅速发展的一种特种加工方式，是在电的作用下阴阳两极产生得失电子的电化学反应，从而去除材料（阳极溶解）或在工件表面镀覆材料（阴极沉积）的加工方法。电镀、电铸、电解等电化学加工方法已在工业上被广泛地应用在涡轮、齿轮、异形孔等复杂型面、型孔的加工以及炮管内膛线加工和去毛刺等工艺过程。伴随着高新技术的发展，复合电解加工、细微电化学加工、精密电铸、激光电化学加工等也迅速发展起来。你能查阅资料，了解电化学加工的相关知识及最新的应用吗？请扫描二维码进行任务学前的准备。

学习目标

1）掌握电化学加工的基本原理。
2）掌握电化学加工的分类。
3）熟悉电化学加工的特点。

知识导图

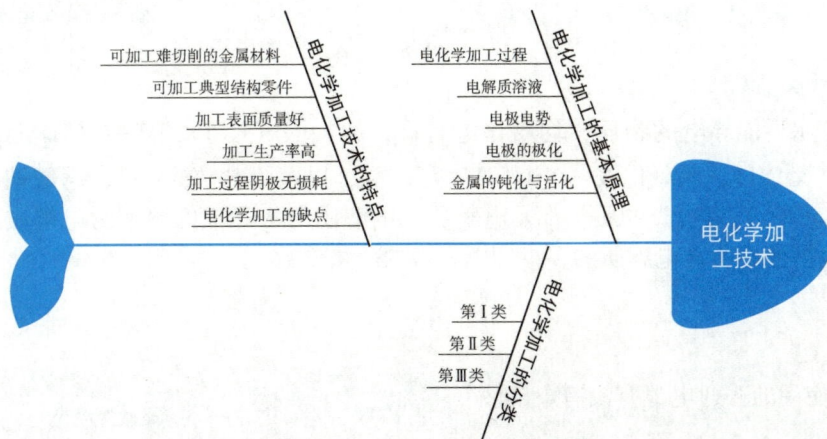

相关知识

5.1.1　电化学加工的基本原理

1. 电化学加工过程

当两铜片接上约 10 V 的直流电源并插入 $CuCl_2$ 的水溶液中（此水溶液中含有 H^+、OH^- 和 Cu^{2+}、Cl^- 等正、负离子），如图 5-1 所示，即形成通路。导线和溶液中均有电流流过，在溶液外部的导线中，习惯上认为电流自电源的正极流出，而"电子"流自负极流出、正极流入。在金属片（电极）和溶液的界面上，必定有交换电子的反应，即电化学反应。溶液中的离子将做定向移动，Cu^{2+} 移向阴极，在阴极上得到电子而进行还原反应，即电化学反应，沉积出铜。在阳极表面铜原子失掉电子而成为 Cu^{2+} "进入溶液"。溶液中正、负离子的定向移动称为电荷迁移。在阳、阴极表面发生得失电子的化学反应称为电化学反应，以这种电化学作用为基础对金属进行加工（图 5-1 中阳极上为电解蚀除，学术上称为"阳极溶解"；阴极上为电镀沉积，学术上称为"阴极沉积"，常用来提炼纯铜）的方法称为电化学加工。其实，任何两种不同的金属放入任何导电的水溶液中，都会有类似情况发生，即使没有外加电场，自身也将成为"原电池"（图 5-2），与这一反应过程密切相关的概念有电解质溶液，电极电位，电极的极化、纯化、活化等。

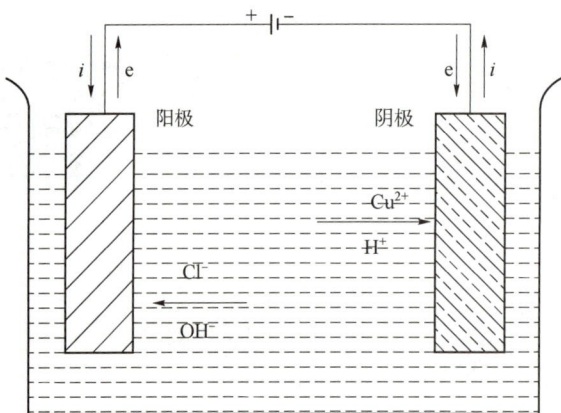

图 5-1　电解液中的电化学反应

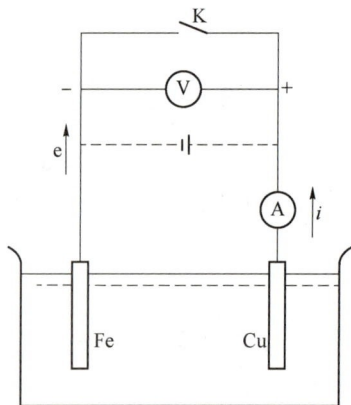

图 5-2　原电池

2. 电解质溶液

凡溶于水后能导电的物质，均叫作电解质，如盐酸（HCl）、硫酸（H_2SO_4）等酸类、氢氧化钠（NaOH）、氢氧化铵（NH_4OH）等碱类，以及食盐（NaCl）、硝酸钠（$NaNO_3$）、氯酸钠（$NaClO_3$）等盐类物质，都是电解质。电解质与水形成的溶液为电解质溶液，简称电解液。电解液中所含电解质的多少即电解液的质量分数。

想一想

日常使用的普通电池有没有电解液？

多学一点

更多关于电解质的电离过程知识，请扫二维码进行学习。

3. 电极电势（位）

金属原子都是由内层为带正电荷的金属阳离子而外层为带负电荷的电子所组成的，即使没有外接电源，当金属和它的盐溶液接触时，经常发生把电子交给溶液中的离子或从溶液得到电子的现象。这样，当金属上有多余的电子而带负电时，溶液中靠近金属表面很薄的一层则有多余的金属离子而带正电。随着由金属表面进入溶液的金属离子数目增加，金属上负电荷增加，溶液中正电荷增加，由于静电引力作用，金属离子的溶解速度逐渐减慢，与此同时，溶液中的金属离子亦有沉积到金属表面上去的趋向，随着金属表面负电荷增多，溶液中金属离子返回金属表面的速度逐渐增加。最后这两种相反的过程达到动态平衡。对化学性能比较活泼的金属（如铝、铁），其与溶液接触的表面层带负电，溶液局部带正电，形成一层极薄的"双电层"，如图 5-3 所示，金属越活泼，这种倾向越大。若金属离子在金属上的能级比在溶液中的低，即金属离子存在于金属晶体中比在溶液中更稳定，则金属表面带正电，靠近金属表面的溶液薄层带负电，也形成了双电层，如图 5-4 所示。金属越不活泼（如铜等），此种倾向就越大。

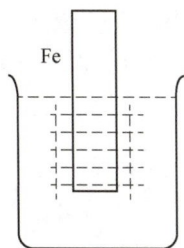

图 5-3　活泼金属的双电层　　　图 5-4　不活泼金属的双电层

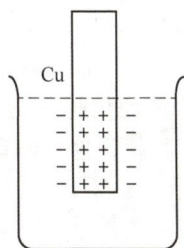

由于双电层的存在，在正、负电层之间，也就是金属和电解液之间形成了电势差。产生在金属和它的盐溶液之间的电势差，称为金属的电极电势，因为它是金属在本身盐溶液中的溶解和沉积相平衡时的电势差，所以又称为"平衡电极电势"。到目前为止，一种金属和其盐溶液之间双电层的电势差的绝对值还不能直接测定，但是可用盐桥的办法测出两种不同电极间的电势之差，生产实践中规定采用一种电极作标准和其他电极比较得出相对值，称为标准电极电势。通常采用标准氢电极为基准，人为地规定它的电极电势为零。

4. 电极的极化

以上讨论的平衡电极电势是在没有电流通过电极时的情况，当有电流通过时，电极的平衡状态遭到破坏，使阳极的电极电势向正移（代数值增大）、阴极的电极电势向负移（代数值减小），这种现象称为极化，如图 5-5 所示。极化

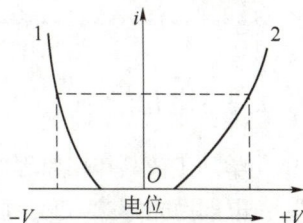

图 5-5　电极极化曲线

i—电流密度；1—阴极端；2—阳极端

后的电极电势与平衡电势的差值称为超电势，随着电流密度的增加，超电势也增加。

在电解加工时，阳极和阴极都存在着离子的扩散、迁移和电化学反应两种过程。在电极极化过程中若由于电解液流速不足或局部受屏蔽，使离子的扩散、迁移步骤缓慢而引起的电极极化，称为浓差极化；由于电化学反应本身缓慢而引起的电极极化，称为电化学极化。

多学一点

更多电极极化中浓差极化与电化学极化知识，请扫二维码进行学习。

5. 金属的钝化与活化

在电解加工过程中还有一种钝化现象，它使金属阳极溶解过程的超电位升高，使电解速度减慢。例如，铁基合金在硝酸钠电解液中电解时，电流密度增加到一定值后，铁的溶解速度在大于电流密度下维持一段时间后反而急剧下降，使铁呈稳定状态不再溶解。电解过程中这种现象称为阳极钝化（电化学钝化），简称钝化。

使金属钝化膜破坏的过程称为活化。引起活化的方法和因素很多，如把溶液加热，通入还原性气体或加入某些活性离子等。也可以采用机械方法破坏钝化膜，电解磨削就是利用后一原理。

把电解液加热可引起活化，但温度过高会带来新的问题，如电解液的过快蒸发，绝缘材料的膨胀、软化和损坏等，因此只能在一定温度范围内使用。在使金属活化的多种手段中，以 Cl^- 的作用最引人注意。Cl^- 具有很强的活化能力，这是由于 Cl^- 对大多数金属亲和力比氧大，Cl^- 吸附在电极上使钝化膜中的氧排出，从而使金属表面活化。因此，电解加工中采用 NaCl 电解液时生产率高就是这个道理。

多学一点

钝化产生的原因至今仍有不同的看法，其中主要的是成相理论和吸附理论两种。成相理论认为，金属与溶液作用后在金属表面上形成了一层紧密的极薄的膜，通常是由氧化物、氢氧化物或盐组成，从而使金属表面失去了原子具有的活泼性质，使溶解过程减慢。吸附理论则认为，金属的钝化是由于金属表层形成了氧的吸附层引起的。事实上二者兼而有之，但在不同条件下可能以某一原因为主。对不锈钢钝化膜的研究表明，合金表面大部分覆盖着薄而紧密的膜，而在膜的下面及其空隙中，则牢固地吸附着氧原子或氧离子。

5.1.2 电化学加工的分类

电化学加工按其作用原理可分为三大类。第Ⅰ类利用电化学阳极溶解进行加工，主要有电解加工、电解抛光等；第Ⅱ类利用电化学阴极沉积、涂覆进行加工，主要有电镀、涂镀、电铸等；第Ⅲ类利用电化学加工与其他加工方法相结合的电化学复合加工工艺，目前主要有电化学加工与机械加工相结合的方法，如电解磨削、电化学阳极机械加工。具体情况见表5-1。

表 5-1　电化学加工的分类

类别	加工方法	加工类型
Ⅰ	电解加工（阳极溶解）	用于形状、尺寸加工
	电解抛光（阳极溶解）	用于表面光整加工，去毛刺
Ⅱ	电镀（阴极沉积）	用于表面加工、装饰
	局部涂镀（阴极沉积）	用于表面加工、尺寸修复
	复合电镀（阴极沉积）	用于表面加工、磨具制造
	电铸（阴极沉积）	用于制造复杂形状的电极，复制精密、复杂的花纹模具
Ⅲ	电解磨削：电解珩磨、电解研磨（阳极溶解、机械刮除）	用于形状、尺寸加工，超精、光整加工，镜面加工
	电解电火花复合加工（阳极溶解、电火花蚀除）	用于形状、尺寸加工
	电化学阳极机械加工（阳极溶解、电火花蚀除、机械刮除）	用于形状、尺寸加工，高速切断、下料

5.1.3　电化学加工技术的特点

电化学加工也是不接触加工，工具电极和工件之间存在着工作液（电解液或电镀液）；电化学加工过程无宏观切削力，为无应力加工。电解加工原理虽与切削加工类似，为"减材"加工，从工件表面去除多余的材料，但与之不同的是电解加工是不接触、无切削力、无应力加工，可以用软的工具材料加工硬韧的工件，"以柔克刚"，因此可以加工复杂的立体成形表面。由于电化学、电解作用是按原子、分子一层层进行的，因此可以控制极薄的去除层，进行微薄层加工，同时可以获得较好的表面粗糙度。电镀、电铸为"增材"加工，向工件表面增加、堆积一层层的金属材料，也是按原子、分子逐层进行的，因此可以精密复制复杂精细的花纹表面，而且电镀、电铸、刷镀上去的材料，可以比原工件表面的材料有更好的硬度、强度、耐磨性及抗腐蚀性能等。电化学加工具体特点如下。

1）可加工各种高硬度、高强度、高韧性等难切削的金属材料，如硬质合金、高温合金、淬火钢、钛合金、不锈钢等，适用范围广。

2）可加工各种具有复杂曲面、复杂型腔和复杂型孔等典型结构的零件，如航空发动机叶片、整体叶轮，发动机机匣凸台、凹槽，火箭发动机尾喷管，炮管及枪管的膛线、喷筒孔，以及深小孔、花键槽、模具型面、型腔等各种复杂的二维及三维型孔、型面。因加工中没有机械切削力和切削热的作用，特别适合加工易变形的薄壁零件。

3）加工表面质量好。由于材料是以去离子状态去除或沉积的，且为冷态加工，故加工后无表面变质层、残余应力，加工表面没有加工纹路且没有飞边和棱边，一般表面粗糙度为 $Ra3.2\sim Ra0.8\ \mu m$，对于电化学复合光整加工表面粗糙度可达 $Ra0.01\ \mu m$ 以下，适合进行精密微细加工。

4）加工生产率高。加工可以在大面积上同时进行，无须划分粗、精加工。特别是电解加工，其材料去除速度远高于电火花加工。

5）加工过程中工具阴极无损耗，可长期使用，但要防止阴极的沉积现象和短路烧伤对工具阴极的影响。

6）电化学加工的产物和使用的工作液对环境、设备会有一定的污染和腐蚀作用。

新视野

近年来，随着汽车船舶发动机控制技术的快速发展，发动机缸体为适应油路精细化控制并提高燃烧效率，缸体油道内部结构设计越来越复杂，缸体需要去除毛刺的精细部位增多，去除不到位会增加油路堵塞的风险。电化学去毛刺是一种非接触式加工方式，能实现发动机缸体多油路毛刺的有效去除。众多学者针对电化学去毛刺开展了机理分析和设计工作。其中吕蒙等人根据脉冲电化学去毛刺加工的电源工艺参数和柔性化加工要求，设计了高效能、数字化的大功率脉冲加工电源，使其能满足大多数情况下去毛刺加工对电源参数的要求。刘嘉航等人利用计算机仿真技术对电化学去毛刺加工过程中的流场和电场进行分析，优化了交叉孔毛刺去除的电解液流动方式，再从液压阀去除毛刺效率和加工要求的角度考虑，设计了适合去毛刺的脉冲电源及关键部件，使交叉孔边缘的毛刺得以完全去除。程红亮等人分别对固定式阴极脉冲电解加工和恒间隙脉冲电解加工的加工机理进行分析，从本质上确定了工艺参数及对精度指标的数学关系，从而提高了电解去毛刺的加工精度。

任务实施

步骤一：在中国知网等平台检索电化学加工原理、分类及特点的相关文献。

步骤二：总结近年来电化学加工技术发展现状。

步骤三：针对电化学技术的某一种具体应用进行论述。

问题探究

1）电化学加工是指基于_____去除材料（电化学阳极溶解）或_____（电化学阴极沉积）的加工技术。

2）金属原子都是由_____的金属阳离子而外层_____的电子所组成的，即使没有外接电源，当金属和它的盐溶液接触时，经常发生把电子交给溶液中的离子或从溶液得到电子的现象。

3）电化学加工分类中，第Ⅱ类是利用_____、涂覆进行加工，主要有_____、涂镀、电铸等。

4）在电解加工过程中还有一种叫_____的现象，它使金属阳极溶解过程的超电位升高，使电解速度减慢。

任务评价

任务评价按照学生任务分配表中的项目和评分标准进行。

活动过程小组评价表

电化学加工的原理、分类及特点							
序号	考核评价指标		评价要素	学生自评	小组互评	教师评价	配分	成绩
1	过程考核	专业能力	能复述电化学加工的基本原理				30	
			能概括电化学加工的分类					
			能概括电化学加工的特点					
2		方法能力	电化学加工原理、分类及特点的基础知识信息搜集，自主学习，分析、解决问题，归纳总结及创新能力				30	
3		社会能力	团队协作、沟通协调、语言表达能力及服务意识等				10	
4	常规考核		自学笔记				10	
5			课堂纪律				10	
6			回答问题				10	

总结反思

1）学到的新知识有哪些？

_____

_____

2）掌握的新技能有哪些？

_____

_____

3）你对自己在本次任务中的表现是否满意？写出课后反思。

_____

_____

_____

5.2　电解加工

任务描述

通过学习本部分内容，能够掌握电解加工的概念、基本原理、特点、基本规律、所需设备及应用等。要求：以小组为单位，查阅相关文献或网站，总结关于当前电解加工的具体应用、优缺点及未来发展趋势。

学前准备

电解加工是继电火花加工之后发展较快、应用较广泛的一项新工艺。目前在国内外已成功应用于枪炮、航空发动机、火箭等的制造工业，在汽车、拖拉机、采矿机械的模具制造中也得到应用。故在机械制造业中，电解加工已成为一种不可缺少的工艺方法。本任务以电解加工为引导，你能查阅资料，简要地介绍电解加工的基本原理及特点、基本设备、提高加工精度的举措及典型应用吗？请扫描二维码进行任务学前的准备。

学习目标

1) 掌握电解加工的基本原理及特点。
2) 熟悉电解加工的基本设备。
3) 掌握电解液使用要求，熟悉常见电解液性能。
4) 掌握提高电解加工精度的路径、电解加工的典型应用。

知识导图

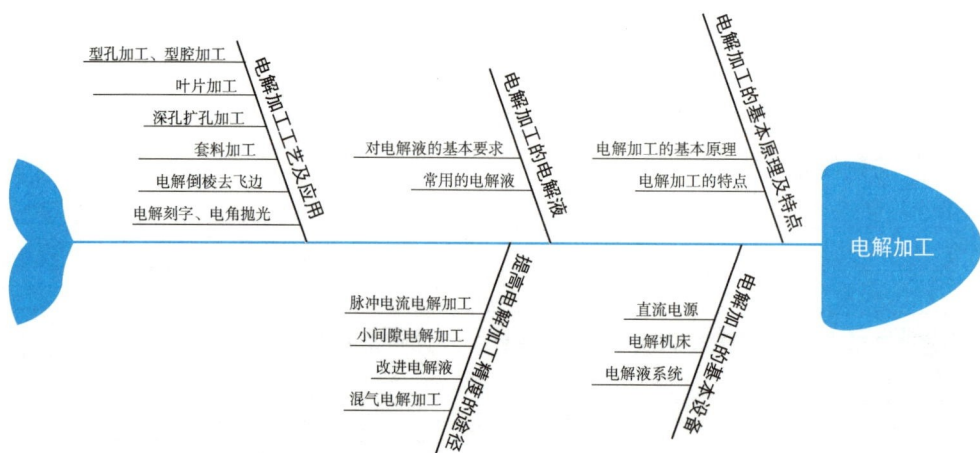

相关知识

5.2.1　电解加工的基本原理及特点

1. 电解加工的基本原理

电解加工的基本原理如图 5-6 所示，将被加工工件作为阳极与直流电源正极连接，与加工制件形状相同的工具电极作为阴极与电源负极连接，并且两者之间保持 0.1~0.8 mm 的间隙。当在两极之间加 6~24 V 的直流电压时，电解液以 5~60 m/s 的速度从两极间的间隙中冲过，在两极和电解液之间形成导电通路。这样，工件表面的金属材料在电解液中不断产生阳极溶解，溶解物又被流动的电解液及时冲走，使工具电极恒速向工件移动，工件表面就不断产生溶解，最后将工具电极的形状复印到工件上。两极间隙较小处的电流密度大，阳极溶解的速度快；反之，两极距离较远处电流密度小，阳极溶解速度慢。因此，工具电极型面向工件恒速进给时，工件表面经过非均匀溶解过程，直到两极工作表面完全吻合后，以均匀溶解速度向深度发展。

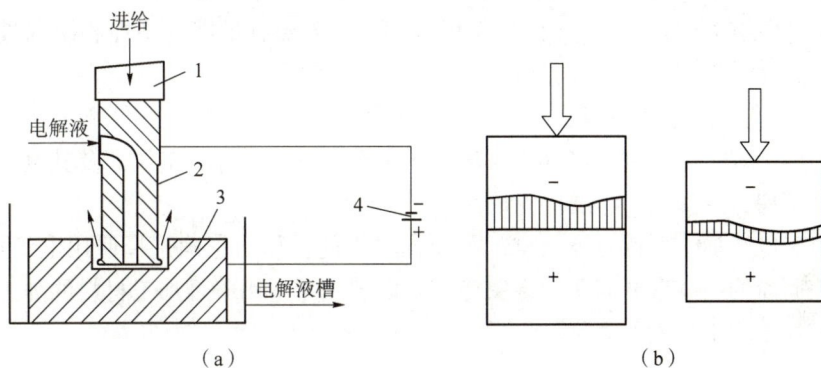

图 5-6　电解加工的基本原理
1—主轴；2—工具；3—工件；4—直流电源

多学一点

电解加工在生物医疗、航空航天等一些领域具有比传统机械加工更为显著的优势，而钛合金由于其自身的特性也使其更适合电解加工。在电解加工钛合金的过程中，主要难点在于克服钛合金表面易钝化的特性以达到电解加工所需的高速阳极溶解，而通过加入对钝化层具有激活作用的离子（如卤素离子）可以比较有效地克服这个困难，降低钝化层的激活电压。然而，Cl^- 或 Br^- 等激活离子的加入也会引起钛合金非加工面的点蚀，同时降低加工面和非加工面的表面质量。近些年来，研究人员已经通过阳极遮挡法、混合电解液法、混气加工法等方法试图减少非加工面的点蚀对表面质量带来的影响，取得了不错的效果。

2. 电解加工的特点

电解加工与其他加工方法相比，具有下述特点：

1）加工范围广，不受金属材料本身力学性能的限制，可以加工硬质合金、淬火钢、不锈钢、耐热合金等高硬度、高强度及韧性金属材料，并可加工叶片、锻模等各种复杂型面。

2）电解加工的生产率较高，为电火花加工的 5～10 倍，在某些情况下，比切削加工的生产率还高，且加工生产率不直接受加工精度和表面粗糙度的限制。

3）可以达到较好的表面粗糙度（$Ra0.2～Ra1.25\ \mu m$）和 $\pm0.1\ mm$ 左右的平均加工精度。

4）由于加工过程中不存在机械切削力，所以不会产生由切削力所引起的残余应力和变化，没有飞边。

5）加工过程中阴极工具在理论上不会损耗，可长期使用。

同时，电解加工也有一定的缺点和局限性：

1）不易达到较高的加工精度和加工稳定性。这是由于影响电解加工间隙电场和流场稳定性的参数很多，控制比较困难。加工时杂散腐蚀也比较严重。目前，加工小孔和窄缝还比较困难。

2）电极工具的设计和修正比较麻烦，因而很难适用于单件生产。

3）电解加工的附属设备较多，占地面积较大，机床要有足够的刚性和防腐性能，因此造价高。对电解加工而言，一次性投资高。

4）电解产物需进行妥善处理，否则将污染环境。例如，重金属 Cr^{6+} 离子及各种金属盐类对环境有污染，因此需要进行废弃工作液的无害化处理。此外，工作液及其蒸气还会对机床、电源甚至厂房造成腐蚀，也要注意防护。

同时，由于电解加工的优点及缺点都很突出，因此，如何正确选择使用电解加工工艺，成为摆在人们面前的一个重要问题。专家建议：电解加工适用于难加工材料的加工，相对复杂形状零件的加工、批量大的零件加工。

想一想

电解加工还有哪些特点？

5.2.2 电解加工的基本设备

电解加工是电化学、电场、流场和机械各类因素综合作用的结果，因而作为实现此工艺的手段——设备必然是多种部分的组合。电解加工的基本设备包括直流电源、机床及电解液系统三大部分及相应的操作、控制系统及控制软件等。典型电解加工机床如图 5-7 所示。

1. 直流电源

目前国内外电解加工生产中绝大部分仍采用直流电源。随着大功率硅二极管的发展，硅整流器电源逐渐取代了直流发电机组。其主要优点是可靠性、稳定性好，效率较高，功率因数高。简单型的硅整流器采用自耦变压器调压，无稳压控制和短路保护。随着大功率晶闸管器件的发展，晶闸管调压、稳压的直流电源又逐渐取代了硅整流器电源。现在国外已全部采

图 5-7 典型电解加工机床

用此种电源，国内大电流电源也全部采用此方案。其主要优点是调节灵敏度高，稳压精度可达±1%，短路保护时间可达 10 ms。如配置快速晶闸管保护装置，其保护时间可达微秒级。早期由于大功率晶闸管性能不稳定，容量又较小，多路并联均流问题较复杂，加之分立元件的触发性能也不稳定，因而故障率较高。近年发展的大容量模块式晶闸管、可关断晶闸管（GTO）及集成电路的触发单元较好地解决了电源的可靠性和稳定性问题。晶闸管整流电源的另一优点是效率高，节铜、节铁，经济性较好。

2. 机床

1）足够的刚性。电解加工虽然没有机械切削力，但电解液有很高的压强，如果加工面积较大，则对机床主轴、工作台的作用力也是很大的，一般可达 20~40 kN。因此，电解加工机床的工具和工件系统必须有足够的刚度，否则将引起机床部件的过大变形，改变工具阴极和工件的相对位置，甚至造成短路烧伤。

2）进给速度的稳定性。金属阳极溶解量是与时间成正比的，进给速度不稳定，阴极相对于工件的各个截面的电解时间就不同，影响加工精度。若进给速度不稳定，就难以控制加工间隙的均匀、稳定，无法使加工区的电场、流场分布均匀、稳定。轻则影响加工精度，重则影响加工的顺利进行。

3）防腐绝缘性能好。电解加工机床经常与有腐蚀性的电解液相接触，故必须采取相应的防腐措施，以保护机床避免或减少腐蚀。

4）安全保护。电解加工过程中将产生大量氢气，如果不能迅速排除，就有可能因火花短路等而引起氢气爆炸，必须相应地采取排氢防爆措施。另外，在电解加工过程中也有可能析出其他气体。若采用混气加工，则有大量雾气从加工区逸出，防止它们扩散并及时排除，也是要注意的问题。

5）机床精度高。良好的机床精度，尤其是机械传动精度是提高电解加工精度的基础。

想一想

电解加工机床与机械领域常用数控机床设计还有哪些区别？

3. 电解液系统

电解液系统是电解加工系统中重要的组成部分，它的作用是连续平稳地向加工区供给足够的压力、流量、合适的温度和清洁的电解液，并顺利地将电解产物带走，形成良好的循环通路。因此，电解液系统直接影响加工质量的稳定性、生产率、劳动条件及环境保护。电解液系统主要由泵、电解液槽、过滤装置、热交换器以及阀、管路等元件组成，如图5-8所示。选择高质量电解液泵用电动机、合理确定电解液槽容量、把控好电解液净化等环节是电解液系统高效工作的核心。

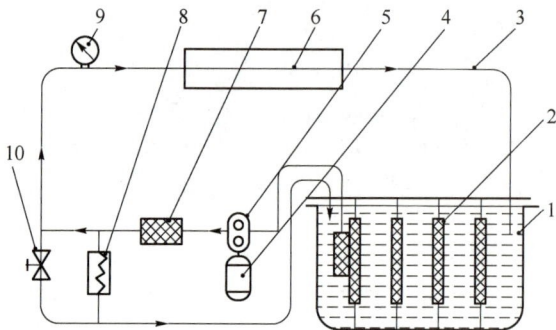

图5-8　电解液系统示意图

1—电解液槽；2—过滤网；3—管道；4—泵用电动机；5—离心泵；6—加工区；
7—滤器；8—全阀；9—压力表；10—阀门

多学一点

你知道更多电解机床设计要点吗？详见二维码。

5.2.3　电解液

电解液是电解加工产生阳极溶解的载体，在电解加工过程中，具有如下作用：作为导电介质传递电流；在电场作用下进行电化学反应，使阳极溶解能顺利而又有控制地进行；及时把加工间隙内产生的电解产物及热量带走，起更新与冷却作用。因此，电解液对电解加工的各项工艺指标影响很大。

1. 对电解液的基本要求

随着电解加工的发展，对电解液不断提出新的要求，根据不同的工艺要求，对电解液提出了不同的基本要求。

1）具有足够的蚀除速度，即生产率要高。这就要求电解质在溶液中有较高的溶解度和离解度，具有很高的电导率。例如，氯化钠水溶液中 NaCl 几乎能完全离解为 Na^+、Cl^-，并能与水的 H^+、OH^- 共存。另外，电解液中所含的阴离子应具有较正的标准电位，如 Cl^-、ClO_3^- 等，以免在阳极上产生析氧等副反应，降低电流效率。

2）具有较高的加工精度和表面质量。电解液中的金属阳离子不应在阴极上产生放电反应而沉积到阴极工具上，以免改变工具的形状及尺寸。因此，在选用的电解液中所含金属阳离子（如 Na^+、K^+ 等）必须具有较负的标准电极电位（$U_0 < -2$ V）。当加工精度和表面质量要求较高时，应选择杂散腐蚀小的钝化型电解液。

3）阳极反应的最终产物是不溶性的化合物。这主要是便于处理，且不会使阳极溶解下来的金属阳离子在阴极上沉积，通常被加工工件的主要组成元素的氢氧化物大都难溶于中性盐溶液，故这一要求容易满足。在电解加工中，有时会要求阳极产物能溶于电解液而不是生成沉淀物，这主要是在特殊情况下（如电解加工小孔、窄缝等）为避免不溶性的阳极产物阻塞加工间隙而提出的，这时常用盐酸作为电解液。

除上述基本要求外，近年来更应注意绿色制造、环境保护等要求，此外还希望电解液具有性能稳定、操作安全、对设备的腐蚀性小及价格便宜等优点。

2. 常用的电解液

电解液可分为中性盐溶液、酸性溶液与碱性溶液三大类。中性盐溶液的腐蚀性小，使用时较安全，故应用最普遍。最常用的有 NaCl、$NaNO_3$、$NaClO_3$ 三种电解液。其中 NaCl 是强电解质，在水溶液中几乎完全电离，导电能力强，而且适用范围广，价格便宜，货源充足，所以是应用最广泛的一种电解液；$NaNO_3$ 电解液是一种钝化型电解液，机床设备的腐蚀性低，使用安全，价格也不高（为 NaCl 的 1 倍）。它的主要缺点是电流效率低，生产率也低，另外由于在加工时在阴极会有氨气析出，所以 $NaNO_3$ 会被消耗；$NaClO_3$ 电解液散蚀能力小，加工精度高，溶解度高，电能力强，可达到与 NaCl 相近的生产率，同时，它对机床、管道、水泵等的腐蚀作用很小。它的缺点是价格较高（为 NaCl 的 5 倍），而且由于它是一种强氧化剂，使用时要注意安全防火。

多学一点

想了解更多关于常用电解液的知识，请扫二维码进行学习。

5.2.4 提高电解加工精度的途径

为提高电解加工精度，人们进行了大量的研究工作。由于电解加工涉及金属的阳极溶解过程，因此影响电解加工精度的因素是多方面的，包括工件材料、工具阴极材料、加工间隙、电解液的性能以及电解直流电源的技术参数等。目前，生产中提高电解加工精度的主要措施有以下几点。

1. 脉冲电流电解加工

脉冲电解加工是以周期性间隙供电代替连续供电的加工方法。脉冲电解加工技术从根本上改善了电解加工间隙的电场和电化学过程，从而得到了较高的蚀除能力和较小的加工间隙，也证明了在保证加工效率条件下可以较大幅度地提高电解加工精度的可能性和现实性。脉冲电流电解加工具有以下特点。

1）可改善电场、提高电解过程的稳定性。

2）有利于电解产物的排出。

3）可提高加工精度。

4）生产率低于直流电解加工。

当然，为了充分发挥脉冲电流电解加工的优点，还有人采用脉冲电流-同步振动电解加工，其原理是在阴极上与脉冲电流同步，施加一个机械振动，即当两电极间隙最近时进行电解，当两电极距离增大时停止电解而进行冲液，从而改善了流场特性，使脉冲电流电解加工日臻完善。

2. 小间隙电解加工

按照电解知识，工件材料的蚀除速度 v_a 与加工间隙 Δ 成反比关系，即 $v_c = C/\Delta$，其中 C 为常数（要求工件材料、电解液参数、电压均保持稳定）。在实际加工中由于余量分布不均，以及加工前零件表面微观平面度等的影响，各处的加工间隙是不均匀的。如果加工间隙 Δ 小，则突出部位的去除速度将大大高于低凹处，提高了整平效果。由此可见，加工间隙越小，越能提高加工精度。

可见，采用小间隙加工，对提高加工精度和生产率都是有利的。但间隙越小，对液流的阻力越大。电流密度大，间隙内电解液温升快、温度高，电解液的压力需很高，间隙过小容易引起短路。因此，小间隙电解加工的应用受到机床刚度、传动精度、电解液系统所能提供的压力、流速及过滤情况的限制。

3. 改进电解液

除了前面已提到采用钝化性电解液，如 $NaNO_3$、$NaClO_3$ 等外，正进一步研究采用复合电解液，主要是在氯化钠电解液中添加其他成分，既保持 $NaCl$ 电解液的高效率，又提高了加工精度。例如，在 $NaCl$ 电解液中添加少量 Na_2MoO_4、$NaWO_4$ 等外，两者都添加或单独添加，质量分数共为 $0.2\% \sim 3.0\%$，加工铁基合金具有较好的效果。采用（$5\% \sim 20\%$）$NaCl$ +（$0.1\% \sim 2\%$）$CoCl$+其余为 H_2O 的电解液（指质量分数），可在相对于阴极的非加工表面形成钝化层或绝缘层，从而避免杂散腐蚀。

采用低质量分数（低浓度）的电解液，加工精度可显著提高。例如，对于 $NaNO_3$ 电解液，过去常用的质量分数为 $20\% \sim 30\%$。如果采用 4% 的 $NaNO_3$ 低质量分数电解液，加工压铸模，加工表面质量良好，间隙均匀，复制精度高，棱角很清，侧壁基本垂直，垂直面加工后的斜度小于 $1°$。加工球面凹坑，可直接采用球面阴极，加工间隙均匀，因而可以大大简化阴极工具设计。采用低质量分数电解液的缺点是效率较低，加工速度不能很快。

4. 混气电解加工

混气电解加工就是将一定压力的气体（主要是压缩空气）用混气装置使它与电解液混合在一起，使电解液成为包含无数气泡的气液混合物，然后送入加工区进行电解加工。混气加工在我国应用以来，获得了较好的效果，显示了一定的优越性，主要表现在提高了电解加工的成形精度，简化了阴极工具的设计与制造，因而得到较快的推广。

电解液中混入气体后，将会起到以下积极作用。

1) 增加了电解液的电阻率，减少了杂散腐蚀，使电解液向非线性方面转化。由于气体是不导电的，所以电解液中混入气体后，就增加了间隙内的电阻率，而且电阻率随着压力的变化而变化。一般间隙小处压力高，气泡体积小，电阻率低，电解作用强；间隙大处压力低，气泡大，电阻率大，电解作用弱。当间隙增加到一定数值时，就可能制止电解作用，所以混气电解加工存在着切断间隙。加工孔时的切断间隙为 0.85~1.30 mm。

2) 降低电解液的密度和黏度，增加流速，均匀流场。由于气体的密度和黏度远小于液体，所以混气电解液的密度和黏度也大大下降，这是混气电解加工能在低压下达到高流速的关键，高速流动的气泡还起搅拌作用，消除死水区，均匀流场，减少短路的可能性。

混气电解加工成形精度高，阴极设计简单，不必进行复杂的计算和修正。但由于混气后电解液的电阻率显著增加，在同样的加工电压和加工间隙条件下，电流密度下降很多，所以生产率较不混气时将降低 1/3~1/2。从整个生产过程来看，总的生产率还是提高了。另一个缺点是需要一套附属供气设备，要有足够压力的气源、管道及良好的抽风设备等。

多学一点

你想了解更多关于提高电解加工精度途径的扩充知识吗？详见二维码。

5.2.5 电解加工工艺及其应用

我国自 1958 年在膛线加工方面成功地应用了电解加工工艺并正式投产以来，电解加工工艺的应用有了很大发展，逐渐在各种膛线、花键孔、深孔、内齿轮、链轮、叶片、异形零件及模具等方面获得了广泛的应用。

1. 型孔加工

图 5-9 为端面进给式型孔电解加工示意图。在生产中往往会遇到一些形状复杂、尺寸较小的四方、六方、椭圆、半圆等形状的通孔和不通孔，机械加工很困难，若采用电解加工，则可以大大提高生产效率及加工质量。型孔加工一般采用端面进给法，为了避免锥度，阴极侧面必须绝缘。为了提高加工速度，可适当增加端面工作面积，使阴极内圆锥面的高度为 1.5~3.5 mm，工作端及侧成形环面的宽度一般为 0.3~0.5 mm，出水孔的截面积应大于加工间隙的截面积。

2. 型腔加工

多数锻模为型腔模，因为电火花加工的精度比电解加工易于控制，目前大多数采用电火花加工，但由于它的生产率较低，因此对锻模消耗量比较大、精度要求不太高的煤矿、机械、汽车、拖拉机等制造厂，近年来逐渐采用电解加工。

型腔模的成形表面比较复杂，当采用硝酸钠、氯酸钠等成形精度好的电解液加工时，或采用混气电解加工时，阴极设计还较容易，因为加工间隙比较容易控制。当用氯化钠电解液而又不混气时，则锻模阴极设计较复杂。

在复杂型腔表面加工时，电解液流场不均匀，在流速、流量不足的局部地区，电蚀量将偏小，在该处容易产生短路。此时应在阴极的对应处加开增液孔或增液槽，增补电解液，使流场均匀，避免短路烧伤现象，如图 5-10 所示。

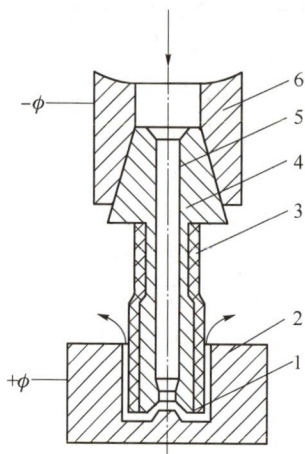

图 5-9　端面进给式型孔电解加工

1—工作端面；2—工件；3—绝缘层；4—阴极主体；

5—进水孔；6—机床主轴套

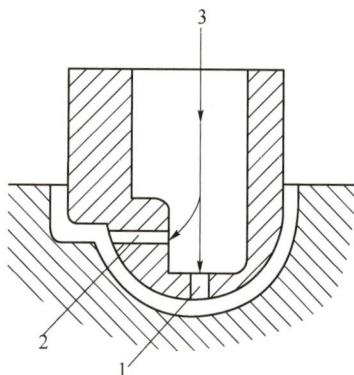

图 5-10　增液孔的设置

1—增液槽；2—增液孔；3—电解液

3. 叶片加工

叶片是喷气发动机、汽轮机中的重要零件，叶身型面形状比较复杂，对精度要求较高，加工批量大，在发动机和汽轮机制造中占有相当大的劳动量。叶片采用机械加工困难较大，生产率低，加工周期长。若采用电解加工，则不受叶片材料硬度和韧性的限制，在一次行程中就可加工出复杂的叶身型面，生产率高，表面粗糙度小。

我国目前叶片加工多数采用氯化钠电解液的混气电解加工法，也有采用加工间隙易于控制（有切断间隙）的氯酸钠电解液的隔膜电解法，由于这两种工艺方法的成形精度较高，故阴极可采用反拷法制造。电解加工整体叶轮在我国已得到普遍应用，即要把叶轮坯加工好后，直接在轮坯上加工叶片，加工周期大幅缩短，叶轮强度高，质量好。

4. 深孔扩孔加工

深孔扩孔加工按阴极的运动形式划分，有固定式和移动式两种。

固定式即工件和阴极间没有相对运动，如图 5-11 所示。其优点是：设备简单，只需一套夹具来保持阴极与工件的同心及起导电和引进电解液的作用；由于整个加工面同时电解，故生产率高；操作简单。其缺点是：阴极要比工件长一些，所需电源的功率较大；电解液在进出口处的温度及电解产物含量等都不相同，容易引起加工表面粗糙度和尺寸精度的不均匀现象；当加工表面过长时，阴极刚度不足。

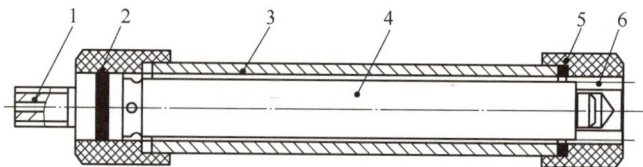

图 5-11　固定式阴极深孔扩孔原理

1—电解液入口；2—绝缘定位套；3—工件；4—工具阴极；5—密封垫；6—电解液出口

移动式加工通常采用卧式，阴极在零件内孔做轴向移动。移动式加工阴极较短，精度要求较低，制造容易，可加工任意长度的工件而不受电源功率的限制。但它需要有效长度大于工件长度的机床，同时工件两端由于加工面积不断变化而引起电流密度变化，故出现收口和喇叭口，需采用自动控制。

阴极设计应结合工件的具体情况，尽量使加工间隙各处的流速均匀一致，避免产生涡流及死水区，扩孔时如果设计成圆柱形阴极，如图 5-12（a）所示，则由于实际加工间隙沿阴极长度方向变化，结果越靠近后段流速越小。若设计成圆锥阴极，则加工间隙基本上是均匀的，因而流场也较均匀，效果较好，如图 5-12（b）所示。为使流场均匀，在液体进入加工区前，以及离开加工区后，应设置导流段，避免流场在这些地方发生突变，造成涡流。

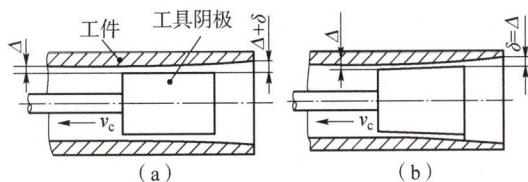

图 5-12 移动式阴极深孔扩孔示意图

4. 套料加工

用套料加工方法可以加工等截面的大面积异形孔或用于等截面薄形零件的下料。图 5-13 所示的异形零件，若采用常规的铣削方法加工，则将非常麻烦，但若采用图 5-14 所示的套料阴极则可很方便地进行套料加工。阴极片为 0.5 mm 厚的纯铜片，用软钎焊焊在阴极体上，零件尺寸精度由阴极片内腔口保证，当加工中偶尔发生短路烧伤时，只需更换阴极片，而阴极体可以长期使用。

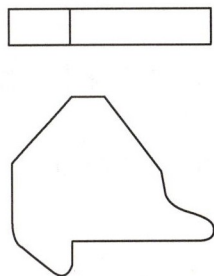

图 5-13 异形零件

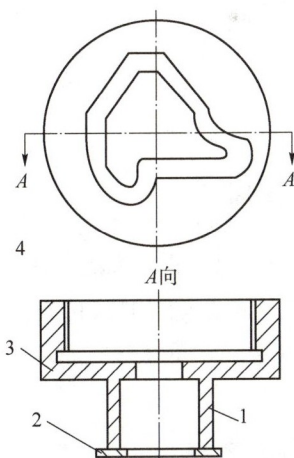

图 5-14 套料阴极工具

1—异形筒；2—阴极片；3—阴极体

5. 电解倒棱去飞边

在机械加工过程中去飞边的工作量很大，尤其是去除硬而韧的金属飞边，需要占用很多人力。电解倒棱去飞边可以大大提高工效和节省费用。以齿轮的电解去飞边装置为例，1 min 就可去除飞边，效率极高。

6. 电解刻字

在机械加工过程中，要将合格产品的规格、材料、商标等也标刻在产品表面，通常通过机械打字完成，但是对于热处理后已淬硬的零件或壁厚特薄，或精度很高、表面不允许破坏的零件，都是不允许的。电解刻字则可以在那些常规的机械刻字不能进行的表面上刻字。在电解刻字时，字头接阴极，工件接阳极，二者保持大约 0.1 mm 的间隙，中间滴注少量的钝化型电解液，在 1~2 s 内完成工件表面的刻字工作。目前可以做到在金属表面刻出黑色的印记，也可在经过发蓝处理的表面上刻出白色的印记。利用同样的原理，改变电解液成分并适当延长电解时间，就可实现在工件表面刻印花纹，或制成压花辊。

7. 电解抛光

电解抛光也是利用金属在电解液中的电化学阳极溶解对工件表面进行腐蚀抛光的，它只是一种表面光整加工方法，用于降低工件的表面粗糙度和改善表面物理力学性能，而不用于对工件进行形状和尺寸加工。电解抛光的效率要比机械抛光高，而且抛光后的表面除了常常生成致密牢固的氧化膜等膜层外，不会产生加工变质层，也不会造成新的表面残余应力，且不受被加工材料硬度和强度的限制，因而在生产中经常采用该方法。

想一想

除了上述电解加工的典型应用外，你还知道其他应用吗？

任务拓展

了解电解加工的基本规律，请扫描二维码进行学习。

任务实施

步骤一：结合图书馆图书资源及中国知网等网络平台检索近年来电解加工的相关文献。
步骤二：总结近年来电解加工的发展现状。
步骤三：针对某一方面（基本原理、基本设备、提高精度及应用等）进行具体论述。

问题探究

1）_____是继电火花加工之后发展较快、应用较广泛的一项新工艺。
2）电解加工的附属设备较多，占地面积较大，机床要有足够的_____和_____，因此造价高。对电解加工而言，一次性投资高。

3）电解加工是电化学、电场、流场和机械各类因素综合作用的结果，因而作为实现此工艺的手段——设备必然是多种部分的组合，电解加工的基本设备包括_____、机床及_____三大部分及相应的操作、控制系统及控制软件等。

4）电解液系统主要由泵、_____、_____、_____以及阀、管路等元件组成。

5）电解液可分为中性盐溶液、_____与_____三大类。中性盐溶液的腐蚀性小，使用时较安全，故应用最普遍。最常用的有_____、$NaNO_3$、$NaClO_3$ 三种电解液。

任务评价

任务评价按照学生任务分配表中的项目和评分标准进行。

活动过程小组评价表

电解加工							
序号	考核评价指标		评价要素	学生自评	小组互评	教师评价	配分	成绩
1	过程考核	专业能力	能复述电解加工原理及特点				30	
			能复述电解加工的基本设备					
			能复述电解加工对电解液的要求及常见电解液性能					
			能复述电解加工精度提高路径及应用					
2		方法能力	电解加工信息搜集，自主学习，分析、解决问题，归纳总结及创新能力				30	
3		社会能力	团队协作、沟通协调、语言表达能力及服务意识等				10	
4	常规考核		自学笔记				10	
5			课堂纪律				10	
6			回答问题				10	

总结反思

1）学到的新知识有哪些？

_____

_____

_____

2）掌握的新技能有哪些？

_____

_____

3）你对自己在本次任务中的表现是否满意？写出课后反思。

_____

_____

_____

5.3　电解磨削

任务描述

通过学习本部分内容，能够复述电解磨削的基本原理、特点、影响因素、电解液及设备、应用等。要求：以小组为单位，查阅相关文献或网站，总结关于当前电解磨削的具体应用、优缺点及未来发展趋势。

学前准备

电解磨削是利用电化学原理来分解所需磨除金属表面的加工。它是把要研磨的金属、合金当作阳极，把附带磨粒的导电工具当作阴极，当直流电源（或交流电源）通过电解质时形成一条完全通路，从而把金属表面的微观凸起部分有选择地溶解掉，使加工表面呈现光泽的加工方法。其可用于注射针头内表面等形状上难以进行机械研磨的物品以及匙、叉等西餐餐具及精密机械零件等，若与机械研磨一起使用，则能得到更好的研磨效果。同时，电解磨削加工已应用在金属冷轧轧辊、大型船用柴油机轴类零件、大型不锈钢化工容器内壁以及不锈钢太阳能电池基板的加工。本任务以电解磨削为引导，你能查阅资料，简要地介绍电解磨削的基本原理、特点、影响因素、电解液及设备、具体应用等吗？请扫描二维码进行任务学前的准备。

学习目标

1）能复述电解研磨的基本原理和特点。
2）能复述影响电解磨削的因素。
3）能复述电解磨削的电解液及其设备。
4）能复述电解磨削的应用。

![知识导图]

知识导图

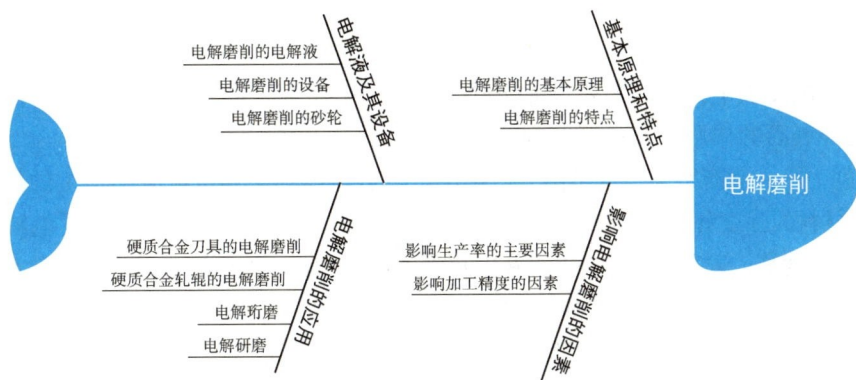

（鱼骨图内容）

基本原理和特点
- 电解磨削的基本原理
- 电解磨削的特点

电解液及其设备
- 电解磨削的电解液
- 电解磨削的设备
- 电解磨削的砂轮

电解磨削

电解磨削的应用范围
- 硬质合金刀具的电解磨削
- 硬质合金轧辊的电解磨削
- 电解珩磨
- 电解研磨

影响电解磨削的因素
- 影响生产率的主要因素
- 影响加工精度的因素

相关知识

5.3.1　电解磨削的基本原理和特点

1. 电解磨削的基本原理

电解磨削属于电化学机械加工范畴，其基本原理如图 5-15 所示。导电砂轮与直流电源相连，被加工工件（车刀）接阳极，并在一定压力下与导电砂轮相接触，加工区域中送入电解液，在电解和机械磨削的双重作用下，车刀的后刀面很快被磨光。

图 5-16 所示为电解磨削加工过程原理。电流从工件通过电解液流向磨轮，形成通路。于是工件表面的金属在电流和电解液的作用下发生电解作用，被氧化成一层极薄的氧化物或氢氧化物薄膜，一般称为阳极薄膜。但刚形成的阳极薄膜迅速被导电砂轮中的磨料刮除，在阳极工件上又露出新的金属表面并继续电解。这样，电解作用和刮除薄膜的磨削作用交替进行，使工件连续地被加工，直至达到一定的尺寸精度和表面质量。

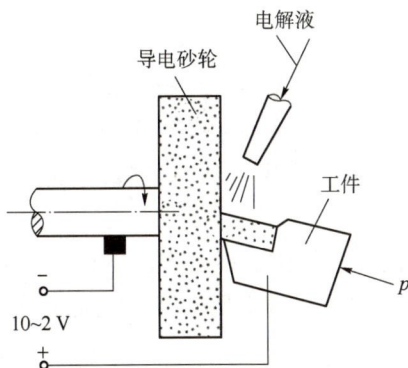

图 5-15　电解加工的基本原理

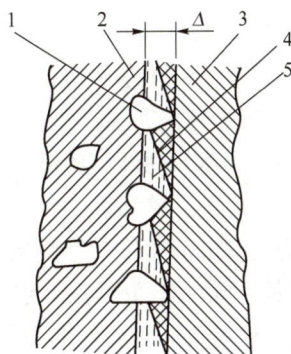

图 5-16　电解磨削加工过程原理

1—磨料砂粒；2—导电砂轮；3—工件；4—电解产物；5—电解液

电解磨削与数控加工中的磨削加工有什么本质区别？

2. 电解磨削的特点

在电解磨削过程中，金属主要是靠电化学作用腐蚀下来，砂轮起磨去电解产物阳极钝化膜和整平工件表面的作用。与机械磨削比较，其具有以下特点。

1）磨削力小，生产率高。这是由于电解磨削具有电解加工和机械磨削加工的优点。电解腐蚀降低了材料的强度和硬度，减少了磨削力；磨削刮出了阳极钝化膜，加速了电解速度。

2）加工精度高，表面质量好。因为在电解磨削加工中，一方面工件尺寸或形状是靠磨轮刮除钝化膜得到的，故能获得比电解加工更好的加工精度；另一方面，材料的去除主要靠电解加工，加工中产生的磨削力较小，不会产生磨削毛刺和裂纹等，故加工工件的表面质量好。

3）设备投资较高。其原因是电解磨削机床需要电解液过滤装置、抽风装置和防腐处理设备等。

4）砂轮的磨损量小。无论工件材料的强度、硬度、塑性和韧性如何，电解后都较软。例如，用碳化硅砂轮磨削硬质合金，砂轮的磨损量是硬质合金去除量的 4~6 倍，而用电解磨削则砂轮的损耗只有工件材料去除量的 60%~100%

同时，与机械磨削相比，电解磨削也有其不足之处，即加工工具等的刃口不易磨得非常锋利；机床、夹具等需要采取防蚀、防锈措施；还需增加吸气、排气装置，直流电源，电解液过滤和循环装置等附属设备。

你想了解更多关于电解磨削化学反应过程的知识吗？详见二维码。

5.3.2 影响电解磨削的因素

1. 影响生产率的主要因素

1）电化学当量。电化学当量为按照法拉第定律，单位电量理论上所能电解蚀除的金属量。一般电化学当量越大，生产率越高。但是由于工件材料是由多种成分组成的，而每种成分的电化学当量又不同，所以电解速度是有差别的，特别是在晶界。这也是造成表面质量不好的直接原因。

2）电流密度。电流密度是影响电解磨削加工效率的重要原因。在一定范围内，电流密度越高，生产率越高。提高电流密度的有效途径主要有：提高工作电压、缩小电极间隙、减小电解液的电阻和提高电解液温度等。

3）磨轮（阴极）与工件的导电面积。当电流密度一定时，如果导电面积增大，通过的电量也大，单位时间内去除的工件材料也就越多，因此，应尽可能增加两极之间的导电面积，以达到提高生产率的目的。

4）磨削压力。磨削压力增大，工件和砂轮之间的运动速度加大，阳极金属被活化的程度增加，有利于加工速度的提高。但磨削压力过大会使机械磨削的成分增加，砂轮损耗增大，工件和砂轮的间隙变小，不利于电解液进入加工区。

2. 影响加工精度的因素

当电解磨削加工内、外圆时，精度可控制在 0.002~0.003 mm；加工平面时，精度可控制在 0.01~0.02 mm。但在保证棱边和尖角方面是弱势。

1）电解液。电解液的成分直接影响阳极表面钝化膜的性质。当电解液是金属氧化生成的低价氧化物时，其结构紧密、电阻大，在一定程度上阻碍了阳极溶解，具有良好的钝化性，有利于加工精度的提高；反之当电解液是金属氧化生成的高价氧化物时，加工表面产生非控制的溶解，不利于加工精度的提高。此外，电解液的 pH 值也对电解产物溶解有很大影响，如果 pH 值高，容易破坏钝化膜，使电解后的氧化物容易溶解于碱性溶液，所以一般电解液的 pH 值控制在 7~9 为宜。加工硬质合金时，要适当控制电解液的 pH 值，因为硬质合金的氧化物易溶于碱性溶液中。

2）阴极导电面积和磨粒轨迹。电解磨削平面时，常常采用碗状砂轮以增大阴极面积，但工件往复移动时，阴、阳极上各点的相对运动速度和轨迹的重复程度并不相等，砂轮边缘线速度高，进给方向两侧轨迹的重复程度较大，磨削量就大，产生了中间凸起的现象，称为面积效应。为了提高精度，可以采用增大砂轮直径、增大阴阳两极导电面积、提高相对运动速度等方法来减小面积效应，提高工件的加工精度。

3）被加工材料的性质。被加工材料疏松，加工速度快，但加工精度低，对于合金材料加工精度更难保证。因为各种金属的电极电位不同，在相同电压下有的溶解快有的溶解慢，造成了加工的不平整。此外，电解液对不同金属的钝化和活化作用也不同。

4）机械因素。在电解磨削过程中，阳极表面的活化主要依靠机械磨削作用，因此机床的成形运动精度、夹角精度、磨轮精度对加工精度的影响是不可忽视的。其中电解磨轮占有重要地位，它不但直接影响加工精度，而且影响加工间隙的稳定。电解磨削时的加工间隙是由电解磨轮来保证的，因此，除了精确修整砂轮外，砂轮的磨粒也应选择较硬和耐磨损的。

多学一点

你想了解更多关于电解磨削影响表面粗糙度的因素吗？详见二维码。

5.3.3 电解磨削用电解液及其设备

1. 电解磨削的电解液

电解磨削用电解液的选择，应考虑以下 5 个方面的要求。

1）能够使金属表面生产结构致密、黏附能力强的钝化膜，有好的尺寸精度和表面粗糙度。

2）导电性好，已获得高生产率。

3）不锈蚀机床及工、夹具。

4）对人体和环境无危害，确保人身健康。

5）经济效果好，价格便宜，来源丰富，在加工中不易消耗。

要同时满足上述 5 个方面的要求是困难的。在实际生产中，应针对不同产品的技术要求，以及不同的材料选用最佳的电解液。实验证明，亚硝酸盐最适于硬质合金的电解磨削，以 $NaNO_2$ 为例，其主要作用是导电、氧化和防锈。硝酸盐的作用首先是提高电解液的导电性，其次是硝酸根离子有可能还原为亚硝酸根离子，以补充电极反应过程中亚硝酸根的消耗。

需要特别指出的是，$NaNO_2$ 对人体有毒害作用，误食一定量可能导致中毒，甚至死亡。因此，在保管、使用直至最后废液处理的全过程都要特别重视。

2. 电解磨削的设备

电解磨削的设备主要包括直流电源、电解液系统和电解磨床。其中，电解磨削设备可分为电解工具磨床、卧式或立式电解平面磨床、电解外圆磨床、电解内圆磨床及电解成形磨床。它与普通磨床的主要区别是带有直流电源及电解液供给系统、工具与工件间绝缘、机床的防腐处理及抽风装置。

电解磨削用的直流电源要求有可调的电压（5~20 V）和较硬的外特性，最大工作电流视加工面积和所需生产率可以是 10~1 000 A。只要功率许可，一般可以和电解加工的直流电源设备通用。

供应电解液的循环泵一般用小型的离心泵，但最好是耐酸、耐蚀的。还应该有过滤和沉淀电解液杂质的装置。在电解过程中有时会产生对人体有害的气体（如一氧化碳等），因此在机床上最好设有强制抽气装置或中和装置，否则至少应在空气较流通的地点操作。

电解液的喷射一般用管子和扁喷嘴，喷嘴接在砂轮的上方，向工作区域喷注电解液。电解磨床与一般磨床相仿，在没有专用磨床时，也可以用其他磨床改装，改装工作如下。

1）增加电刷导电装置。
2）将砂轮主轴和床身绝缘，不让电流有可能在轴承的摩擦面间流过。
3）将工件、夹具、机床绝缘。
4）增加机床对电解液的防溅、防锈装置。为了减轻和避免机床的腐蚀，机床与电解液接触的部分应选择耐蚀性好的材料。

3. 电解磨削的砂轮

一般需要专门制造的导电砂轮，常用的有铜基和石墨两种。铜基导电砂轮的导电性能好，加工间隙可采用反电解法得到，即把导电砂轮接阳极，进行电解，此时铜基逐渐被溶解下来，达到所需的溶解量（即加工间隙值）后，停止反电解，磨粒暴露在铜基之外的尺寸即所需的加工间隙，所以铜基砂轮的加工生产率高；石墨砂轮不能反电解加工，但磨削时石墨与工件之间会产生火花放电，同时具有电解磨削和电火花磨削的双重作用。同时在断电后的精磨过程中，石墨具有润滑、抛光的作用，可获得较好的表面粗糙度。

导电砂轮的磨料有烧结刚玉、白刚玉、高强度陶瓷、碳化硅、碳化硼、人造宝石、金刚石等。最常用的是金刚石导电砂轮，因为金刚石磨粒具有很高的耐磨性，能比较稳定地保持两极间的距离，使加工间隙稳定，而且可以在断电后对像硬质合金一类的高硬材料进行精磨，可提高精度和改善表面粗糙度。

5.3.4　电解磨削的应用

电解磨削由于集中了电解加工和机械磨削的优点，因此在生产中已用来磨削一些高硬度的零件，如各种硬质合金刀具、量具、挤压拉丝模具、轧辊等。对于普通磨削很难加工的小孔、深孔、薄壁、细长杆零件等，电解磨削也能显出其优越性。对于复杂型面的零件，也可采用电解研磨和电解珩磨，因此电解磨削的应用范围正在日益扩大。

1. 硬质合金刀具的电解磨削

用氧化铝导电砂轮电解磨削硬质合金车刀和铣刀，表面粗糙度可达 $Ra0.2 \sim 0.1 \ \mu m$，刃口半径 0.02 mm，直线度也较普通砂轮磨出得好。

采用金刚石导电砂轮磨削加工精密丝杠的硬质合金成形车刀，表面粗糙度可小于 $Ra0.016 \ \mu m$，刃口非常锋利，效率可提高 2~3 倍，而且大大节省了金刚石砂轮，一个金刚石砂轮可用 5~6 年。同时用电解磨削磨削轧制钻头，生产率和质量都比普通砂轮磨削时高，而砂轮消耗和成本也大为降低。

2. 硬质合金轧辊的电解磨削

硬质合金轧辊如图 5-17 所示。采用金刚石导电砂轮进行电解成形磨削，轧辊的型槽精度为±0.02 mm，型槽位置精度为±0.01 mm，表面粗糙度为 $Ra0.2 \ \mu m$，工件表面不会产生微裂纹，无残余应力，加工效率高，并大大提高了金刚石砂轮的使用寿命。

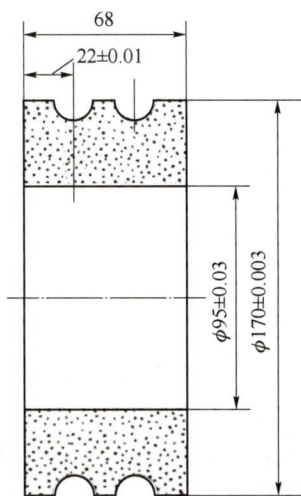

图 5-17　硬质合金轧辊

3. 电解珩磨

对于小孔、深孔、薄壁筒零件，可以采用电解珩磨。电解珩磨的生产率比普通珩磨的高，表面粗糙度也可得到改善。以齿轮为例，电解珩磨已在生产中得到应用，它的生产率比机械珩齿高，珩轮的磨损量也少。

4. 电解研磨

将电解加工与机械研磨结合在一起，就构成了一种新的加工方法——电解研磨。电解研磨加工采用钝化型电解液，利用机械研磨能去除表面微观平面度各高点的钝化膜，使其露出基体金属并再次形成新的钝化膜，实现表面的镜面加工，如图 5-18 所示。目前已应用于金属冷轧轧辊、大型船用柴油机轴类零件、大型不锈钢化工容器内壁及不锈钢太阳能电池基板的镜面加工。

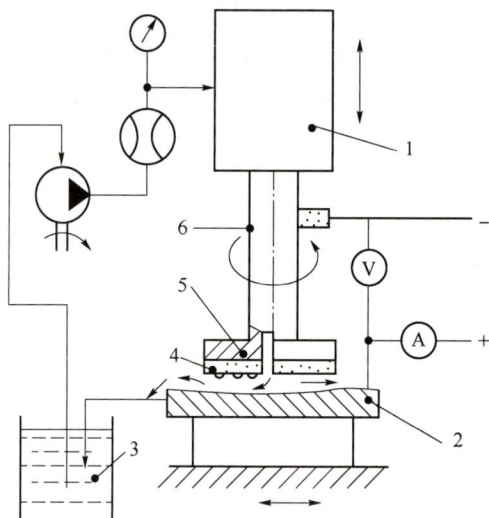

图 5-18　电解研磨加工

1—回转装置；2—工件；3—电解液；4—研磨材料；5—工具电极；6—主轴

任务拓展

了解中极法电解磨削，请扫描二维码进行学习。

任务实施

步骤一：通过图书馆、中国知网、精品在线开放课程等检索近年来电解磨削的相关文献。

步骤二：总结近年来电解磨削工艺的发展现状。

步骤三：针对电解磨削的某一方面（原理、影响加工质量因素、电解液与设备以及具体应用等）做具体论述。

问题探究

1）电解磨削是利用_____来分解所需磨除金属表面的加工。

2）按照电解磨削加工过程原理图，电流从工件通过_____流向磨轮，形成通路。于是工件表面的金属在电流和电解液的作用下发生电解作用，被氧化成为一层极薄的氧化物或氢氧化物薄膜，一般称为_____。

3）影响电解磨削生产率的因素有：电化学当量、_____、磨削压力、_____。

4）影响电解磨削加工精度的因素有：_____、阴极导电面积和磨粒轨迹、_____和机械因素。

5）导电砂轮的磨料有烧结刚玉、白刚玉、高强度陶瓷、碳化硅、碳化硼、人造宝石、金刚石等，最常用的是_____。

任务评价

任务评价按照学生任务分配表中的项目和评分标准进行。

活动过程小组评价表

		电解磨削					
序号	考核评价指标	评价要素	学生自评	小组互评	教师评价	配分	成绩
1	过程考核	专业能力	复述电解磨削的概念、原理及特点				30	
			复述影响电解磨削生产率和加工精度的因素					
			复述电解磨削的电解液及其设备					
			复述电解磨削的应用					
2		方法能力	电解磨削信息搜集，自主学习，分析、解决问题、归纳总结及创新能力				30	
3		社会能力	团队协作、沟通协调、语言表达能力及服务意识等				10	
4	常规考核		自学笔记				10	
5			课堂纪律				10	
6			回答问题				10	

总结反思

1）学到的新知识有哪些?

_____

_____

_____

2）掌握的新技能有哪些?

_____

_____

_____

3）你对自己在本次任务中的表现是否满意？写出课后反思。

_____

_____

_____

5.4 电沉积加工

任务描述

通过学习本部分内容，能够复述电沉积加工中电镀加工、电铸加工、复合镀加工、特殊形式电沉积加工及电沉积发展趋势等。要求：以小组为单位，查阅相关文献或网站，总结当前关于电沉积加工主要方式的具体应用、优缺点及发展趋势。

学前准备

电沉积（Electrodeposition）是指金属或合金从其化合物水溶液、非水溶液或熔盐中电化学沉积的过程。电沉积加工是电化学加工中阴极沉积材料类加工技术，是电镀、电铸、复合镀等加工过程的统称。这些过程在一定的电解质和操作条件下进行，金属电沉积的难易程度以及沉积物的形态与沉积金属的性质有关，也依赖于电解质的组成、pH 值、温度、电流密度等因素。其中电镀和电铸是应用最为广泛的技术，两者看上去非常接近，但也存在显著区别：一是层厚不同，电镀层的厚度通常在几微米到几十微米之间，电铸层的厚度则要厚许多，通常为毫米级别，有时甚至厚达几厘米；二是结合性不同，电镀层要求与基体材料结合得越牢固越好，电铸层一般最终需要与基体（即原模）分离。本任务以电沉积加工为引导，你能查阅资料，简要地介绍主要电沉积加工方式的具体应用、优缺点及发展趋势吗？请扫描二维码进行任务学前的准备。

学习目标

1）能复述电沉积加工的概念。
2）能复述电镀加工的概念、电镀原理及分类。
3）能复述电铸加工的概念、原理、特点、工艺过程及要点。
4）能复述复合镀加工的概念与分类，以及电镀金刚石工具的工艺及应用。
5）能复述特殊形式电沉积加工中的涂镀加工、喷射电沉积工艺。
6）能复述电沉积加工的发展趋势。

知识导图

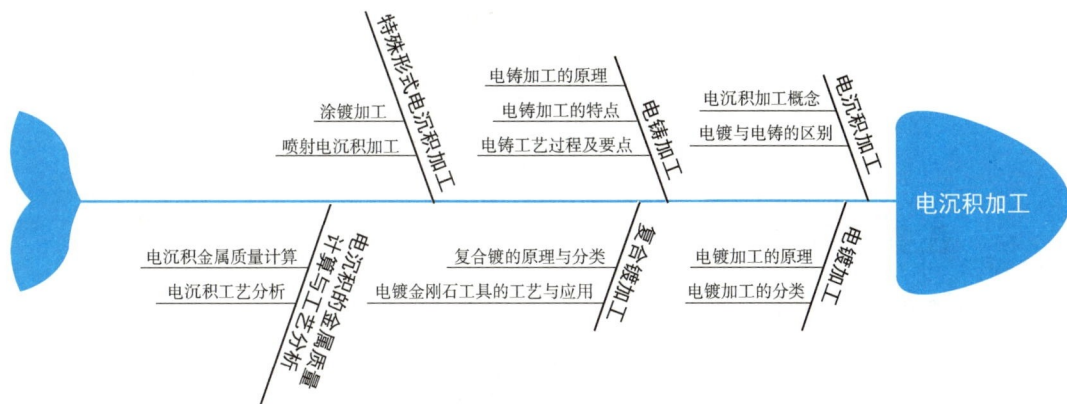

相关知识

5.4.1　电镀加工

请扫二维码进行电镀加工知识的学习。

5.4.2　电铸加工

请扫二维码进行电铸加工知识的学习。

5.4.3　复合镀加工

请扫二维码进行复合镀加工知识的学习。

5.4.4 特殊形式电沉积加工

请扫二维码进行特殊形式电沉积加工知识的学习。

任务拓展

了解电沉积的金属质量计算与工艺分析，请扫描二维码进行学习。

任务实施

步骤一：通过图书馆、中国知网等线上线下资源检索近年来电沉积加工的相关文献。

步骤二：总结近年来电沉积加工相关工艺的发展现状。

步骤三：针对电沉积加工某种技术（电镀加工、电铸加工、复合镀加工、特殊形式电沉积加工等）进行具体论述。

问题探究

1. 电沉积是指_____或合金从其化合物水溶液、_____或熔盐中电化学沉积的过程。

2. 电镀就是利用_____在某些金属表面上镀上一薄层其他金属或合金的过程，起到_____，提高耐磨性、导电性、反光性及增进美观等作用。

3. 从电镀层的使用功能考虑，镀层分为_____和_____。

4. 电铸加工的主要工艺为：原模表面处理→_____→脱模→清洗干燥→_____。

5. 涂镀又称_____，是在金属工件表面局部快速电化学沉积金属的技术。

任务评价

任务评价按照学生任务分配表中的项目和评分标准进行。

活动过程小组评价表

			电沉积加工					
序号	考核评价指标		评价要素	学生自评	小组互评	教师评价	配分	成绩
1	过程考核	专业能力	能复述电沉积加工的概念				30	
			能复述电镀加工的概念、电镀原理及分类					
			能复述电铸加工的概念、原理、特点、工艺过程及要点					
			能复述复合镀加工的概念与分类，以及电镀金刚石工具的工艺及应用					
			能复述特殊形式电沉积加工中的涂镀加工、喷射电沉积加工工艺					
2		方法能力	电沉积加工信息搜集，自主学习，分析、并解决问题、归纳总结及创新能力				30	
3		社会能力	团队协作、沟通协调、语言表达能力及服务意识等				10	
4	常规考核		自学笔记				10	
5			课堂纪律				10	
6			回答问题				10	

总结反思

1）学到的新知识有哪些？

_____

_____

_____

2）掌握的新技能有哪些？

_____

_____

_____

_____

3）你对自己在本次任务中的表现是否满意？写出课后反思。

_____

_____

_____

拓展知识

请扫描二维码进行拓展知识的学习。

项目思考与练习

5-1　在电解加工过程中还有一种叫钝化的现象，它使金属阳极_____的超电位升高，使电解速度_____。

5-2　电解机床需要有足够的刚性、_____、防腐绝缘性能好、安全保护和_____。

5-3　电解液系统是电解加工系统中的重要组成部分，它的作用是连续平稳地向加工区供给_____、_____、_____和清洁的电解液，并顺利地将电解产物带走，形成良好的循环通路。

5-4　电铸加工是电化学加工技术中的一项精密、_____技术，其电化学原理与电镀一致，同为_____过程，即在作为阴极的原模（芯模）上，不断还原、沉积金属正离子而逐渐成形电铸件。

5-5　提高电解加工精度的途径有哪些？

5-6　电解加工的主要应用有哪些？

5-7　电解加工与电解磨削在电解液方面有何区别？

5-8　电解磨削的特点有哪些？

5-9　电解磨削的应用有哪些？

项目6 高能束加工技术

项目学习导航

学习目标	➢ 素质目标 　1）塑造学生爱国敬业、使命奉献的核心价值观。 　2）培养学生严谨细致、精益求精的工匠精神。 　3）培养学生实践应用、自主探究的创新精神。 　4）培养学生团队协作、安全文明的职业素养。 ➢ 知识目标 　1）了解高能束加工技术及其发展趋势。 　2）掌握激光加工、电子束、离子束和等离子弧加工的原理和特点。 　3）理解激光加工、电子束、离子束和等离子弧加工方法及应用。 ➢ 能力目标 　1）能掌握高能束特种加工的概念、特点、方法及应用。 　2）能理解激光加工、电子束、离子束和等离子弧加工技术的基本工艺流程。 　3）能理解激光加工、电子束、离子束和等离子弧加工技术的应用领域
教学重点	高能束加工的概念、特点、方法及应用
教学难点	激光加工、电子束、离子束和等离子弧加工技术的原理
建议学时	4 学时

项目导入

高能束（High Energy Density Beam）加工技术是特种加工技术的重要分支之一，是指利用激光束、电子束、离子束等高能量密度的束对材料或构件进行的特种加工技术。它的主要技术领域有激光加工技术（Laser Beam Machining LBM）、电子束加工技术（Electron Beam Machining，EBM）、离子束加工（Ion Beam Machining IBM）及等离子弧加工（Plasma Arc Machining，PAM）技术以及高能束复合加工技术等。它包括打孔、切割、焊接、成形、表面改性、刻蚀、精密及微细加工等。高能束加工技术是当今制造技术发展的前沿领域，是先进科技与制造技术相结合的产物，具有常规加工方法无可比拟的优点，如非接触加工、能量密度高且可调范围大、束流可控性好、快速升温及冷却、材料加工范围广等。最常见的有激光加工、电子束加工、离子束加工、等离子弧加工，其中激光加工、电子束加工、离子束加工被称为三束加工。

高能束加工技术以高能量密度束流（激光束、电子束、离子束等）和等离子弧为热源与材料作用，从而实现材料去除、连接、生长和改性。该技术具有独特的技术优势，被誉为21世纪先进制造技术之一，受到越来越多的重视，应用领域也在不断扩大。经过多年的发展，高能束加工技术已经应用到焊接、表面工程和快速制造等方面，在航空、航天、船舶、兵器、交通、医疗等诸多领域发挥了重要作用。

我国唯一拥有三束加工技术的国家级国防科技重点实验室——高能束加工技术国防科技重点实验室，它在北京航空制造工程研究所原有激光、电子束和等离子加工技术基础上建立起来的国家级重点实验室，主要从事激光、电子束和等离子等加工技术的研究和专用装备的开发，是我国高能束加工技术的重要研究基地，为我国武器装备制造工业提供先进的制造技术。实验室利用大量科研成果，开发了一批高能束加工专用设备，如激光打孔和切割设备、电子束焊接设备、热喷涂设备、磨粒流机床等，居国内领先水平，并已广泛应用在航空、航天、电子、兵器等国防工业及民用工业的制造中，促进了高能束技术在工业中的应用。

任务分组

学生任务分配表

班级			组号		指导教师	
组长			学号			
组员	学号	姓名		学号		姓名
任务分工						

6.1　激光加工技术

任务描述

通过学习本部分内容，能够复述激光加工的概念、特点和方法，并能够概括其主要应用。要求：以小组为单位，通过查阅相关文献、网站等，总结关于当前激光加工的应用领域，并提交一份对应的研究分析报告。

学前准备

激光技术是 20 世纪 60 年代初发展起来的一门学科，激光的应用领域非常广泛，如医学领域，在美国所有手术中利用激光进行手术的比例已经达到 10% 左右；军事领域中激光测距、激光制导、激光通信及激光武器都有大量的应用；信息产业中激光全息存储技术则是一种利用激光干涉原理将图文等信息记录在感光介质上的大容量信息存储技术。但到目前为止，应用最多的还是在材料加工领域，已逐步形成了一种崭新的加工方法——激光加工。

激光加工主要应用于打孔、切割、成形、焊接、热处理等领域。由于激光加工不需要加工刀具，而且加工速度快，表面变形小，可以加工各种材料，已经在生产实践中越来越多地显示出了它的优越性，受到人们的普遍重视。你能查阅资料，了解激光加工的相关知识及最新的应用吗？请扫描二维码进行任务学前的准备。

学习目标

1）能复述激光加工的原理。
2）能复述激光加工基本设备的组成部分。
3）能理解激光加工技术的应用领域与基本加工工艺。
4）能概括激光的特性。

知识导图

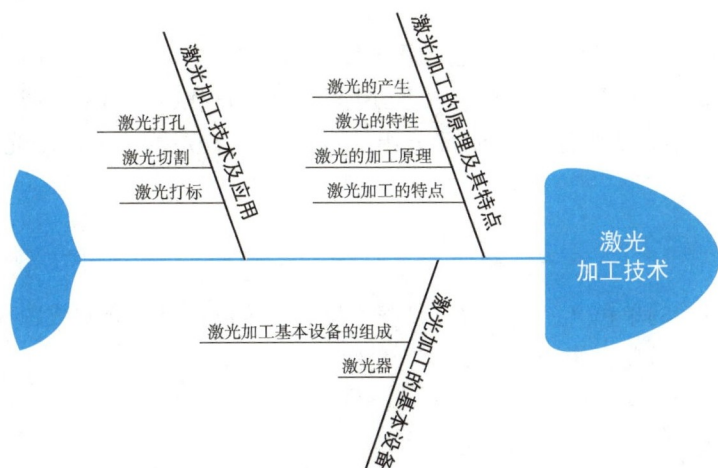

相关知识

20 世纪 60 年代初,世界上第一台激光器诞生后,科研工作者对激光进行了多方面的研究,激光技术得到快速发展。在材料加工方面,激光加工技术已逐步成为一种全新的特种加工方法。激光加工是利用光的能量经过透镜聚焦后在焦点上达到很高的能量密度,依靠光热效应来加工各种材料的方法。人们曾用透镜将太阳光聚焦,使纸张、木材引燃,但无法用作材料加工。这是因为:一是地面上太阳光的能量密度不高;二是太阳光不是单色光,而是红、橙、黄、绿、青、蓝、紫等多种不同波长的多色光,因此聚焦后的焦点并不在同一平面内。激光加工技术是涉及光、机、电、材料及检测等多门学科的一门综合技术,它的研究范围一般可分为激光加工系统和激光加工工艺。

多学一点

激光最初的中文名称为"镭射""莱塞",是它的英文名称 Laser 的音译,是取自英文 Light Amplification by Stimulated Emission of Radiation 各单词首字母组成的缩写词,意思是"通过受激发射光扩大"。激光的英文全名已经完全表达了制造激光的主要过程。1964 年,按照我国著名科学家钱学森的建议将"光受激发射"改称"激光"。

激光是 20 世纪以来,继原子能、计算机、半导体之后,人类的又一重大发明,被称为"最快的刀""最准的尺""最亮的光"和"奇异的激光"。它的亮度为太阳光的 100 亿倍。它的原理早在 1916 年已被著名的物理学家爱因斯坦发现,但直到 1958 年激光才被首次成功应用于制造业。激光是在有理论准备和生产实践迫切需要的背景下诞生的,它一问世,就获得了异乎寻常的飞速发展。激光的发展不仅使古老的光学科学和光学技术获得了新生,而且导致整个一门新兴产业的出现。激光可使人们有效地利用前所未有的先进方法和手段,去获得空前的效益和成果,从而促进生产力的发展。

激光加工作为先进制造技术已广泛应用于汽车、电子、电器、航空、冶金和机械制造等国民经济的重要部门,对提高产品质量、劳动生产率、自动化、无污染和减少材料消耗等起到越来越重要的作用。激光加工由四部分组成,分别是激光器、电源、光学系统和机械系统。

6.1.1　激光加工的原理及其特点

只有激光是可控的单色光,强度高,能量密度大,可以在空气介质或者其他气氛中高速加工各种材料。以下首先介绍激光是如何产生的。

1. 激光的产生

(1) 光的物理概念

光具有波粒二象性。根据光的电磁学说,可以认为光实质上是在一定波长范围内的电磁波。同样也有波长 λ、频率 v、波速 c(在真空中,$c = 3 \times 10^{10}$ cm/s $= 3 \times 10^8$ m/s),它们三者

228

之间的关系为

$$\lambda = \frac{c}{v}$$

如果把所有电磁波按波长和频率依次进行排列，就可以得到电磁波波谱，如图6-1所示。人们能够看见的光为可见光，它的波长为 0.40~0.76 μm。可见光根据波长不同分为红、橙、黄、绿、蓝、青、紫七种光，波长大于 0.76 μm 的为红外光或红外线，小于 0.40 μm 的光为紫外光或紫外线。

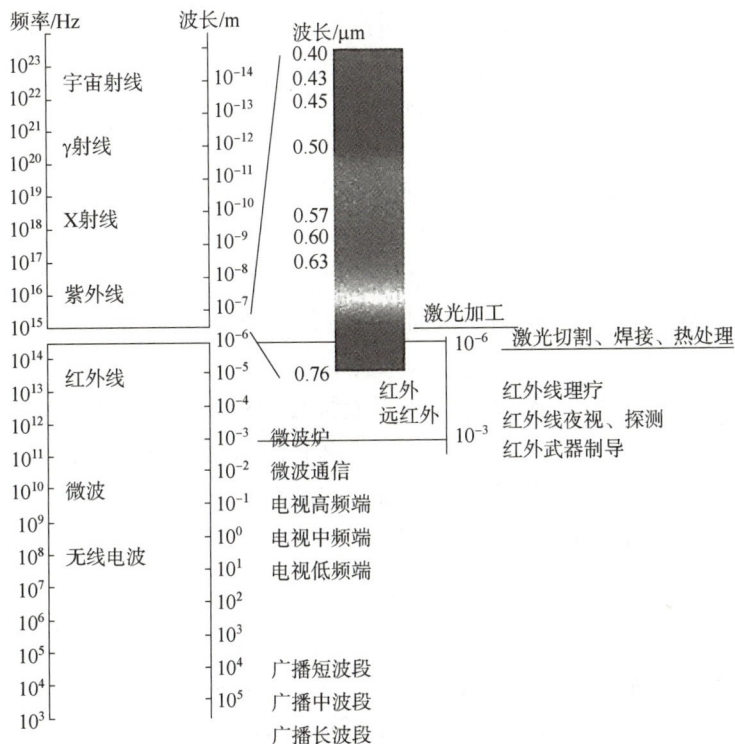

图 6-1 电磁波波谱

多学一点

根据光的量子学说，又可以认为光是一种具有一定能量的以光速运动的粒子流，这种具有一定能量的粒子就称为光子。不同频率的光对应于不同能量的光子，光子的能量与光的频率成正比，即

$$E = hv$$

式中 E——光子能量；

　　h——普朗克常数；

　　v——光的频率。

对应于波长为 0.4 μm 的紫光的光子能量为 4.96×10^{-17} J；对应于波长为 0.7 μm 的红光的光子能量为 2.84×10^{-17} J。一束光的强弱与这束光所含的光子多少有关，对同一频率的光

来说，所含的光子数多，即表现为强；反之，表现为弱。

（2）原子的发光

原子由原子核和绕原子核转动的电子组成。原子的内能就是电子绕原子核转动的动能和电子被原子核吸引的位能之和。如果由于外界的作用，电子与原子核的距离增大或缩小，则原子的内能也随之增大或缩小。

只有电子在最靠近原子核的轨道上运动才是最稳定的，人们把这时原子所处的能级状态称为基态。当外界传给原子一定的能量时（如用光照射原子），原子的内能增加，外层电子的轨道半径扩大，被激发到高能级，称为激发态或高能态。

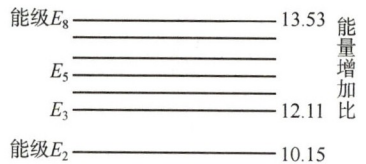

图 6-2 所示为氢原子的能级，图中最低的能级 E_1 称为基态，其余 E_2、E_3 等都称为高能态。

被激发到高能级的原子一般是很不稳定的，它总是力图回到能量较低的能级去，原子从高能级回落到低能级的过程称为"跃迁"。

图 6-2　氢原子的能级

在基态时，原子可以长时间地存在，而在激发状态的各种高能级的原子停留时间（称为寿命）一般较短，常为 0.01 μs 左右。但有些原子或离子的高能级或次高能级有较长的寿命，这种寿命较长的较高能级称为亚稳态能级。激光器中的氩原子、二氧化碳分子及固体激光材料中的铬离子或钕离子等都具有亚稳态能级，这些亚稳态能级的存在是形成激光的重要条件。

多学一点

当原子从高能级（亚稳态）跃迁回到低能级（基态）时，常常会以光子的形式辐射出光能量，所放出光的频率 f 与高能态 E_n 和低能态 E_1 之差有如下关系：

$$f = \frac{E_n - E_1}{h}$$

原子从高能级自发地跃迁到低能级而发光的过程称为自发辐射。当一束光入射到具有大量激发态原子的系统中时，若这束光的频率 f 与 $\frac{E_n - E_1}{h}$ 很接近，则处在激发能级上的原子在这束光的刺激下会跃迁回较低能级，同时发出一束光，这束光与入射光有着完全相同的特性，它的频率、相位、传播方向、偏振方向都是完全一致的，这样的发光过程称为受激辐射。

（3）激光的产生

某些具有亚稳态能级结构的物质，在一定外来光子能量激发的条件下，会吸收光能，使处在较高能级的原子（或粒子）数目大于处于低能级的原子数目，这种现象称为"粒子数反转"。在粒子数反转的状态下，如果有一束光子照射该物体，而光子的能量恰好等于这两个能级相对应的能量差，这时就能产生受激辐射，输出大量的光能。

多学一点

　　例如，人工晶体红宝石的基本成分是氧化铝，其中掺有 0.05% 的氧化铬，正铬离子镶嵌在氧化铝的晶体中，能发射激光。当脉冲氖灯照射红宝石时，会使处于低能级 E_1 的铬离子大量激发到高能级 E_n，由于 E_n 寿命很短，处于 E_n 级的铬离子又很快地跳到寿命较长的能级 E_2。如果照射光足够强，就能够在 0.003 s 内，把半数以上的原子激发到高能级 E_n，并转移到 E_2，从而在 E_2 和 E_1 之间实现粒子数反转，如图 6-3 所示。这时当有频率 $f = \dfrac{E_n - E_1}{h}$ 的光子去照射刺激它时，就可以产生从能级 E_2 到 E_1 的受激辐射跃迁，出现雪崩式连锁反应，发出频率 $f = \dfrac{E_n - E_1}{h}$ 的单色性好的光，这就是激光。

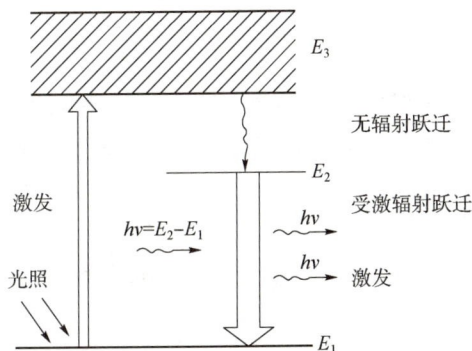

图 6-3　粒子数反转的建立和激光的形成

2. 激光的特性

　　激光也是一种光，它具有一般光的共性，也有它的特性。普通光源的发光以自发辐射为主，基本上是无秩序地、相互独立地产生光发射的，发出的光波无论方向、相位或偏振状态都是不同的。激光则不同，它的光发射是以受激辐射为主，发光物质基本上是有组织地、相互关联地产生光发射的，发出的光波具有相同的频率、方向、偏振态和严格的相位关系。正是这个质的区别才导致激光具有强度高、单色性好、相干性好和方向性好等特点。

多学一点

　　了解激光特性的具体内容，请扫描二维码进行学习。

3. 激光的加工原理

　　由于激光的发散角小和单色性好，理论上可以聚焦到尺寸与光的波长相近的（微米甚至亚微米）小斑点上，加上它本身强度高，故可以使其焦点处的功率密度达到 $10^8 \sim 10^{11}$ W/cm^2，温度可达 10 000 ℃以上。在这样的高温下，任何材料都将瞬时急剧熔化和汽化，并爆炸性地高速喷射出来，同时产生方向性很强的冲击波。因此，激光加工是工件在光热效应下产生高温熔融和受冲击波抛出的综合过程，如图6-4所示。

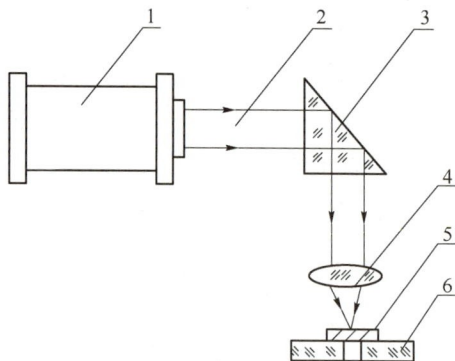

图 6-4　激光加工

1—激光器；2—激光束；3—全反射棱镜；4—聚焦物镜；5—工件；6—工作台

激光加工以激光为热源，对材料进行热加工，其过程大体分为：激光束照射材料，材料吸收光能，光能转变为热能使材料加热，通过汽化和熔融溅出使材料去除或改性等。不同的加工工艺有不同的加工过程，有的要求激光对材料加热并去除材料，如打孔、切割、动平衡、微调等；有的要求将材料加热到熔化程度而不要求去除，如焊接加工；有的要求加热到一定温度使材料产生相变，如热处理等；有的则要求尽量减少激光的热影响，如激光冲击成形。

4. 激光加工的特点

1）由于激光的功率密度高，加工的热作用时间很短，热影响区小，因此几乎可以加工任何材料，如各种金属材料、非金属材料（陶瓷、金刚石、立方氮化硼、石英等）。

2）激光加工不需要工具，不存在工具损耗、更换和调整等问题，适合自动化连续操作。

3）激光束可聚焦到微米级，输出功率可以调节，且加工中没有机械力的作用，故适合精密微细加工。

4）激光可以透过透明的物质（如空气、玻璃等），故可以在任意透明的环境中操作，包括空气、惰性气体、真空甚至某些液体。

5）激光加工不受电磁干扰。

6）激光除了用于材料的蚀除加工外，还可以进行焊接、热处理、表面强化或涂敷、引发化学反应等加工。

6.1.2　激光加工的基本设备

1. 激光加工基本设备的组成

激光加工的基本设备包括激光器、电源、光学系统及机械系统四大部分。

1）激光器把电能转变成光能，产生激光束。

2）激光器电源为激光器提供所需要的能量及控制功能。

3）光学系统包括激光聚焦系统和观察瞄准系统。观察瞄准系统能观察和调整激光束的焦点位置，并将加工位置显示在投影仪上。

4）机械系统主要包括床身、能在三坐标范围内移动的工作台及机电控制系统等，目前已实现数控操作。

2. 激光器

激光器按工作物质的种类可分为固体激光器、气体激光器、液体激光器和半导体激光器四大类。由于 He-Ne 气体激光器所产生的激光不仅容易控制，而且方向性、单色性及相干性都比较好，因而在机械制造的精密测量中被广泛采用。而在激光加工中则要求输出功率与能量都大，目前多采用二氧化碳、氩离子等气体激光器以及红宝石、钕玻璃和钇铝石榴石等固体激光器。按激光的工作方式可大致分为连续激光器和脉冲激光器。表 6-1 列出了激光加工常用激光器的主要性能特点。

表 6-1　常用激光器的主要性能特点

种类	工作物质	激光波长/μm	发散角/rad	输出方式	输出能量或功率	主要用途
固体激光器	红宝石	0.69	$10^{-2} \sim 10^{-8}$	脉冲	几焦耳至 10 焦耳	打孔、焊接
	钕玻璃	1.06	$10^{-2} \sim 10^{-3}$	脉冲	几焦耳至几十焦耳	打孔、焊接
	钇铝石榴石	1.06	$10^{-2} \sim 10^{-3}$	脉冲	几焦耳至几十焦耳	打孔、切割、焊接、微调
				连续	100~1 000 W	
气体激光器	二氧化碳	10.6	$10^{-2} \sim 10^{-3}$	脉冲	几焦耳	切割、焊接、热处理、微调
				连续	几十瓦至几千瓦	
	氩	0.514 5 0.488 0				光盘录刻存储

（1）固体激光器

固体激光器一般采用光激励，能量转化环节多，光的激励能量大部分转换为热能，所以效率低。为了避免固体介质过热，固体激光器通常多采用脉冲工作方式，并用合适的冷却装置，较少采用连续工作方式。由于晶体缺陷和温度引起的光学不均匀性，固体激光器不易获得单模而倾向于多模输出。

多学一点

固体激光器按照工作物质分为红宝石激光器、钕玻璃激光器和钇铝石榴石激光器等。要了解固体激光器的工作原理，请扫描二维码进行学习。

（2）气体激光器

气体激光器一般采用电激励，因其效率高、寿命长、连续输出功率大，所以广泛用于切割、焊接、热处理等加工。常用于材料加工的气体激光器有二氧化碳激光器、氩离子激光器等。

固体激光器和气体激光器之间的区别是什么？

6.1.3 激光加工技术及应用

1. 激光打孔

随着近代工业技术的发展，硬度大、熔点高的材料应用越来越多，并且常常要求在这些材料上打出又小又深的孔，如钟表或仪表的宝石轴承、钻石拉丝模具、化学纤维的喷丝头及火箭或柴油发动机中的燃料喷嘴等。这类加工任务用常规的机械加工方法很难实现，有的甚至是不可能的，若用激光打孔，则能比较好地完成任务，如图 6-5 所示。

图 6-5　激光打孔

激光打孔的原理为加工头将激光束聚焦在材料上需加工孔的位置，适当选择各加工参数，激光器发出光脉冲就可以加工出所需要的孔。

激光打孔的特点如下。

1）加工能力强、效率高，几乎所有的材料都能用激光打孔。

2）打孔孔径范围大。

3）激光打孔为非接触式加工，不存在工具磨损及更换问题。

4）由于激光能量在时空内的高度集中，故打孔效率非常高。

5）激光还可以打斜孔（不垂直加工表面）。

6）激光打孔不需要抽真空，能在大气或特殊成分气体中打孔，利用这一特点可向被加工表面渗入某种强化元素，实现打孔的同时对成孔表面的激光强化。

在激光打孔时，要详细了解打孔的材料及打孔要求。从理论上讲，激光可以在任何材料的不同位置，打出浅至几微米，深至二十几毫米的小孔，但具体到某一台打孔机，它的打孔范围是有限的。所以，在打孔之前，最好要对现有激光器的打孔范围进行充分了解，以确定能否打孔，如图 6-6 所示。

激光打孔的质量主要与激光器输出功率和照射时间、焦距与发散角、焦点位置、光斑内能量分布、照射次数及工件材料等因素有关。在实际加工中应合理选择这些工艺参数。

图 6-6 激光打孔实物

2. 激光切割

激光切割的原理与激光打孔相似，但工件与激光束要相对移动。在实际加工中，采用工作台数控技术，可以实现激光数控切割。图 6-7 所示为二氧化碳气体激光器切割钛合金。

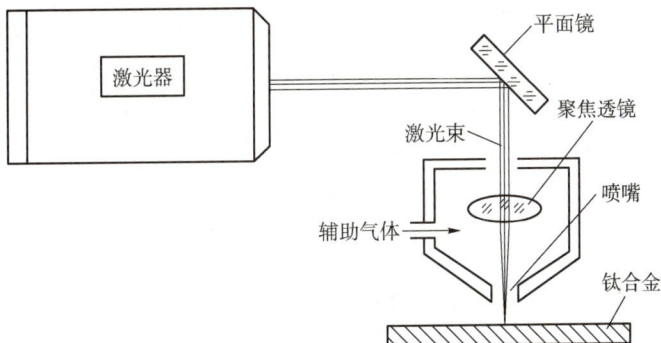

图 6-7 二氧化碳气体激光器切割钛合金

在激光切割过程中，影响激光切割参数的主要因素有激光功率、吹气压力、材料厚度等。

激光切割大多采用大功率的二氧化碳激光器，对于精细切割，也可采用 YAG 激光器。

激光可以切割金属，也可以切割非金属。在激光切割过程中，由于激光对被切割材料不产生机械冲击和压力，再加上激光切割切缝小，便于自动控制，故在实际中常用来加工玻璃、陶瓷及各种精密细小的零部件，如图 6-8 所示。

激光切割的特点如下。

1）切割速度快，热影响区小，工件被切割部位的热影响层的深度为 0.05 ~ 0.10 mm，因而热畸变形小。

2）割缝窄，一般为 0.1 ~ 1.0 mm，割缝质量好，切口边缘平滑，无塌边，无切割残渣。

3）切边无机械应力，工件变形极小。

4）无刀具磨损，没有接触能量损耗，也无须更换刀具，切割过程易于实现自动控制。

5）激光束聚焦后功率密度高，能够切割各种材料，如高熔点材料、硬脆材料等。

6）可在大气中或任意气体环境中进行切割，无须真空装置。

图 6-8　激光切割实物

3. 激光打标

激光打标利用高能量的激光束照射在工件表面，光能瞬时变成热能，使工件表面迅速蒸发，从而在工件表面刻出任意所需要的文字和图形，以作为永久防伪标志，其原理如图 6-9 所示。

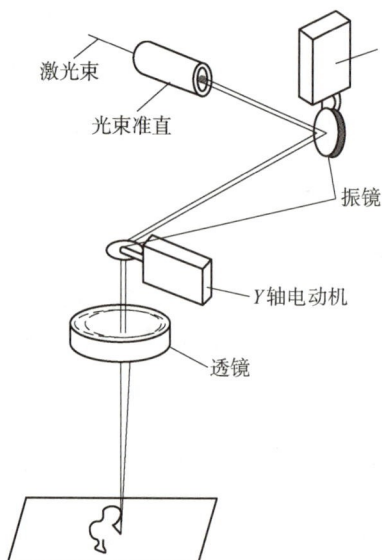

图 6-9　振镜式激光打标原理

激光打标的特点如下。

1）非接触加工可在任何异形表面标刻，工件不会变形和产生内应力，适于金属、塑料、玻璃、陶瓷、木材、皮革等各种材料。

2）标记清晰、永久、美观，并能有效防伪。

3）标刻速度快，运行成本低，无污染，可显著提高被标刻产品的档次。

激光打标广泛应用于电子元器件、汽（摩托）车配件、医疗器械、通信器材、计算机外围设备、钟表等产品和烟酒食品防伪等行业，如图 6-10 所示。

图 6-10 振镜式激光打标产品实物

想一想

除了上述应用以外，激光加工技术还有哪些应用？

任务实施

步骤一：上中国知网检索近年来激光加工技术的相关文献。

步骤二：总结近年来激光加工技术的发展现状。

步骤三：针对某一应用领域（激光打孔、激光切割、激光打标）做具体论述。

问题探究

1）激光具有_____、_____、_____和_____等特点。

2）激光加工的基本设备包括_____、_____、_____及_____四大部分。

3）激光加工常用的固体激光器按照工作物质分为_____、_____、_____等。

4）激光器按工作物质的种类可分为_____、_____、_____。

任务评价

任务评价按照学生任务分配表中的项目和评分标准进行。

活动过程小组评价表

激光加工技术							
序号	考核评价指标		评价要素	学生自评	小组互评	教师评价	配分	成绩
1	过程考核	专业能力	复述激光加工技术的概念和特点				30	
			概括激光加工的基本设备组成					
			概述激光加工技术及应用					
2		方法能力	激光加工技术基础知识信息搜集，自主学习，分析、解决问题，归纳总结及创新能力				30	
3		社会能力	团队协作、沟通协调、语言表达能力及安全文明、质量保障意识				10	
4	常规考核		自学笔记				10	
5			课堂纪律				10	
6			回答问题				10	

总结反思

1) 学到的新知识有哪些？

_____

_____

_____

2) 掌握的新技能有哪些？

_____

_____

_____

3) 你对自己在本次任务中的表现是否满意？写出课后反思。

_____

_____

_____

_____

6.2　电子束加工技术

任务描述

通过学习本部分内容，能够复述电子束加工的概念、特点和方法，并能够概括其主要应用。要求：以小组为单位，通过查阅相关文献、网站等，总结关于当前激光加工的应用领域，并提交一份对应的研究分析报告。

学前准备

电子束加工是在真空条件下，利用电子枪中产生的电子经加速、聚焦后产生的极细束流高速冲击到工件表面上极小的部位，使其产生热效应或辐射化学和物理效应，以达到预定工艺目的的加工技术。电子束加工主要用于打孔、切割、焊接及大规模集成电路的光刻加工等，在精密微细加工，尤其是微电子学领域中应用广泛。

你能查阅资料，了解电子束加工的相关知识及最新的应用吗？请扫描二维码进行任务学前的准备。

学习目标

1）能复述电子束加工的原理。
2）能复述电子束加工装置的基本结构。
3）能理解电子束加工的应用领域。

知识导图

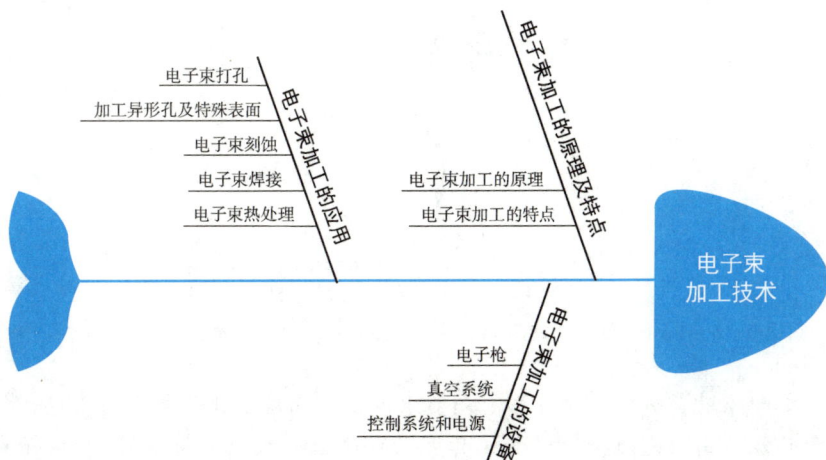

239

相关知识

6.2.1 电子束加工的原理及特点

1. 电子束加工的原理

电子束加工是在真空条件下，利用聚焦后能量密度极高的电子束，以极高的速度冲击到工件表面极小的面积上，在极短的时间内，其能量大部分转变为热能，使被冲击部分的工件材料达到几千摄氏度以上的高温，从而引起材料的局部熔化和汽化，被真空系统抽走。其原理如图 6-11 所示。

控制电子束能量密度的大小和能量注入的时间，就可以达到不同的加工目的。例如，只使材料局部加热就可进行电子束热处理；使材料局部熔化就可以进行电子束焊接；提高电子束能量密度，使材料熔化和汽化，就可进行打孔、切割等加工；利用较低能量密度的电子束轰击高分子材料时产生化学变化的原理，即可进行电子束光刻加工。

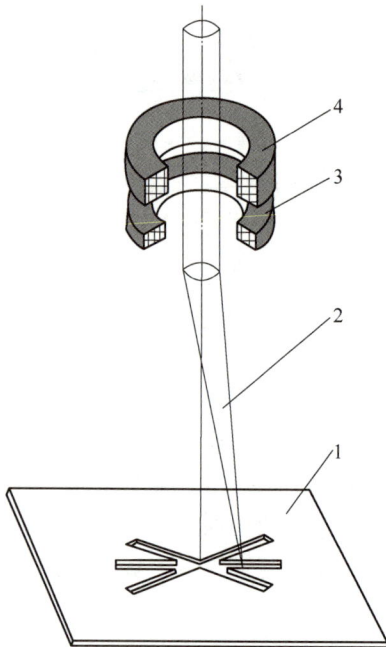

图 6-11 电子束加工的原理

1—工件；2—电子束；3—偏转线圈；4—电磁透镜

多学一点

（1）电子束热加工的原理

电子束热加工原理示意图如图 6-12 所示。通过加热发射阴极材料产生电子，在热发射效应下，电子飞离材料表面。在强电场（30~200 kV）作用下，电子经过加速和聚焦，沿电场相反的方向运动，形成高速电子束流。

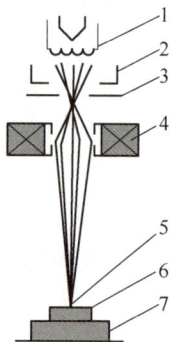

图 6-12 电子束热加工的原理

1—发射阴极；2—控制栅极；3—加速阳极；4—聚焦系统；5—电子束斑点；6—工件；7—工作台

电子束通过一级或多级会聚后，形成高能束流，当它冲击工件表面时，电子的动能瞬间大部分转变为热能。由于光斑直径极小（其直径可达微米级或亚微米级），电子束具有极高的功率密度，可使材料的被冲击部位温度在几分之一微秒内升高到几千度，其局部材料快速汽化、蒸发，从而实现加工的目的。

（2）电子束非热加工的原理

电子束非热加工是基于电子束的非热效应，利用功率密度比较低的电子束和电子胶（电子抗蚀剂，由高分子材料构成）相互作用，产生辐射化学或物理效应。当用电子束流照射这类高分子材料时，由于入射电子和高分子相互碰撞，使电子胶的分子链被切断或重新聚合而引起分子量的变化以实现电子束曝光。将这种方法与其他处理工艺联合使用，就能在材料表面刻蚀细微槽和其他几何形状。

电子束非热加工的原理如图 6-13 所示。该类工艺方法广泛应用于集成电路、微电子器件、集成光学器件、表面声波器件的制作，也适用于某些精密机械零件的制造。通常是在材料上涂覆一层电子胶（称为掩膜），用电子束曝光后，经过显影处理，形成满足一定要求的掩膜图形，而后进行不同后置工艺处理，达到加工要求，其槽线尺寸可达微米级。

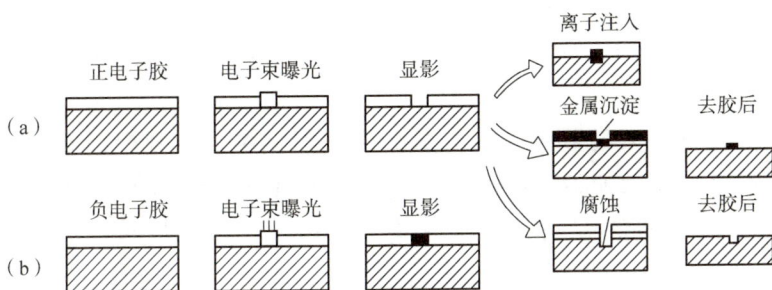

图 6-13　电子束非热加工的原理

2. 电子束加工的特点

1）由于电子束能够极其微细地聚焦，甚至能聚焦到 0.1 μm，所以加工面积可以很小，是一种精密微细的加工方法。

2）电子束的能量密度很高，因而加工生产率也很高。例如，每秒可以在 2.5 mm 厚的钢板上钻 50 个直径为 0.4 mm 的孔。

3）电子束能量密度很高，使照射部分的温度超过材料的熔化和汽化温度，去除材料主要靠瞬时蒸发，是一种非接触式加工，工件不受机械力作用，不产生宏观应力和变形，故能加工各种力学性能的导体、半导体和非导体材料。

4）可以通过磁场或电场对电子束的强度、位置、聚焦等进行直接控制，所以整个加工过程便于实现自动化。

5）由于电子束加工是在真空中进行的，因而污染少，加工表面不会氧化，特别适用于加工易氧化的金属及合金材料，以及纯度要求极高的半导体材料。

6）电子束加工需要一整套专用设备和真空系统，生产成本较高，故其应用有一定局限性。

6.2.2　电子束加工的设备

电子束加工设备的基本结构如图 6-14 所示，它主要由电子枪、真空系统、控制系统和电源等部分组成。

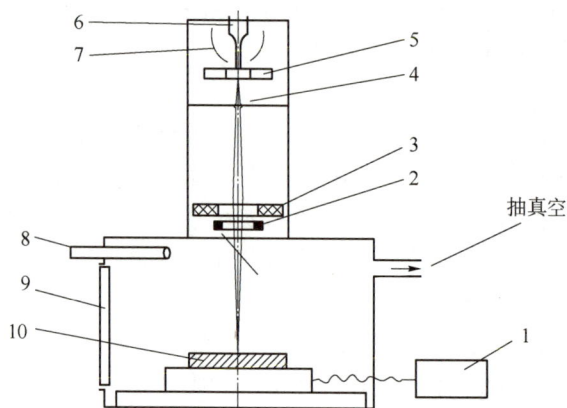

图 6-14　电子束加工设备的基本结构

1—工作台系统；2—偏转线圈；3—电磁透镜；4—光阑；5—加速阳极；6—发射电子的阴极；
7—控制栅极；8—光学观察系统；9—带窗真空室门；10—工件

1. 电子枪

电子枪是获得电子束的装置，它包括电子发射阴极、控制栅极和加速阳极等，如图 6-15 所示。阴极经电流加热发射电子，带负电荷的电子高速飞向带高电位的阳极，在飞向阳极的过程中，经过加速极加速，又通过电磁透镜把电子束聚焦成很小的束斑。

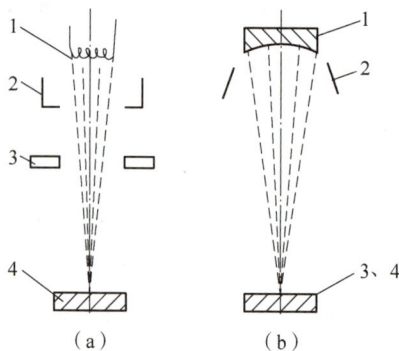

图 6-15　电子枪

（a）丝状阴极；（b）块状阴极

1—发射电子的阴极；2—控制栅极；3—加速阳极；4—工件

发射阴极一般用钨和钽制成，在加热状态下发射大量电子。在小功率时用钨和钽做成丝状阴极，如图 6-15（a）所示，大功率时用钽做成块状阴极，如图 6-15（b）所示；图 6-15 中的控制栅极为中间有孔的圆筒形，其上加以较阴极为负的偏压，既能控制电子束的强弱，又有初步的聚焦作用。加速阳极通常接地，而阴极具有很高的负电压，所以能驱使电子加速。

2. 真空系统

真空系统是为了保证在电子束加工时维持 $1.33 \times 10^{-2} \sim 1.33 \times 10^{-4}$ Pa 的真空度，因为只有在高真空中电子才能高速运动。此外，加工时的金属蒸气会影响电子发射，产生不稳定现象，因此也需要不断地把加工中生产的金属蒸气抽出去。

真空系统一般由机械旋转泵和油扩散泵或涡轮分子泵两级组成，先用机械旋转泵把真空室抽至 1.40~0.14 Pa，然后由油扩散泵或涡轮分子泵抽至 0.014 00~0.000 14 Pa 的高真空度。

3. 控制系统和电源

电子束加工装置的控制系统包括束流聚焦控制、束流位置控制、束流强度控制及工作台位移控制等。

束流聚焦控制是为了提高电子束的能量密度，使电子束聚焦成很小的束斑，它基本上决定着加工点的孔径或缝宽。聚焦方法有两种：一种是利用高压静电场使电子流聚焦成细束；另一种是利用"电磁透镜"，靠磁场聚焦（图 6-14）。后者比较安全、可靠。

束流位置控制是为了改变电子束的方向，常用电磁偏转来控制电子束焦点的位置。如果使偏转电压或电流按一定程序变化，电子束焦点便按预定的轨迹运动。

工作台位移控制是为了在加工过程中控制工作台的位置。因为电子束的偏转距离只能在数毫米之内，过大将增加像差和影响线性，因此在大面积加工时需要用伺服电动机控制工作台移动，并与电子束的偏转相配合。

电子束加工装置对电源电压的稳定性要求较高，常用稳压设备。这是因为电子束聚焦及阴极的发射强度与电压波动有密切关系。

6.2.3　电子束加工的应用

电子束加工按其加功率密度和能量注入时间的不同，可用于打孔、焊接、热处理、刻蚀等多方面。图 6-16 是电子束加工的应用范围。下面就其主要加工应用加以说明。

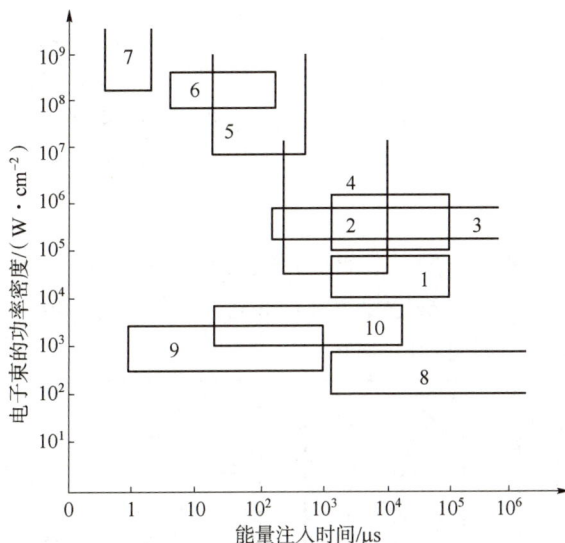

图 6-16　电子束加工的应用

1—淬火硬化；2—熔炼；3—焊接；4—打孔；5—钻、切割；6—刻蚀；7—升华；8—塑料聚合；9—照射电子抗蚀剂；10—塑料打孔

1. 电子束打孔

电子束打孔已在航空航天、电子、化纤及制革等工业生产中得到实际应用，目前最小直径可达 0.001 mm 左右。孔径在 0.5~0.9 mm 时，其最大的孔深已超过 10 mm，即孔深径比

大于 15：1。在厚度为 0.3 mm 的材料上加工出直径为 0.1 mm 的孔，其孔径公差为 9 μm。打孔的速度主要取决于板厚和孔径，孔的形状复杂时还取决于电子束扫描速度（或偏转速度）及工件的移动速度。通常每秒可加工几十到几万个孔。例如，喷气发动机套上的冷却孔、机翼的吸附屏上的孔，不仅孔的密度可以连续变化，孔数达数百万个，而且有时还可以改变孔径，最适宜用电子束高速打孔。高速打孔可在工件运动中进行，如在 0.1 mm 厚的不锈钢上加工直径为 0.2 mm 的孔，速度为 3 000/s。

多学一点

在人造革、塑料上用电子束打大量的微孔，可使其具有如真皮革那样的透气性，而且电子束打孔成本比天然革成本低，可替代天然革。加工时用一组钨杆将电子枪产生的单个电子束分割为 200 条并行细束，使其在一个脉冲内同时加工出 200 个孔，效率非常高。现在生产上已出现专用塑料打孔机，其速度可达 50 000 孔/s，孔径可调（120～40 μm）。

电子束打孔还能加工小深孔，如在叶片上打深度 5 mm、直径 0.4 mm 的孔，孔的深径比大于 10：1。

离心过滤机、造纸化工过滤设备中钢板上的小孔希望为锥孔（入口处孔小，出口处孔大），这样可防止堵塞，并便于反冲清洗。用电子束在厚为 1 mm 的不锈钢板上打 φ0.13 mm 的锥孔，可打 400 孔/s，在厚 3 mm 的不锈钢板上打 φ1 mm 的锥孔，可打 20 孔/s。

燃烧室混气板及某些涡轮机叶片需要大量的不同方向的斜孔，使叶片容易散热，从而提高发动机的输出功率。如某种叶片需要打斜孔 30 000 个，使用电子束加工能廉价地实现。加工燃气轮机上的叶片、混气板和蜂房消声器三个重要部件时已用电子束打孔代替电火花打孔。

用电子束加工玻璃、陶瓷、宝石等脆性材料时，由于在加工部位的附近有很大温差，容易引起变形甚至破裂，所以在加工前或加工时，需用电阻炉或电子束进行预热。

2. 加工异形孔及特殊表面

图 6-17 所示为电子束加工的喷丝头异形孔截面的一些实例。出丝口的窄缝宽度为 0.03～0.07 mm，长度为 0.80 mm，喷丝板厚度为 0.6 mm。为了使人造纤维具有光泽、松软有弹性、透气性好，喷丝头的异形孔都是特殊形状的。

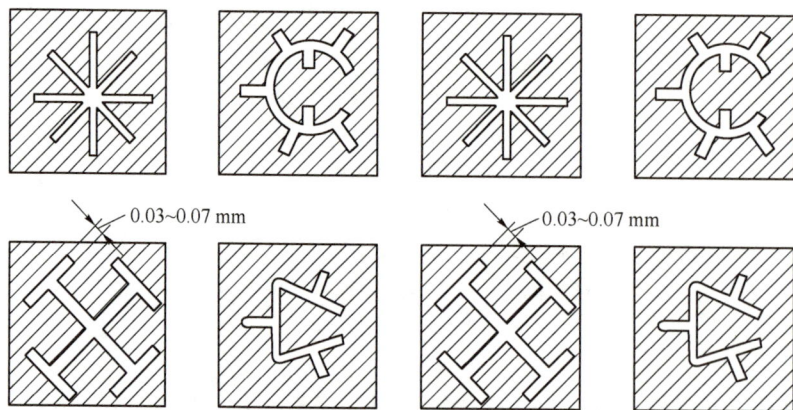

图 6-17 电子束加工的喷丝头异形孔

电子束可以用来切割各种复杂型面，其切口宽度为 3~6 μm，边缘表面粗糙度可控制在 $Ra_{max}0.5$ μm 左右。

多学一点

电子束可以加工直的型孔（包括锥孔和斜孔）和型面，利用电子束在磁场中偏转的原理，使电子束在工件内部偏转，即可加工出斜孔，如图 6-18 所示。

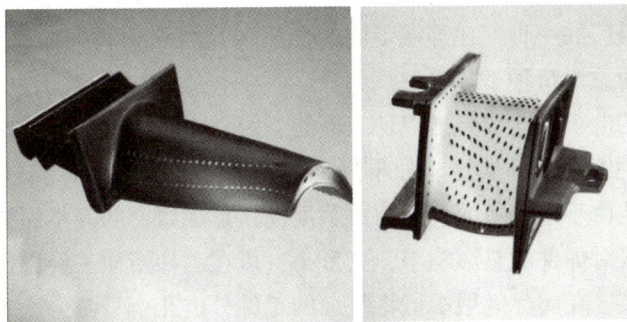

图 6-18　电子束加工斜孔

电子束还可用于弯孔和曲面的加工。控制电子速度和磁场强度，即可控制曲率半径，加工出弯曲的孔。如果同时改变电子束和工件的相对位置，就可进行切割和开槽。图 6-19 (a) 是对长方形工件 1 施加磁场之后，若一面用电子束 2 轰击，一面依箭头方向移动工件，就可获得如实线所示的曲面。经图 6-19 (a) 所示的加工后，改变磁场极性再进行加工，就可获得图 6-19 (b) 所示的工件。同样原理，可加工出图 6-19 (c) 所示的弯缝。如果工件不移动，只改变偏转磁场的极性进行加工，则可获得图 6-19 (d) 所示的入口为一个、出口有两个的弯孔。

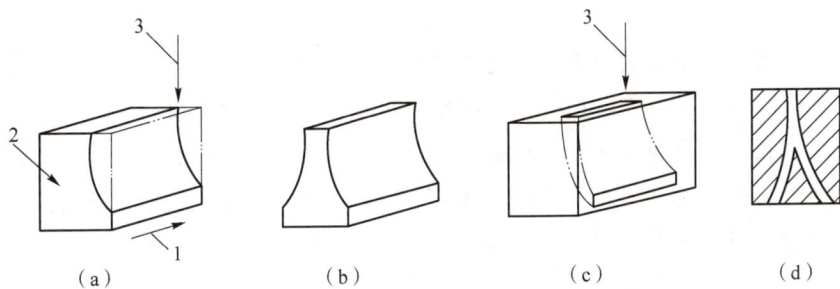

图 6-19　电子束加工曲面、弯孔
1—工件运动方向；2—工件；3—电子束

3. 电子束刻蚀

在微电子器件生产中，为了制造多层固体组件，可利用电子束对陶瓷或半导体材料刻出许多微细沟槽和孔来，如在硅片上刻出宽 2.5 μm、深 0.25 μm 的细槽，在混合电路电阻的金属镀层上刻出 40 μm 宽的线条。还可在加工过程中对电阻值进行测量校准，这些都可用计算机自动控制完成。

电子束刻蚀还可用于制板，在铜制印刷滚筒上按色调深浅刻出许多大小与深浅不一的沟槽或凹坑，其宽度或直径为 70~120 μm，深度为 5~40 μm，小坑、浅坑印出的是浅色，大坑、深坑印出的是深色。

4. 电子束焊接

电子束焊接是利用电子束作为热源的一种焊接工艺。电子束微细焊接是电子束加工技术中发展最快、应用最广的一种，在焊接不同的金属和高熔点金属方面显示了很大的优越性，已成为工业生产中的重要特种工艺之一。

当高能量密度的电子束连续轰击焊件表面时，焊件接头处的金属迅速熔融，形成一个被熔融金属环绕着的毛细管状的熔池。如果焊件按一定速度沿着焊件接缝与电子束做相对移动，则接缝上的熔池由于电子束的离开而重新凝固，形成致密的完整焊缝。

由于电子束焊接对焊件的热影响小、变形小，可在工件精加工后进行焊接，而且能够实现不同种金属的焊接。在实际应用中可将复杂的工件分成几个零件，这些零件可单独使用最合适的材料，采用合适的方法来加工制造，最后利用电子束将其焊接成一个完整的零部件，从而获得理想的技术性能和显著的经济效益。电子束焊接在航空航天工业等领域取得了广泛的应用。例如，航空发动机某些构件（高压涡轮机匣、高压承力轴承等）可通过异种材料组合，使发动机在高速运转时，利用材料线膨胀系数的不同，完成主动间隙配合，从而达到提高发动机性能、增加发动机推重比、节省材料、延长使用寿命等。电子束焊接还常用于传感器以及电器元器件的连接和封装，尤其一些耐压、耐腐蚀的小型器件在特殊环境中工作时，电子束焊接具有更大的优越性。

多学一点

例如，飞机可变后掠翼的中翼盒长达 6.7 m，壁厚 12.7~57 mm，其上的钛合金小零件可以用电子束焊接制成，共 70 道焊缝，仅此一项工艺就减轻质量 270 kg；大型涡轮风扇发动机的钛合金机匣，壁厚为 1.8~69.8 mm，外径为 2.4 m，是发动机中最大、加工最复杂、成本最高的部件，采用电子束焊接后，节约了材料和加工工时，成本降低 40%；阿波罗登月舱的镁合金合金框架和制动引擎中的 64 个零部件也都采用了电子束焊接。

5. 电子束热处理

电子束热处理是把电子束作为热源，并适当控制电子束的功率密度，使金属表面加热而不熔化，达到热处理的目的。电子束热处理的加热速度和冷却速度都很高，在相变过程中，奥氏体化时间很短，只有几分之一秒甚至千分之一秒，奥氏体晶粒来不及长大，从而能获得一种超细晶粒组织，可使工件获得用常规热处理不能达到的硬度。

与激光热处理相比，电子束的电热转换效率高达 90%，而激光的转换效率只有 7%~10%。电子束热处理在真空中进行，可以防止材料氧化，而且电子束设备的功率可以做得比

激光功率大,发展前景很好。

用电子束加热金属使其表面熔化后,可在熔化区内添加元素,使金属表面形成一层很薄的新的合金层,从而获得更好的力学性能。其中,铸铁的电子束熔化处理可以产生非常细的莱氏体组织,其优点是抗滑动磨损性能好。研究表明,铝、钛、镍的各种合金几乎均可进行添加元素处理,从而使其耐磨性能大幅提高。

多学一点

电子束加工还包括光刻加工,要了解电子束光刻加工工作原理请扫描二维码进行学习。

想一想

电子束加工技术各种应用的区别是什么?

任务实施

步骤一:上中国知网检索近年来电子束加工技术的相关文献。

步骤二:总结近年来电子束加工技术的发展现状。

步骤三:针对某一应用领域(电子束打孔、加工型孔、电子束刻蚀、电子束焊接)做具体论述。

问题探究

1. 电子束加工是在_____条件下,利用聚焦后能量密度极_____的电子束,以极_____的速度冲击到工件表面极_____的面积上,在极_____的时间内,其能量大部分转变为_____,使被冲击部分的工件材料达到_____摄氏度以上的高温,从而引起材料的局部_____和_____,被真空系统抽走。

2. 电子束加工的设备主要由_____、_____、_____及_____等部分组成。

3. 电子枪是获得电子束的装置,它包括_____、_____和_____等。

4. 电子束加工按其功率密度和能量注入时间的不同,可用于_____、_____、_____、_____等多方面。

任务评价

任务评价按照学生任务分配表中的项目和评分标准进行。

活动过程小组评价表

序号	考核评价指标		评价要素	学生自评	小组互评	教师评价	配分	成绩
			激光加工技术					
1	过程考核	专业能力	复述电子束加工技术的概念和特点				30	
			概括电子束加工设备的组成					
			概述电子束加工的应用					
2		方法能力	激光加工技术基础知识信息搜集，自主学习，分析、解决问题，归纳总结及创新能力				30	
3		社会能力	团队协作、沟通协调、语言表达能力及安全文明、质量保障意识				10	
4	常规考核		自学笔记				10	
5			课堂纪律				10	
6			回答问题				10	

总结反思

1）学到的新知识有哪些？

2）掌握的新技能有哪些？

3）你对自己在本次任务中的表现是否满意？写出课后反思。

6.3　离子束加工技术

任务描述

通过学习本部分内容，能够复述离子束加工的概念、原理和特点，并能够概括其主要应用。要求：以小组为单位，通过查阅相关文献、网站等，总结关于当前离子束加工的应用领域，并提交一份对应的研究分析报告。

学前准备

离子束技术及其应用涉及物理、化学、生物、材料和信息等许多学科的交叉领域，我国自20世纪60年代以来，离子束技术研究有了很大进展。离子束加工是利用离子束对材料成形或改性的加工方法。在真空条件下，将由离子源产生的离子经过电场加速，获得一定速度的离子束投射到材料表面上，产生溅射效应和注入效应。你能查阅资料，了解激光加工的相关知识及最新应用吗？请扫描二维码进行任务学前的准备。

学习目标

1）能复述离子束加工的原理和特点。
2）能复述离子束加工的基本设备的组成部分。
3）能理解离子束加工技术的应用领域与基本加工工艺。

知识导图

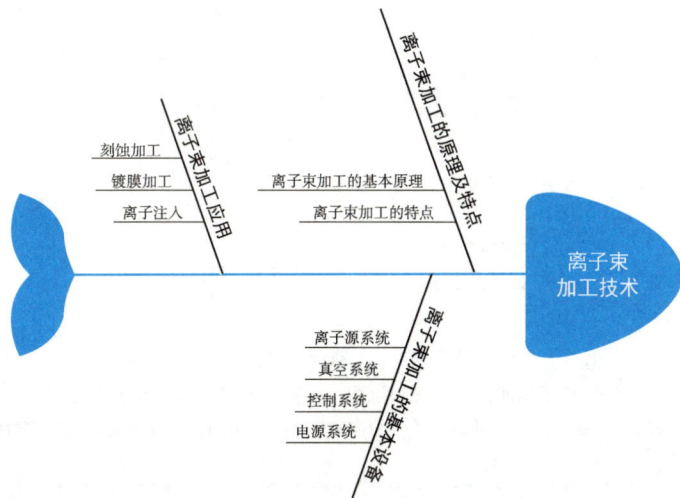

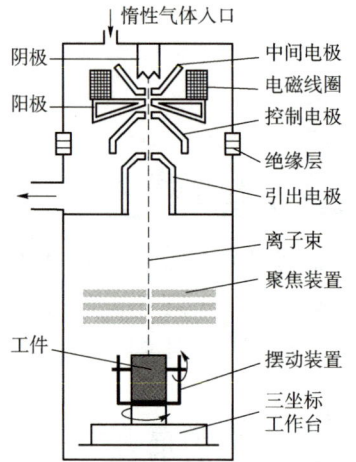

惰性气体入口
阴极
阳极
中间电极
电磁线圈
控制电极
绝缘层
引出电极
离子束
聚焦装置
工件
摆动装置
三坐标工作台

图 6-20 离子束加工的基本原理

相关知识

6.3.1 离子束加工的原理及特点

1. 离子束加工的基本原理

离子束加工是利用离子束对材料进行成形或表面改性的加工方法。在真空条件下，将由离子源产生的离子经过电场加速，获得具有一定速度的离子投射到材料表面，产生溅射效应和注入效应。由于离子带正电荷，其质量比电子大数千、数万倍，所以离子束比电子束具有更大的撞击动能，它是靠微观的机械撞击能量来加工的。离子束加工的基本原理如图6-20所示。

多学一点

离子束加工的物理基础是离子束射到材料表面时所发生的撞击效应、溅射效应和注入效应。当具有一定动能的离子斜射到工件材料（靶材）表面时，可以将表面的原子撞击出来，这就是离子的撞击效应和溅射效应。如果将工件直接作为离子轰击的靶材，工件表面就会受到离子刻蚀。如果将工件放置在工件材料（靶材）附近，靶材原子就会溅射到工件表面而被溅射沉积吸附，使工件表面镀上一层靶材原子的薄膜。当离子能量足够大并垂直工件表面撞击时，离子就会钻进工件表面，这就是离子的注入效应。各种离子束加工如图6-21所示。

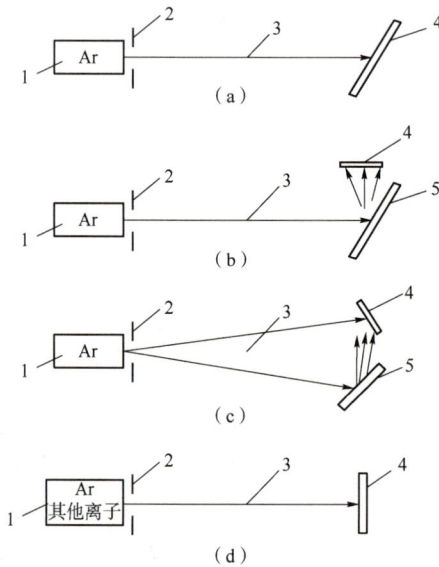

图 6-21 各种离子束加工
（a）离子刻蚀；（b）溅射沉积；（c）离子镀；（d）离子注入
1—离子源；2—吸极（吸出电子，引出离子）；3—离子束；4—工件；5—靶材

2. 离子束加工特点

作为一种微细加工手段，离子束加工技术是制造技术的一个补充。随着微电子工业和微机械的发展，这种加工技术获得成功的应用，并显示出如下特点。

1）加工精度高，易精确控制。离子束可以通过离子光学系统进行聚焦扫描，其聚焦光斑可达 1 μm，因而可以精确控制尺寸范围。离子束轰击材料是逐层去除原子的，所以离子刻蚀可以达到纳米（0.001 μm）级的加工精度。离子镀膜可以控制在亚微米级精度，离子注入的深度和浓度也可极精确地控制。

2）加工时产生的污染少。离子束加工在高真空中进行，所以污染少，特别适合加工易氧化的金属、合金及半导体材料。

3）加工应力小，变形极小，对材料适应性强。离子束加工是一种原子级或分子级的微细加工，作为一种微观作用，其宏观压力很小，适合于各类材料的加工，而且加工表面质量高。

4）由于离子束加工设备费用高，成本高，加工效率低，因此应用范围受到一定限制。

6.3.2　离子束加工的设备

离子束加工的设备与电子束加工的设备相似，包括离子源系统、真空系统、控制系统、电源系统四个部分。但对于不同的用途，离子束加工设备有所不同。

离子源又称离子枪，用以产生离子束流。其基本工作原理是将待电离气体注入电离室，然后使气态原子与电子发生碰撞而被电离，从而得到等离子体，而后用一个相对于等离子体为负电位的电极（吸极），就可从等离子体中吸出正离子束。根据离子束产生的方式和用途不同，离子源有很多形式，常用的有考夫曼型离子源、双等离子体型离子源。

多学一点

（1）考夫曼型离子源

图 6-22 所示为考夫曼型离子源，它由灼热的灯丝 2 发射电子，在阳极 9 的作用下向下方移动，同时受电磁线圈 4 的磁场作用做螺旋运动前进。惰性气体氩气在注入口 3 注入电离室 10，在电子的撞击下被电离成等离子体，阳极 9 和引出电极（吸极）8 上各有 300 个直径为 0.3 mm 的小孔，上下位置对齐。在引出电极 8 的作用下，将离子吸出，形成 300 条准直的离子束，再向下则均匀分布在直径为 5 cm 的圆面积上。

（2）双等离子体型离子源

如图 6-23 所示的双等离子体型离子源利用阴极和阳极之间低气压直流电弧放电，将氩、氖或氙等惰性气体在阳极小孔上方的低真空中（0.10～0.01 Pa）等离子体化。中间电极的电位一般比阳极电位低，它和阳极都用软铁制成，因此在这两个电极之间形成很强的轴向磁场，使电弧放电局限在这中间，在阳极小孔附近产生强聚焦、高密度的等离子体。引出电极将正离子导向阳极小孔以下的高真空区（$1.33 \times 10^{-5} \sim 1.33 \times 10^{-6}$ Pa），再通过静电透镜形成密度很高的离子束去轰击工件表面。

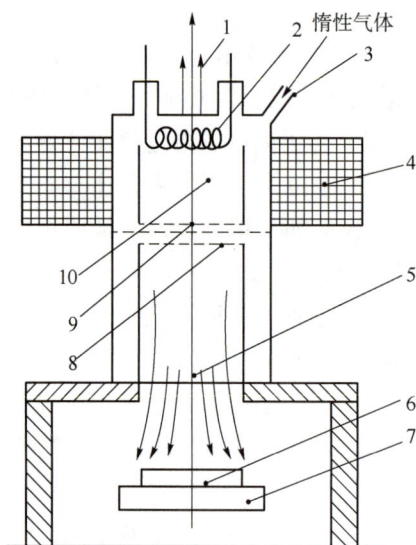

图 6-22　考夫曼型离子源

1—真空抽气口；2—灯丝；3—惰性气体注入口；4—电磁线圈；5—离子束流；6—工件；
7—阴极；8—引出电极；9—阳极；10—电离室

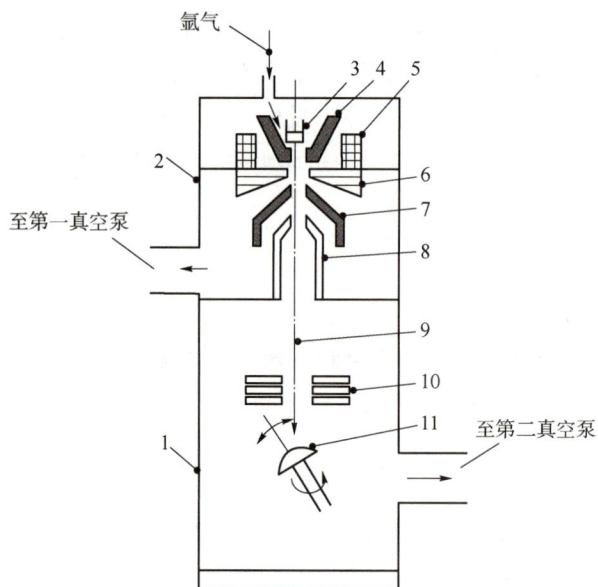

图 6-23　双等离子体型离子源

1—加工室；2—离子枪；3—阴极；4—中间电极；5—电磁铁；6—阳极；7—控制电极；
8—引出电极；9—离子束；10—静电透镜；11—工件

6.3.3　离子束加工应用

离子束加工的应用范围正在日益扩大。目前用于改变零件尺寸和表面力学性能的离子束加工有：用于从工件上做去除加工的离子刻蚀加工、用于给工件表面涂覆的离子镀膜加工、用于表面改性的离子注入加工等。

1. 刻蚀加工

离子束刻蚀是通过用能量为 0.5~5.0 keV 的离子轰击工件，将工件材料原子从工件表面去除的工艺过程，是一个撞击溅射的过程。为了避免入射离子与工件材料发生化学反应，必须使用惰性元素的离子。氩气的原子序数高，价格便宜，所以通常用氩离子进行轰击刻蚀。由于离子直径很小（约为 0.1 nm），可以认为离子刻蚀的过程是逐个原子剥离的，刻蚀的分辨率可达微米级甚至是亚微米级。但刻蚀速度很低，剥离速度为每秒一层到几十层原子。因此，离子刻蚀是一种原子尺寸的切削加工，又称离子铣削。表 6-2 列出了一些材料的典型刻蚀速度。

表 6-2　典型刻蚀速度

材料	刻蚀速度/ $(nm \cdot min^{-1})$	材料	刻蚀速度/ $(nm \cdot min^{-1})$	材料	刻蚀速度/ $(nm \cdot min^{-1})$
Si	36	Ni	54	Cr	20
AsGa	260	Al	55	Zr	32
Ag	200	Fe	32	Nb	30
Au	160	Mo	40	—	—
Pt	120	Ti	10	—	—

目前，离子束刻蚀在高精度加工、表面抛光、图形刻蚀、电镜试样制备、石英晶体振荡器及各种传感器件的制作等方面应用较为广泛。

多学一点

离子束刻蚀加工可达到很高的分辨率，适合刻蚀精细图形，实现高精度加工。离子束刻蚀加工小孔的优点是孔壁光滑，邻近区域不产生应力和损伤，而且能加工出任意形状的小孔。

离子束刻蚀用于加工陀螺仪空气轴承和动压电动机上的沟槽，分辨率高、精度高、重复性好，加工非球面透镜能达到其他方法不能达到的精度。

离子束刻蚀应用的另一个方面是图形刻蚀，如集成电路、声表面波器件、磁泡器件、光电器件和光集成器件等微电子学器件的亚微米图形。

用离子束轰击已被机械磨光的玻璃时，玻璃表面 1 μm 左右被剥离并形成极光滑的表面。用离子束轰击厚度为 0.2 mm 的玻璃，能改变其折射率分布，使之具有偏光作用。

离子束刻蚀可用于改薄石英晶体振荡器和压电传感器等材料，用其制造薄的探测器探头可以大大提高其灵敏度，如国内已用离子束加工出厚度为 40 μm，并且是自己支撑的高灵敏度探测器头。离子束刻蚀可用于制造薄样品，进行表面分析，如用离子束刻蚀减薄月球岩石样品，从 10 μm 减薄到 10 nm。离子束刻蚀还能在 10 nm 厚的 Au-Pa 膜上刻出 8 nm 的线条。

2. 镀膜加工

离子镀膜加工有溅射镀膜和离子镀两种。

（1）溅射镀膜

溅射镀膜是基于离子溅射效应的一种镀膜工艺，不同的溅射技术所采用的放电方式是不同的。例如，直流二极溅射利用直流辉光放电，三极溅射是利用热阴极支持的辉光放电，而磁控溅射则是利用环状磁场控制下的辉光放电。其中，直流二极溅射和三极溅射两种方式，由于生产率低、等离子体区不均匀等原因，难以在实际生产中大量应用。而磁控溅射具有高速、低温、低损耗等优点，镀膜速度快，基片温升小，没有高能电子轰击基片所造成的损伤，故实际应用更为广泛。

多学一点

溅射镀膜分为磁控溅射硬质膜和固体润滑膜两种。

1）磁控溅射硬质膜。在高速钢刀具上用磁控溅射氮化钛（TiN）超硬膜，可大大提高刀具的寿命。氮化钛可以采用直流溅射的方式形成，因为它是良好的导电材料，但在工业生产中更经济的是采用反应溅射。其工艺是：工件经过超声清洗之后，再经过射频溅射清洗，在一定参数下，氮气可以全部与溅射到工件上的钛原子发生化学反应而耗尽，镀膜速率约为 300 nm/min。随着氮化钛中氮含量的增加，镀膜色泽由金属光泽变为金黄色，可以用作仿金装饰镀层。

2）固体润滑膜。在齿轮的齿面和轴承上溅射控制二硫化钼润滑膜，其厚度为 0.2~0.6 μm，摩擦系数为 0.04。溅射时，采用直流溅射或射频溅射，靶材用二硫化钼粉末压制成形。为确保得到晶态薄膜（在此种状态下，有润滑作用），必须严格控制工艺参数。例如，用射频溅射二硫化钼的工艺参数为：电压为 2.5 kV，真空度为 1 Pa，镀膜速率约为 30 nm/min。为了避免得到非晶态薄膜，基片温度应适当高一些，但不能超过 200 ℃。图 6-24 所示为溅射镀膜产品效果。

图 6-24　溅射镀膜产品效果

（2）离子镀

离子镀是在真空蒸镀和溅射的基础上发展起来的一种镀膜技术。在离子镀时，工件不仅接受靶材溅射来的原子，还同时接受离子的轰击。这种离子流的组成可以是离子，也可以是通过能量交换而形成的高能中性离子。这种轰击使界面和膜层的性质发生某些变化，如膜层对基片的附着力、覆盖情况、密度及内应力等，从而使离子镀具有许多优点。

离子镀膜附着力强，膜层不易脱落。这首先是由于镀膜前离子以足够高的动能冲击基体表面，去除了表面的沾污和氧化物，从而提高了工件表面的附着力。其次是镀膜刚开始时，由工件表面溅射出来的基材原子，有一部分会与工件周围气氛中的原子和离子发生碰撞而返回工件。这些返回工件的原子与镀膜的膜材原子同时到达工件表面，形成了膜材原子和基材原子的共混膜层。而后随着膜层的增厚，逐渐过渡到单纯由膜材原子构成的膜层。混合过渡层的存在，可以减少由于膜材与基材两者膨胀系数不同而产生的热应力，增强了两者的结合力，使膜层不易脱落，镀层组织致密，针孔气泡少。此外，由于离子镀的附着性好，原来在蒸镀中不能匹配的基片材料和镀料可以用离子镀完成。

多学一点

离子镀的可镀材料广泛，可在金属或非金属表面上镀制金属或非金属材料，也可镀制各种合金、化合物、某些合成材料、半导体材料、高熔点材料等。

离子镀已用于镀制润滑膜、附热膜、耐蚀膜、耐磨膜、装饰膜和电气膜等。

用离子镀的方法在切削工具表面镀氮化钛、碳化钛等超硬层，可以提高刀具的耐用度。

离子镀可以得到钨、钼、钽、铌、铍及氧化铝等的耐热膜。例如，在不锈钢上镀一层氧化铝，可提高基体在 980 ℃ 介质中的抗热循环和抗蚀能力。在适当的基体上镀一层 ADT-1 合金（35%~41%Cr，10%~12%Al，0.25%Y 和少量 Ni），可有良好的抗高温氧化和抗蚀性能。这种膜可用作航空涡轮叶片型面、榫头和叶冠等部位的保护层。

由于离子镀所得到的 TiN、TaN、TaC、VN 等膜层都具有与黄金相似的色泽，但价格只有黄金的 1/60，再加上良好的耐磨性和耐蚀性，人们将其作为装饰层。目前，手表表壳、装饰品、餐具等金黄色镀膜装饰已完全商品化。

3. 离子注入

离子注入是离子束加工中一项特殊的工艺技术，它既不从加工表面去除基体材料，也不在表面以外添加镀层，仅仅改变基体表面层的成分和组织结构，从而造成表面性能变化，满足材料的使用要求。

离子注入的过程在高真空室中进行，将要注入的化学元素的原子在离子源中电离并引出离子，将此高速离子射向置于靶盘上的零件。入射离子在基体材料内，与基体原子不断碰撞而损失能量形成注入层。进入的离子在最后以一定的分布方式固溶于工件材料中，改变了材料表面层的成分和结构。

多学一点

离子注入本身是一种非平衡技术，它能在材料表面注入互不相溶的杂质而形成一般冶金工艺所无法制得的一些新的合金。不管基体性能如何，它可在不牺牲材料整体性能的前提下，使其表面性能优化，而且不产生任何显著的尺寸变化。但是，离子注入的局限性在于它是一个直线轰击表面的过程，不适合处理复杂的、凹入的表面样品。

离子注入在半导体方面的应用目前已很普遍。它是将硼、磷等"杂质"离子注入半导体，从而改变导电形式（P型或N型），以制造一些通常用热扩散难以获得的各种特殊要求的半导体元器件。由于离子注入的浓度、深度和注入区域均可精确控制，所以成为制作半导体元器件和大面积集成电路的重要手段。

离子注入表面改性是离子注入加工技术应用的另一个重要领域。离子注入可用以改变金属表面的物理化学性能，制得新的合金，从而改善金属表面的耐磨性能、硬度、耐蚀性能、抗疲劳性能和润滑性能等。

离子注入可以改善金属材料的耐磨性能。例如，在低碳钢中注入N、B、Mo等元素后，在磨损过程中，材料表面局部温升形成温度梯度，使注入的离子向衬底扩散。这样不断在表面形成硬化层，提高了材料的耐磨性能。

离子注入可以提高金属材料的硬度。这是因为注入离子及其凝聚物将引起材料晶格畸变、缺陷增多。例如，在纯铁中注入B，其显微硬度可提高20%，将硅注入铁，可形成马氏体结构的强化层。

离子注入可以提高材料的耐蚀性能。例如，将Cr注入Cu，能得到一种新的亚稳态的表面相，从而改善材料的耐蚀性能。

对Fe-13Cr-15Ni试样进行离子注入处理，当同时注入B和N两种元素时，材料的疲劳寿命增幅较大。其原因在于强化的基体抑制了滑移带的形成，从而提高了其疲劳寿命。

离子注入还可改善金属材料的润滑性能。离子注入表层后，在相对摩擦过程中，被注入的细粒起到了润滑作用，提高了材料的使用寿命。例如，把C、N注入碳化钨中，其工作寿命可大大延长。

除了常规的离子注入工艺以外，近年来又发展了几种新的工艺方法，如反冲注入法、轰击扩散镀层法、动态反冲法以及离子束混合法等，从而使得离子注入加工技术的应用更广泛。

想一想

电子束加工和离子束加工在原理和应用范围上有何异同？

任务实施

步骤一：上中国知网检索近年来离子束加工技术的相关文献。
步骤二：总结近年来离子束加工技术的发展现状。
步骤三：针对某一应用领域（刻蚀加工、镀膜加工、离子注入）做具体论述。

问题探究

1）离子束加工是利用_____对材料进行_____或_____的加工方法。

2）等离子弧的加工方法包括_____、_____及_____等。

3）离子束加工设备包括_____、_____、_____、_____四个部分。

4）目前用于改变零件尺寸和表面力学性能的离子束加工有：用于从工件上做去除加工的_____、用于给工件表面涂覆的_____、用于表面改性的_____等。

任务评价

任务评价按照学生任务分配表中的项目和评分标准进行。

活动过程小组评价表

激光加工技术							
序号	考核评价指标		评价要素	学生自评	小组互评	教师评价	配分	成绩
1	过程考核	专业能力	复述离子束加工技术的概念和特点				30	
			概括离子束加工的基本设备组成					
			概述离子束加工的加工工艺及应用					
2		方法能力	离子束加工技术基础知识信息搜集，自主学习，分析、解决问题，归纳总结及创新能力				30	
3		社会能力	团队协作、沟通协调、语言表达能力及安全文明、质量保障意识				10	
4	常规考核		自学笔记				10	
5			课堂纪律				10	
6			回答问题				10	

总结反思

1）学到的新知识有哪些？

_____

_____

_____

_____

2）掌握的新技能有哪些？

_____

_____

_____

_____

3）你对自己在本次任务中的表现是否满意？写出课后反思。

_____

_____

_____

_____

_____

6.4　等离子弧加工技术

任务描述

通过学习本部分内容，能够复述等离子弧加工的概念、特点和方法，并能够概括其主要应用。要求：以小组为单位，通过查阅相关文献、网站等，总结关于当前激光加工的应用领域，并提交一份对应的研究分析报告。

学前准备

等离子弧是近代科技领域的一项新技术，它是利用温度高达 15 000~30 000 ℃的等离子弧来进行切割和焊接的一种工艺方法，它除了能对金属进行切割、焊接外，还能对某些非金属进行切割。因而它是一门较有发展前途的先进工艺。你能查阅资料，了解等离子弧加工的相关知识及最新应用吗？请扫描二维码进行任务学前的准备。

学习目标

1）能复述等离子弧加工的基本原理。
2）能复述等离子弧的主要结构及工艺参数。
3）能理解等离子弧焊接、切割、喷涂的原理。

知识导图

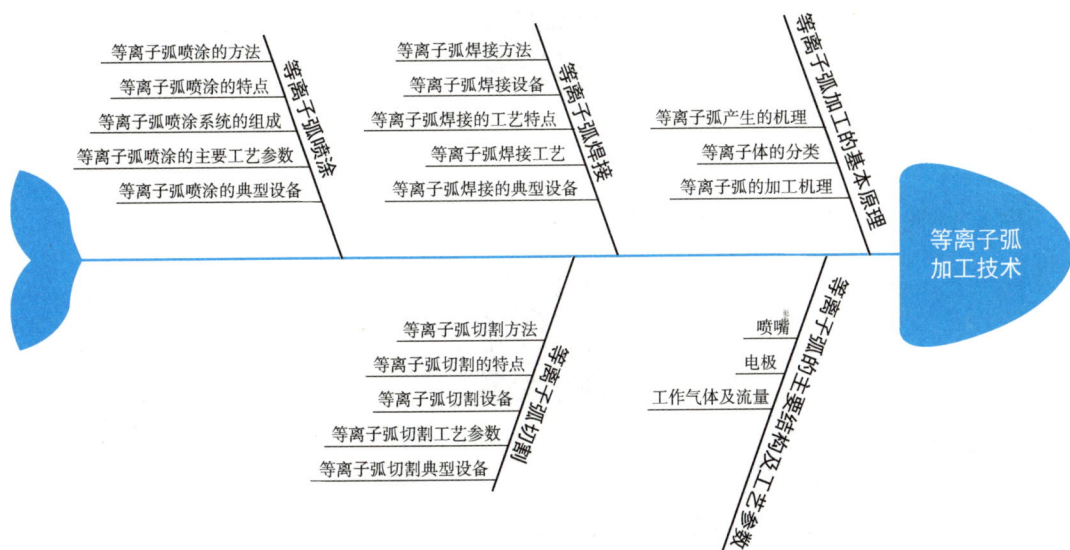

相关知识

等离子弧加工又称等离子体加工，是利用电弧放电产生的等离子体高速火焰流，使工件材料熔化、蒸发、汽化，并带离基体，使工件材料改性或喷涂、焊接、切割等加工方法。

6.4.1 等离子弧加工的基本原理

请扫二维码进行等离子弧加工的基本原理的学习。

6.4.2 等离子弧的主要结构及工艺参数

请扫二维码进行等离子弧的主要结构及工艺参数的学习。

6.4.3　等离子弧焊接

请扫二维码进行等离子弧焊接知识的学习。

6.4.4　等离子弧切割

请扫二维码进行等离子弧切割知识的学习。

6.4.5　等离子弧喷涂

请扫二维码进行等离子弧喷涂知识的学习。

任务实施

步骤一：上中国知网检索近年来等离子弧加工技术的相关文献。

步骤二：总结近年来等离子弧加工技术的发展现状。

步骤三：针对某一应用领域（等离子弧焊接、等离子弧切割、等离子弧喷涂）做具体论述。

问题探究

1. 等离子体是由大量＿＿＿＿＿和＿＿＿＿＿组成的，并表现出＿＿＿＿＿行为的一种准中性气体。

2. 等离子弧的加工方法包括＿＿＿＿＿、＿＿＿＿＿及＿＿＿＿＿等。

3. 等离子弧喷涂系统由＿＿＿＿＿、＿＿＿＿＿、＿＿＿＿＿、＿＿＿＿＿、＿＿＿＿＿、＿＿＿＿＿组成。

4. 等离子弧切割工艺参数包括＿＿＿＿＿、＿＿＿＿＿、＿＿＿＿＿、＿＿＿＿＿、＿＿＿＿＿、＿＿＿＿＿。

任务评价

任务评价按照学生任务分配表中的项目和评分标准进行。

活动过程小组评价表

等离子弧加工技术							
序号	考核评价指标		评价要素	学生自评	小组互评	教师评价	配分	成绩
1	过程考核	专业能力	复述等离子弧加工的概念和特点				30	
			概括等离子弧加工的基本设备组成					
			概述等离子弧加工的加工工艺及应用					
2		方法能力	等离子弧加工技术基础知识信息搜集,自主学习,分析、解决问题,归纳总结及创新能力				30	
3		社会能力	团队协作、沟通协调、语言表达能力及安全文明、质量保障意识				10	
4	常规考核		自学笔记				10	
5			课堂纪律				10	
6			回答问题				10	

总结反思

1)学到的新知识有哪些?

_____

_____

_____

2)掌握的新技能有哪些?

_____

_____

_____

3）你对自己在本次任务中的表现是否满意？写出课后反思。

_____

_____

_____

_____

拓展知识

请扫描二维码进行拓展知识的学习。

项目思考与练习

6-1　简述激光加工技术的概念。

6-2　固体激光器和气体激光器的主要区别是什么？

6-3　激光加工技术应用的领域有哪些？

6-4　简述电子束加工技术的概念。

6-5　电子束加工装置各部分的作用及特点有哪些？

6-6　电子束有哪些加工工艺及应用？

6-7　简述离子束加工技术的概念。

6-8　简述离子束加工的原理。

6-9　离子束有哪些加工工艺及应用？

6-10　等离子弧产生的机理是什么？

6-11　等离子弧的主要结构是什么？

6-12　等离子弧焊接的方法及机理是什么？

项目7 物料切蚀加工技术

项目学习导航

学习目标	➢ 素质目标 1）塑造学生爱国敬业、使命奉献的核心价值观。 2）培养学生严谨细致、精益求精的工匠精神。 3）培养学生实践应用、自主探究的创新精神。 4）培养学生团队协作、安全文明的职业素养。 ➢ 知识目标 1）掌握超声加工的概念、特点、方法及应用。 2）了解磨料流加工的原理和特点。 3）了解喷射成形加工的基本原理、特点、应用领域及加工典型设备。 4）了解水射流加工的基本原理，水射流加工系统、水射流加工的分类和特点、应用及加工机床。 ➢ 能力目标 1）能掌握超声加工的概念、特点、方法及应用。 2）能理解磨料流加工的原理及特点。 3）能了解喷射成形加工的基本原理、特点、应用领域及加工典型设备。 4）能理解水射流加工的基本原理，水射流加工系统、水射流加工的分类和特点、应用及典型设备
教学重点	物料切蚀加工的概念、特点、方法及应用
教学难点	超声加工、磨料流加工、喷射成形加工、水射流加工技术的原理
建议学时	4 学时

项目导入

物料切蚀加工包括超声加工、喷射成型加工、水射流加工、磨料流加工。它是利用流体、磨料，流体与磨料的混合液等动能，去冲击、抛磨、浸蚀工件被加工部位而实现去除工件材料的方法。

超声加工主要用于各种硬脆材料，如玻璃、石英、陶瓷、金刚石和硬质合金等，可加工出各种形状的型孔、型腔和成形表面，超声加工精度较高，一般可达±(0.02~0.05) mm，表面粗糙度可达 $Ra0.16\ \mu m$。

磨料流加工技术经过 20 多年的发展，已由不可控加工逐步优化为可控加工，如超声振动磨料流加工、磁磨料流加工、实变场控制电化学磨料流加工等。利用电场和磁场的可控性以及计算机控制系统，可实现金属工件表面各点具有不同的去除速度，从而实现复杂曲面零件的高精度、高表面质量加工。

喷射成形加工技术与传统的铸造、铸锭冶金、粉末冶金相比具有明显的技术和经济优势，近年来被广泛用于研制和开发高性能金属材料，如铝合金、铜合金、特殊钢、高温合金、金属间化合物以及金属基复合材料等，可制备圆柱形棒料或铸坯、板材、管件、环形件、覆层管等不同形状的成品、半成品或坯料，喷射成形材料已进入产业化应用阶段，用于冶金工业、汽车制造、航空航天、电子信息等多个领域，在国内外得到快速发展。

水射流加工的用途十分广泛，几乎适用于加工所有的材料，除钢铁、铝、铜等金属材料外，还可加工特别硬脆、柔软或切屑飞扬的非金属材料，如塑料、皮革、木材、石棉、玻璃、陶瓷等。在航空工业中，水射流加工技术已广泛用于纤维增强复合材料和钛合金的切割以及用于去除发动机涡轮盘、火焰筒中孔缘、沟槽、螺纹、交叉孔和盲孔上的毛刺，而不会引起其表层组织的变化。如今通过对水射流工艺参数优化的研究和控制系统性能的改善，使其能以较高的效率和精度进行加工，其技术经济效果与等离子和激光加工相当。

任务分组

学生任务分配表

班级			组号		指导教师	
组长			学号			
组员	学号		姓名	学号		姓名
	任务分工					

7.1 超声加工技术

任务描述

通过学习本部分内容，能够复述超声加工的概念、特点和方法，并能够概括其主要应用。要求：以小组为单位，通过查阅相关文献、网站等，总结关于当前超声加工的应用，并提交一份对应的研究分析报告。

学前准备

超声加工（Ultrasonic Machining，USM）有时也称为超声波加工。电火花加工和电化学加工都只能加工金属导电材料，不易加工不导电的非金属材料。而超声加工不仅能加工硬质合金、淬火钢等脆硬金属材料，而且更适合加工玻璃、陶瓷、半导体锗和硅片等不导电的非金属脆硬材料，同时还可以用于清洗、焊接和探伤等。

超声加工能加工半导体、非导体的脆硬材料，电火花加工后的一些淬火钢、硬质合金冲模、拉丝模、塑料模具，最后还常用超声抛磨进行光整加工；超声振动还可强化电火花加工、线切割加工、电化学加工、激光加工等工艺过程，两者结合，取长补短，可以创新性地形成新的复合加工。你能查阅资料，了解超声加工的相关知识及最新的应用吗？请扫描二维码进行任务学前的准备。

学习目标

1）能复述超声加工技术的概念。
2）能复述常见超声加工设备的结构。
3）能概括超声加工技术的应用。

知识导图

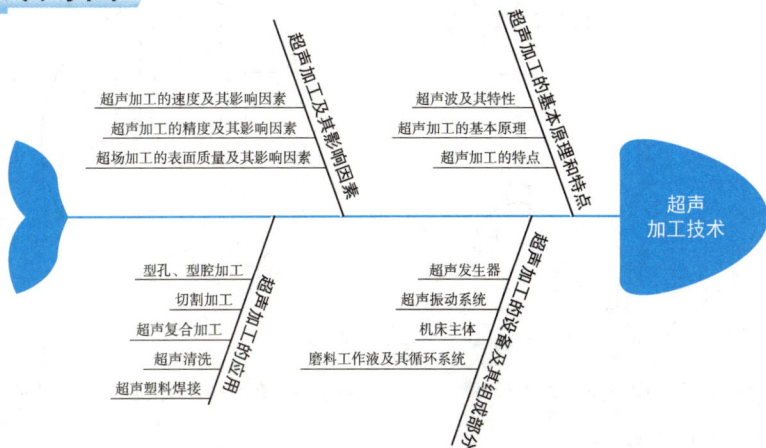

7.1.1 超声加工的基本原理和特点

1. 超声波及其特性

声波是人耳能感受的一种纵波，它的频率在 16~16 000 Hz 以内。频率超过 16 000 Hz 超出人耳的听觉范围的声波，就称为超声波。人耳也听不到地震等频率低于 16 Hz 的次声波。

超声波和声波一样，可以在气体、液体和固体介质中纵向（前进方向）传播。由于超声波频率高、波长短、能量大，所以传播时反射、折射、共振及损耗等现象更显著。在不同介质中，超声波传播的速度 c 也不同（如 $c_{空气}=331$ m/s，$c_{水}=1\,430$ m/s，$c_{铁}=5\,850$ m/s）。

超声波主要具有以下特性。

1）超声波能传递很强的能量。

2）当超声波经过液体介质传播时，将以极高的频率压迫液体质点振动，在液体介质中连续地形成压缩和稀疏区域，由于液体基本上不可压缩，因此会产生压力正、负交变的液压冲击和空化现象。

3）超声波通过不同介质时，在界面上发生波速突变，产生波的反射和折射现象。

4）超声波在一定条件下，会产生波的干涉和共振现象。

2. 超声加工的基本原理

超声加工是利用工具端面做超声频振动，通过磨料悬浮液加工脆硬材料的一种成形方法，加工原理如图 7-1 所示。在加工时，工具 1 和工件 2 之间加入液体（水或煤油等）和磨料悬浮液 3，并使工具以很小的力 F 轻轻压在工件上。超声换能器 6 产生 16 000 Hz 以上

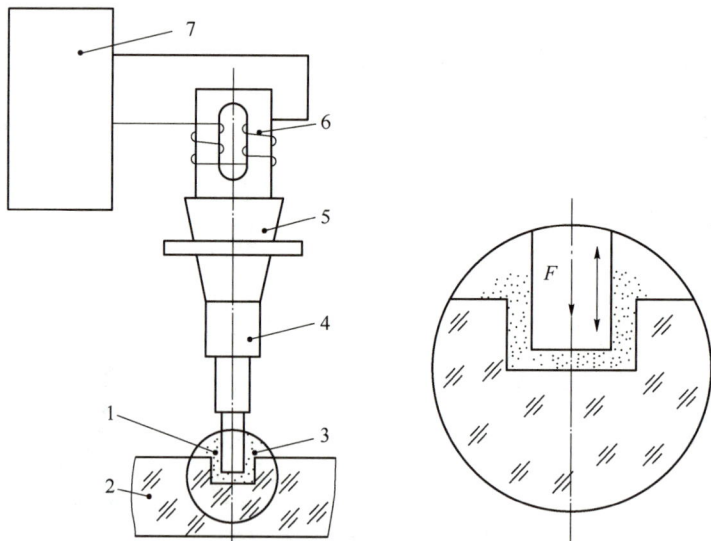

图 7-1 超声加工原理

1—工具；2—工件；3—磨料悬浮液；4，5—变幅杆；6—超声换能器；7—超声发生器

的超声频纵向振动，并借助变频杆把振幅放大到 0.05～0.10 mm，驱动工具端面做超声振动，迫使工作液中悬浮的磨粒以很大的速度和加速度不断地撞击、抛磨被加工表面，把被加工表面的材料粉碎成很细的微粒，从工件上打击下来。虽然每次打击下来的材料很少，但由于每秒打击的次数多达 16 000 次以上，所以仍有一定的加工速度。与此同时，工作液受到工具端面超声振动作用而产生的高频、交变的液压正负冲击波和空化作用，促使工作液进入被加工材料的微裂缝处，加剧了机械破坏作用。

多学一点

所谓空化作用，是指当工具端面以很大的加速度离开工件表面时，加工间隙内形成负压和局部真空，在工作液体内形成很多微空腔；当工具端面以很大的加速度接近工件表面时，空腔闭合，引起极强的液压冲击波，可以强化加工过程。此外，正负交变的液压冲击也使悬浮工作液在加工间隙中强迫循环，使变钝的磨料及时得到更新。

由此可见，超声加工是磨粒在超声振动作用下的机械撞击和抛磨作用以及超声空化作用的综合结果，其中磨粒的撞击作用是主要的。

既然超声加工是基于局部撞击作用的，那就不难理解，越是脆硬的材料，受撞击作用遭受的破坏越大，越易加工。相反，对于脆性和硬度不大的韧性材料，由于它的缓冲作用而难以加工。根据这个道理，人们可以合理选择工具材料，使之既能撞击磨粒，又不使自身受到很大的破坏，如用 45 钢作为工具即可满足上述要求。

3. 超声加工的特点

超声加工具有以下特点。

1) 适合加工各种脆硬材料，特别是不导电的非金属材料，如玻璃、陶瓷（氧化铝、氮化硅等）、石英、锗、硅、玛瑙、宝石、金刚石等。对于导电的硬质金属材料（如淬火钢、硬质合金等），也能进行加工，但加工生产率较低。

2) 由于工具可用较软的材料做成较复杂的形状，故不需要使工具和工件做比较复杂的相对运动，因此超声加工机床的结构比较简单，只需一个方向轻压进给，操作、维修方便。

3) 由于去除加工材料是靠极小的磨料瞬时、局部的撞击作用，故工件表面的宏观切削力很小。切削应力、切削热很小，不会引起变形及烧伤，表面粗糙度也较好，可达 $Ra1～0.1~\mu m$，加工精度可达 0.02～0.01 mm，而且可以加工薄壁、窄缝、低刚度零件。

7.1.2　超声加工的设备及其组成部分

超声加工设备又称为超声加工装置，它们的功率大小和结构形状虽有所不同，但其组成部分基本相同，一般包括超声发生器、超声振动系统、机床主体和磨料工作液及其循环系统。超声加工机床的主要组成如图 7-2 所示。

1. 超声发生器

超声发生器也称为超声波发生器或超声频发生器，其作用是将工频交流电转变为有一定功率输出的超声频电振荡，以提供工具端面往复振动和去除被加工材料的能量。其基本要求

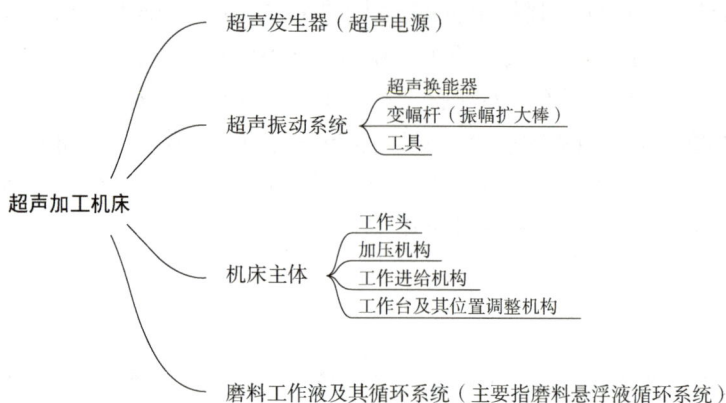

图 7-2　超声加工机床的主要组成

是：输出功率和频率在一定范围内连续可调，最好能具有对共振频率自动跟踪和自动微调的功能，此外要求结构简单、工作可靠、价格便宜、体积小等。

多学一点

超声加工用的超声发生器，由于功率不同，因此有电子管式的，也有晶体管式的，且结构大小也不相同。大功率的（1 kW 以上）超声发生器，过去往往是电子管式的，近年来逐渐被晶体管式所取代。不管是电子管式的还是晶体管式的，超声发生器的组成都类似于图 7-3，分为振荡级、电压放大级、功率放大级及电源四个部分。

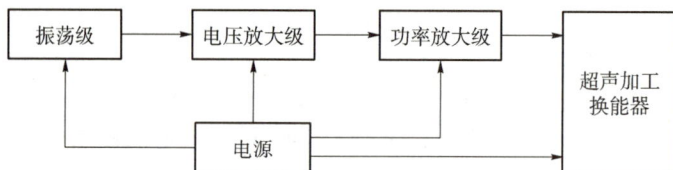

图 7-3　超声发生器的组成框图

振荡级由晶体管接成电感反馈振荡电路，调节电容量可改变振荡频率，即可调节输出超声频率。振荡级的输出经耦合至电压放大级进行放大后，利用变压器倒相输送到末级功率放大管，功率放大管有时用多管并联输出，经输出变压器输至换能器。

2. 超声振动系统

超声振动系统的作用是把高频电能转化为机械能，使工件端面做高频率、小振幅的振动以进行加工。它是超声加工机床中很重要的部件。超声振动系统由超声换能器、变频杆（振幅扩大棒）及工具组成。一般加工以尺寸、形状、位置精度为特征；微细加工则由于其加工对象的微小型化，目前多以分离或结合原子、分子为特征。

（1）超声换能器

超声换能器的作用是将高频电振荡转换成机械振动，为实现这一目的可利用压电效应和磁致伸缩效应两种方法。

多学一点

要详细了解压电效应和磁致伸缩效应超声换能器请扫描二维码进行学习。

（2）变幅杆

压电或磁致伸缩的变形量是很小的（即使在共振条件下其振幅也超不过 0.005 ~ 0.010 mm），不足以直接用于加工。超声加工需 0.01 ~ 0.10 mm 的振幅，因此必须通过一个上粗下细的棒杆将振幅加以扩大，此杆称为变幅杆或振幅扩大棒，如图 7-4 所示。图 7-4（a）所示的变幅杆为锥形的，图 7-4（b）所示为指数形的，图 7-4（c）所示为阶梯形的。

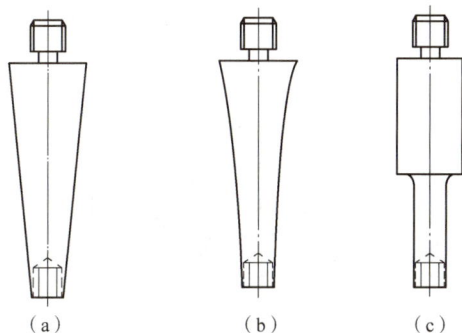

（a）　　　　　（b）　　　　　（c）

图 7-4　几种变幅杆
（a）锥形；（b）指数形；（c）阶梯形

多学一点

变幅杆之所以能扩大振幅，是由于通过它的每一截面的振动能量是不变的（略去传播损耗），截面小的地方能量密度大。为了获得较大的振幅，变幅杆的固有振动频率和外激振动频率相等，使其处于共振状态。为此，在设计、制造变幅杆时，应使其长度 L 等于超声波振动的半波长或其整倍数。

变幅杆可制成锥形、指数形和阶梯形等，如图 7-4 所示。锥形的振幅扩大比较小（5 ~ 10 倍），但易于制造；指数形的扩大比中等（10 ~ 20 倍），使用中等振幅比较稳定，但不易制造；阶梯形的扩大比较大（20 倍以上），也易于制造，但当它受到负载阻力时振幅减小的现象也较严重，扩大比不稳定，而且在粗细过渡的地方容易产生应力集中而导致疲劳断裂，因此必须加过渡圆弧。在实际生产中，加工小孔、深孔常用指数形变幅杆；阶梯形的因设计、制造容易，一般也采用。

必须注意，在超声加工时并不是整个变幅杆和工具都在做上下高频振动，它和低频振动或工频振动的概念完全不一样。超声波在金属棒杆内主要以纵波形式传播，一般引起杆内各点沿波的前进方向按正弦规律在原地做往复振动，并以声速传导到工具端面，使工具端面做超声振动。

（3）工具

超声波的机械振动经变幅杆放大后传给工具，使磨粒和工作液以一定的能量冲击工件，并加工出一定的尺寸和形状。

工具的形状和尺寸取决于被加工表面的形状和尺寸，它们相差一个加工间隙（稍大于平均的磨粒直径）。当加工表面积较小时，工件和变幅杆制成一个整体，否则可将工具用焊接或螺纹连接等方法固定在变幅杆下端。当工具不大时，可以忽略工具对振动的影响；但当工具较大时，会降低声学头的共振频率；工具较长时，应对变幅杆进行修正，使其满足半个波长的共振条件。

整个声学头的连接部分应接触紧密，否则在超声波传递过程中将损失很多能量。在螺纹连接处应涂凡士林油，绝不可存在空气间隙，因为超声波通过空气时会很快衰减。超声换能器、变幅杆或整个声学头应选择在振幅为零的波节点（或称为驻波点），夹固支撑在机床上，如图7-5所示。

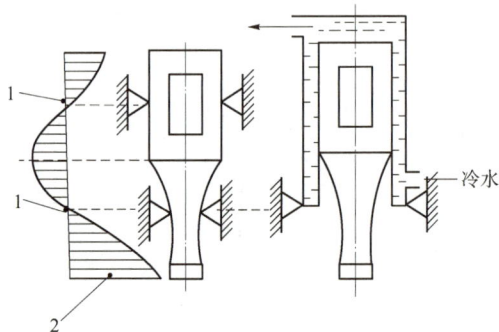

图 7-5　声学头的固定

1—波节点；2—振幅

3. 机床主体

超声加工机床一般比较简单，包括支撑声学部件的机架及工作台、使工具以一定压力作用在工件上的进给机构及床体等部分。图7-6所示为国产CSJ-2型超声加工机床。图7-6中4、5、6为声学部件，安装在一根能上下移动的导轨上，导轨由上、下两组滚动导轮定位，使导轨能灵活、精密地上下移动。工具的向下进给及对工件施加的压力靠声学部件自重，为了能调节压力大小，在机床后部有可加减的平衡重锤2，也有采用弹簧或其他办法加压的。

4. 磨料工作液及其循环系统

简单的超声加工装置，其磨料是靠人工输送和更换的，即在加工前将悬浮磨料的工作液浇注堆积在加工区，加工过程中定时抬起工具并补充磨料。也可利用小型离心泵将磨料悬浮液搅拌后注入加工间隙中。对于较深的加工表面，应将工具定时抬起以利于磨料的更换和补充。

效果较好而又最常用的工作液是水，为提高表面质量，也可用煤油或机油作为工作液。磨料常用碳化硼、碳化硅或氧化铝等，其粒度大小根据加工生产率和精度等要求来选定。颗粒大时生产率高，但加工精度及表面粗糙度较差。

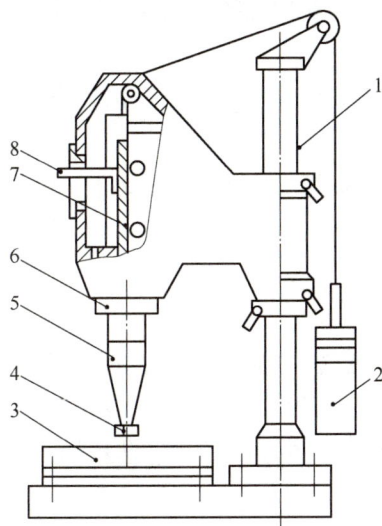

图 7-6 国产 CSJ-2 型超声加工机床

1—支架；2—平衡重锤；3—工作台；4—工具；5—变幅杆；6—换能器；7—导轨；8—标尺

7.1.3 超声加工及其影响因素

1. 超声加工的速度及其影响因素

加工速度是指单位时间内去除材料的多少，单位通常为 g/min 或 mm³/min。加工玻璃的最大速度可达 2 000~4 000 mm³/min。

影响加工速度的主要因素有：工具的振幅和频率、工具和工件间的进给压力、磨料的种类和粒度、磨料悬浮液的浓度、被加工材料等。

多学一点

要详细了解影响加工速度的主要因素，请扫描二维码进行学习。

2. 超声加工的精度及其影响因素

超声加工的精度，除受机床、夹具精度影响之外，主要与孔的加工范围、加工孔的尺寸精度、工具精度及磨损情况、工具横向振动大小、加工深度、被加工材料的性质等有关。一般加工孔的尺寸精度可达±（0.05~0.02）mm。

多学一点

要详细了解超声加工的精度及其影响因素，请扫描二维码进行学习。

3. 超声加工的表面质量及其影响因素

超声加工具有较好的表面质量，不会产生表面烧伤和表面变质层。

超声加工的表面粗糙度也较好，一般为 $Ra0.1~1$ μm，取决于每粒磨粒每次撞击工件表面后留下的凹痕大小，它与磨料颗粒的直径、被加工材料的性质、超声振动的振幅及磨料悬浮工作液的成分等有关。

当磨料尺寸较小、工件材料硬度较大、超声振幅较小时，加工表面粗糙度将得到改善，但生产率也随之降低。

磨料悬浮工作液的性能对表面粗糙度的影响比较复杂。实践表明，用煤油或润滑油代替水可使表面粗糙度有所改善。

7.1.4 超声加工的应用

超声加工的生产率虽然比电火花、电解加工等方法低，但其加工精度和表面粗糙度都比它们好，而且能加工半导体、非导体的脆硬材料，如玻璃、石英、宝石、锗、硅甚至金刚石等。电火花加工后的一些淬火钢、硬质合金冲模、拉丝模、塑料模具，最后还常用超声抛磨进行光整加工。

超声振动还可强化电火花加工、线切割加工、电化学加工、激光加工等工艺过程，两者结合，取长补短，可以创新性地形成新的复合加工。

1. 型孔、型腔加工

超声加工目前在各工业部门中主要用于对脆硬材料加工圆孔、型孔、型腔、微细孔及进行套料加工等，如图 7-7 所示。图 7-7（a）中若使工具转动，则可以加工较深而圆度较高的孔。若用镀有聚晶金刚石的圆杆或薄壁圆管，则可以加工很深的孔或进行套料加工。

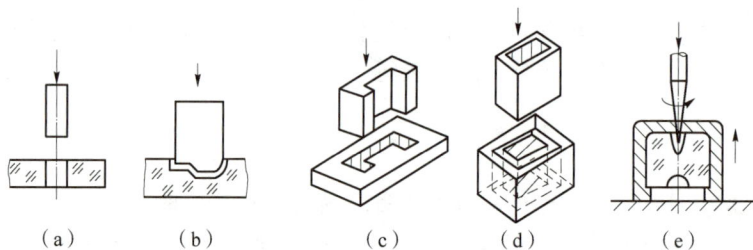

图 7-7 超声加工的型孔、型腔类型

（a）加工圆孔；（b）加工型腔；（c）加工异形孔；（d）套料加工；（e）加工微细孔

2. 切割加工

用普通机械加工切割脆硬的半导体材料是很困难的，采用超声切割则较为有效。图 7-8 所示为单晶硅片超声切割。用锡焊或铜焊将工具（薄钢片或磷青铜片）焊接在变幅杆的端部，加工时喷注磨料液，一次可以切割 10~20 片。

图 7-9 所示为成批切槽（块）刀具，它采用了一种多刃刀具，即包括一组厚度为 0.127 mm 的软钢刃刀片，间隔 1.14 mm，铆合在一起，然后焊接在变幅杆上。刀片伸出的高度应足够在磨损后做几次重磨。最外边的刀片应比其他刀片高出 0.5 mm，切割时插入坯料的导槽中，起定位作用。

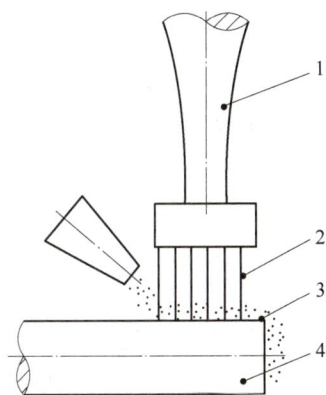

图 7-8　超声切割单晶硅片

1—变幅杆；2—工具（薄钢片）；

3—磨料液；4—工件（单晶硅）

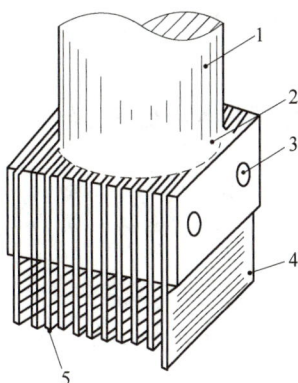

图 7-9　成批切槽（块）刀具

1—变幅杆；2—焊缝；3—铆钉；

4—导向片；5—软钢刀片

加工时喷注磨料液，将坯料片先切割成 1 mm 宽的长条，然后将刀具转过 90°，使导向片插入另一导槽中，进行第二次切割以完成模块的切割加工。图 7-10 所示为超声切割成的陶瓷模块。

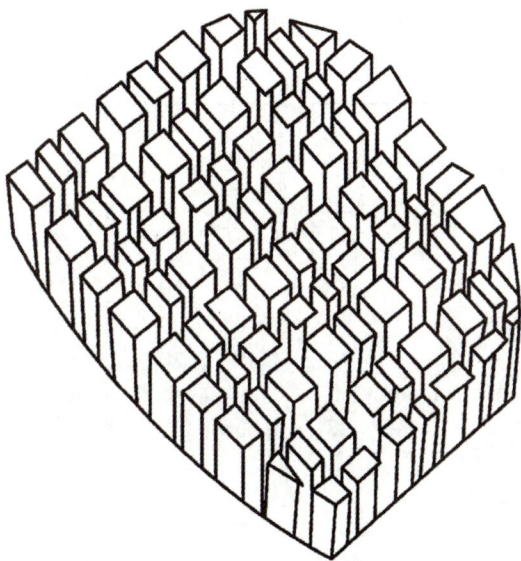

图 7-10　超声切割成的陶瓷模块

3. 超声复合加工

在超声加工硬质合金、耐热合金等硬质材料时，加工速度较低，工具损耗较大。为了提高加工速度又降低工件损耗，可以把超声加工和其他加工方法相结合进行复合加工。例如，采用超声加工与电化学加工或电火花加工相结合的方法来加工喷油嘴、喷丝板上的小孔或窄缝，可以大大提高加工速度和质量。

特种加工技术

多学一点

要详细了解具体的超声复合加工，请扫描二维码进行学习。

4. 超声清洗

超声清洗主要是基于超声振动在液体中产生的交变冲击波和空化作用进行的。液体中发生空化时，局部压力可高达上千个大气压，局部温度可达 5 000 K。超声波在清洗液（汽油、煤油、酒精、丙酮或水等）中传播时，液体分子往复高频振动产生正负交变的冲击波。当声强达到一定值时，液体中急剧生长微小的空化气泡并瞬时强烈闭合，产生的微冲击波使被清洗物表面的污物遭到破坏，并从被清洗表面脱落下来。即使是被清洗物上的窄缝、细小的深孔、弯孔中的污物，也很容易被清洗干净。虽然每个微气泡的作用并不大，但每秒有上亿个空化气泡在作用，就具有很好的清洗效果。所以超声清洗被广泛用于喷油嘴、喷丝板、微型轴承、仪表齿轮、零件、手表整体机芯、印制电路板、集成电路微电子器件的清洗。图 7-11 所示为超声清洗装置。

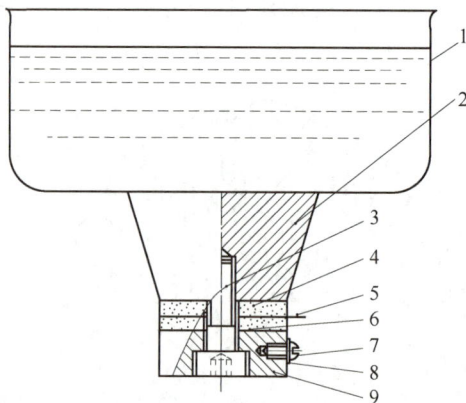

图 7-11 超声清洗装置

1—清洗槽；2—变幅杆；3—压紧螺钉；4—压电陶瓷换能器；5—镍片（+）；6—镍片（−）；
7—接线螺钉；8—垫圈；9—钢垫块

多学一点

在超声清洗时，清洗液会逐渐变脏，相当于盆汤洗澡，被清洗的表面总会有残余的污物。采用超声气相淋浴清洗，可以解决上述弊病，达到更好的清洗效果。超声气相淋浴清洗装置由超声清洗槽、气相清洗槽、蒸馏回收槽、水分分离器、超声发生器等组成，如图 7-12 所示。零件经过 5、6 进行两次超声清洗后，即悬吊于气相清洗槽 4 的上方进行气相清洗。气相清洗剂选用沸点低（40~50 ℃）、不易燃、化学性质稳定的有机溶剂，如三氯乙烯、三氯乙烷和氟氢化物等。当气相清洗槽内的溶剂被加热装置 9 加热后即迅速蒸发，蒸气遇零件后即在其表面凝结成雾滴对零件进行初步淋洗，在槽的上方有冷凝器 3，清洗液蒸气遇冷后凝结下降，对工件进行彻底的淋浴清洗，最后回落到气相清洗槽中。超声清洗剂还可

274

以通过独立的蒸馏回收槽回收重新使用。超声清洗槽的输出功率为 150～2 000 W，振荡频率为 28～46 kHz，各槽均装有过滤器，以滤除尺寸不小于 5 μm 的污物。

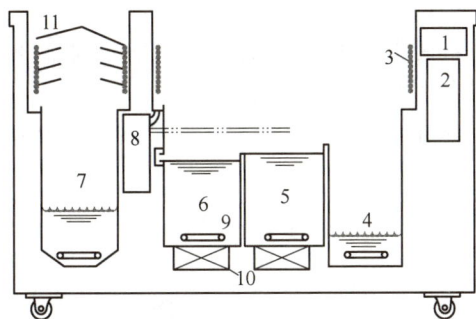

图 7-12　四槽式超声气相淋浴清洗机

1—操作面板；2—超声发生器；3，11—冷凝器；4—气相清洗槽；5—第二超声清洗槽；6—第一超声清洗槽；
7—蒸馏回收槽；8—水分分离器；9—加热装置；10—超声换能器

将一定频率和一定振幅的超声波引入液体，有时能使半固体颗粒粉碎细化，起乳化作用有时却能使乳化液分层，起破乳作用，这些与超声的频率、振幅和功率有关。

5. 超声塑料焊接

一种新颖的塑料加工技术——超声塑料焊接已经发展起来，其具有高效、优质、美观、节能等优越性。超声塑料焊接既不需要添加任何黏合剂、填料或溶剂，也不消耗大量热源，具有操作简便、焊接速度快、焊接强度与本体接近、生产率高等优点。图 7-13 所示为超声塑料焊接示意。当超声作用于热塑性塑料的接触面时，每秒数万次的高频振动把超声能量传送到焊区，两焊件交界处声阻大，会产生局部高温，接触面迅速熔化，在一定的压力作用下，使其融合成一体。当超声停止作用后，让压力持续几秒，使其凝固定型，这样就形成了一个坚固的分子链，它的焊接强度接近原材料强度。超声塑料焊接的质量取决于振幅 A、压力 p 和焊接时间 t，焊接所需能量 $E = Apt$。

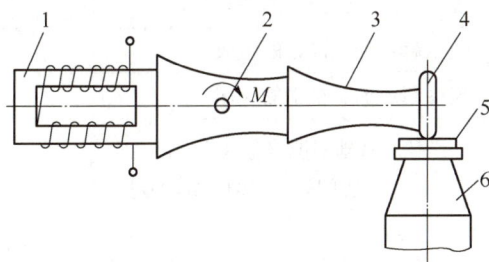

图 7-13　超声焊接示意

1—换能器；2—固定轴；3—变幅杆；4—焊接工具头；5—被焊工件；6—反射体

想一想

在超声加工时，为什么要将超声系统调节成共振状态？

任务实施

步骤一：上中国知网检索近年来超声加工技术的相关文献。

步骤二：总结近年来超声加工技术的发展现状。

步骤三：针对某一应用领域（切割加工、超声复合加工、超声清洗等）做具体论述。

问题探究

1）超声加工是利用_____做_____，通过_____加工脆硬材料的一种成形方法。

2）超声加工机床由_____、_____、_____和_____四部分组成。

3）超声加工的应用有_____、_____、_____、_____、_____等。

4）超声复合加工的主要应用有_____、_____、_____。

任务评价

任务评价按照学生任务分配表中的项目和评分标准进行。

活动过程小组评价表

超声加工简介							
序号	考核评价指标		评价要素	学生自评	小组互评	教师评价	配分	成绩
1	过程考核	专业能力	复述超声加工技术的概念和特点				30	
			概括超声加工设备的组成					
			概括超声加工技术的应用					
2		方法能力	超声技术基础知识信息搜集，自主学习，分析、解决问题，归纳总结及创新能力				30	
3		社会能力	团队协作、沟通协调、语言表达能力及安全文明、质量保障意识				10	
4	常规考核		自学笔记				10	
5			课堂纪律				10	
6			回答问题				10	

总结反思

1）学到的新知识有哪些？

_____

_____

_____

_____

2）掌握的新技能有哪些？

_____

_____

_____

_____

3）你对自己在本次任务中的表现是否满意？写出课后反思。

_____

_____

_____

_____

_____

7.2　磨料流加工

任务描述

　　通过学习本部分内容，能够复述磨料流加工的原理及特点。要求：以小组为单位，通过查阅相关文献、网站等，总结关于当前磨料流加工的应用，并提交一份对应的研究分析报告。

学前准备

　　磨料流加工（Abrasive Flow Machining，AFM）就是用流体作载体，将具有切削性能的磨粒混合其中，形成流体磨粒，依靠磨粒相对于被加工表面的流动能量进行加工。

　　根据流体的黏度和施加压力的不同，可将磨料加工分为磨粒喷射加工和磨粒流动加工，前者是采用黏度极低的压缩空气或水作为载体，用很大的压力差使流体磨粒喷射在工件表面而达到加工的目的；后者则采用黏度大的有机高分子作载体，在压力作用下使载体中悬浮的磨粒在被加工表面上缓慢流动从而达到刮削或光整的目的。

磨料流加工还可用来除去某些材料上的涂层或皮革制品上的胶或涂料，也可用来剥离导线的绝缘材料，且不影响导线的导电性能。此外，特别针对由于零件本身就不允许采用热能或电化学能方法加工而不得不采用磨料流或水力喷射加工。你能查阅资料，了解磨料流加工的相关知识及最新应用吗？请扫描二维码进行任务学前的准备。

学习目标

1）能复述磨料流加工的概念。
2）能复述磨料流加工的基本原理。
3）能复述磨料流加工的特点。

知识导图

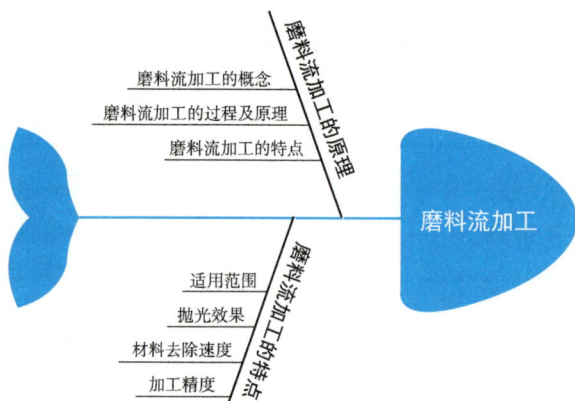

相关知识

7.2.1 磨料流加工的原理

磨料流加工，也称为挤压珩磨，是利用一种含磨料的半流动状态的黏弹性磨料介质，在一定压力下强迫在被加工表面上流过，由磨料颗粒的刮削作用去除工件表面微观不平材料的工艺方法。它可以适用各种复杂表面的抛光和去毛刺，如齿轮、叶轮、交叉孔、喷嘴小孔、液压部件、各种模具等，而且几乎能加工所有的金属材料，同时也能加工陶瓷、硬塑料等。图 7-14 所示为磨料流加工的过程，工件安装并被压紧在夹具中，夹具与上、下磨料室相连，磨料室内充以黏弹性磨料，由活塞在往复运动过程中通过黏弹性磨料对所有表面施加压力，使黏弹性磨料在一定压力作用下反复在工件待加工表面上滑移通过，类似用砂布均匀地压在工件上慢速移动那样，从而达到表面抛光或去毛刺的目的。

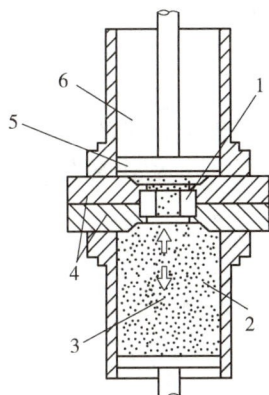

图 7-14　磨料流加工的过程

1—工件；2—下部磨料室；3—黏弹性磨料；4—夹具；5—液压操纵活塞；6—上部磨料室

7.2.2　磨料流加工的特点

1. 适用范围

由于挤压珩磨介质是一种半流动状态的黏弹性材料，它可以适用各种复杂表面的抛光和去毛刺，如各种型孔、型面、齿轮、叶轮、交叉孔、喷嘴小孔、液压部件、各种模具等，所以它的适用范围是很广的，而且几乎能加工所有的金属材料，同时也能加工陶瓷、硬塑料等。

2. 抛光效果

加工后的表面粗糙度与原始状态和磨料粒度等有关，一般可降低到加工前表面粗糙度值的 1/10，最佳的表面粗糙度可以达到 $Ra0.025$ μm 的镜面。磨料流动加工可去除在 0.025 mm 深度的表面残余应力，也可以去除前面工序（如电火花加工、激光加工等）形成的表面变质层和其他表面微观缺陷。

3. 材料去除速度

挤压珩磨的材料去除厚度一般为 0.01~0.10 mm，加工时间通常为 1~5 min，最多十几分钟即可完成，与手工作业相比，加工时间可减少 90% 以上，对一些小型零件，可以多件同时加工，效率可大幅提高。对多件装夹的小零件的生产率每小时可达 1 000 件。

4. 加工精度

挤压珩磨是一种表面加工技术，因此它不能修正零件的形状误差。切削均匀性可以保持在被切削量的 10% 以内，因此，也不致破坏零件原有的形状精度。由于去除量很少可以达到较高的尺寸精度。一般尺寸精度可控制在微米数量级。

挤压珩磨可用于边缘光整、倒圆角、去毛刺、抛光和少量的表面材料去除，特别适用于难以加工的内部通道的抛光和去毛刺，从软的铝到韧性的镍合金材料均可进行挤压珩磨加工。挤压珩磨已用于硬质合金拉丝模、挤压模、拉深模、粉末冶金模、叶轮、齿轮、燃料旋流器等零件的抛光和去毛刺，还用于去除电火花加工、激光加工或渗氮处理这类热加工产生的变质层。

想一想

挤压珩磨技术有哪些特点？举例说明其实际应用情况。

任务实施

步骤一：上中国知网检索近年来磨料流加工的相关文献。

步骤二：总结近年来磨料流加工技术的发展现状。

步骤三：针对某一应用领域做具体论述。

问题探究

1）磨料流加工，也称为_____，是利用一种_____的黏弹性磨料介质，在一定压力下强迫在被加工表面上流过，由磨料颗粒的_____作用去除工件表面微观不平材料的工艺方法。

2）由于挤压珩磨介质可以适用各种复杂表面的_____和_____，如各种型孔、型面、齿轮、叶轮、交叉孔、喷嘴小孔、液压部件、各种模具等，所以它的适用范围是很广的，而且几乎能加工所有的_____，同时也能加工_____、硬塑料等。

3）挤压珩磨的材料去除厚度一般为_____ mm，加工时间通常为_____ min，最多十几分钟即可完成，与手工作业相比，加工时间可减少_____以上，对一些小型零件，可以多件同时加工，效率可大幅提高。

任务评价

任务评价按照学生任务分配表中的项目和评分标准进行。

活动过程小组评价表

			磨料流加工					
序号	考核评价指标		评价要素	学生自评	小组互评	教师评价	配分	成绩
1	过程考核	专业能力	复述磨料流加工技术的概念				30	
			复述磨料流加工的原理					
			复述磨料流加工的特点					
2		方法能力	磨料流加工技术基础知识信息搜集，自主学习，分析、解决问题，归纳总结及创新能力				30	
3		社会能力	团队协作、沟通协调、语言表达能力及安全文明、质量保障意识				10	
4	常规考核		自学笔记				10	
5			课堂纪律				10	
6			回答问题				10	

总结反思

1）学到的新知识有哪些？

_____

_____

2）掌握的新技能有哪些？

_____

_____

3）你对自己在本次任务中的表现是否满意？写出课后反思。

_____

_____

_____

7.3　喷射成形加工技术

任务描述

通过学习本部分内容，能够复述喷射成形加工的基本原理、特点，并能够概括其主要应用。要求：以小组为单位，通过查阅相关文献、网站等，总结关于当前喷射特种加工的应用，并提交一份对应的研究分析报告。

学前准备

喷射成形加工（Spray Forming Machining，SFM）是近 20 年来工业发达国家在传统快速凝固/粉末冶金（RS/PM）工艺基础上发展起来的一种全新的先进材料制备与成形技术，是迅速发展起来的一项新工艺。喷射成形也有专家称为喷射铸造（Spray Cast Machining）或喷射沉积（Spray Deposition），它是继连续铸造之后金属材料制备技术的重要发展。它将快速凝固技术与金属材料的直接成形技术有机地结合起来，具有传统工艺无法比拟的优良特性。与铸造相比，喷射成形具有快速凝固的特点，可细化产品凝固组织，减轻元素偏析，扩大了合金元素在基体中的固溶度，提高了时效处理后基体中第二相的强化效果。同粉末冶金相比，喷射成形可直接制备柱坯、板坯和管坯，因此可减少材料制备工序，减轻氧化现象，具有广泛的适应性。喷射成形技术是一种用快速凝固方法制备大块致密金属材料的高新技术，而且它兼有半固态成形、近终型成形和快速凝固成形等特点，目前已在铝合金、镁合金、铜合金、钛合金、高温合金、钢铁及复合材料制备方面得到广泛的应用。

你能查阅资料，了解喷射成形加工的相关知识及最新应用吗？请扫描二维码进行任务学前的准备。

学习目标

1）能复述喷射成形加工技术的原理和特点。
2）能复述常见喷射成形加工方法。
3）能复述喷射成形加工产品实例。
4）能列举喷射成形加工典型设备。

知识导图

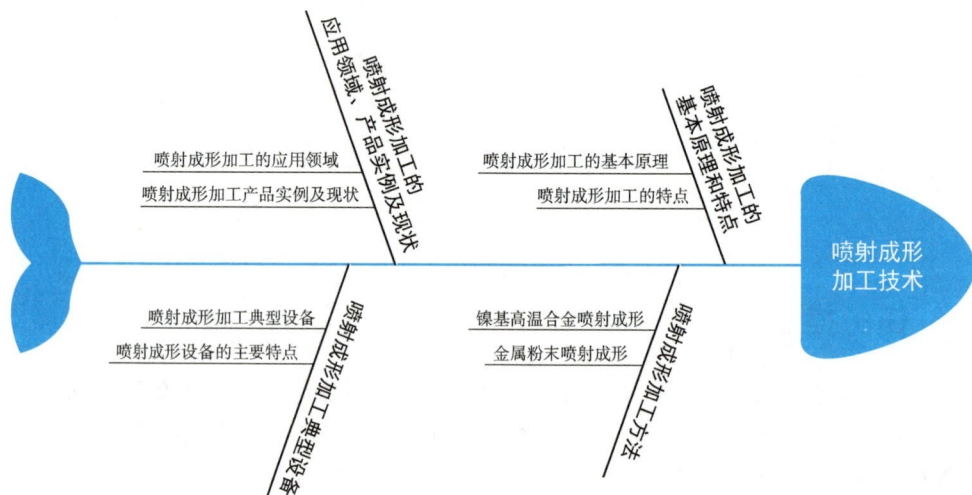

相关知识

7.3.1　喷射成形加工的基本原理和特点

1. 喷射成形加工的基本原理

喷射成形加工技术的基本原理是利用高速惰性气体用雾化器将熔融金属雾化成弥散的微小雾滴，并将其直接沉积在金属沉积器（基板）上焊合在一起，迅速形成具有一定形状的高致密度的预制坯。在沉积过程中，一方面雾化器要进行扫描运动，另一方面基板也要转动或线性移动，以保持沉积表面相对喷雾的适当位置。这样，通过合理地设计接收体的形状并控制其运动方式，便可以从液态金属直接制备出具有快速凝固组织特征，整体致密的圆棒、管坯、板坯、圆盘等不同形状的沉积坯。

采用喷射成形工艺制备的材料与用传统铸造或变形工艺制备的材料相比，由于在制备过程中的快速冷却使显微组织明显细化、析出相细小且分布均匀，从而使材料的化学成分和组织在宏观和微观上得到有效的控制，因此材料的力学性能几乎没有各向异性，使材料的总体性能得到明显提高。这种新工艺与传统的粉末冶金工艺相比，由于从冶炼到坯件成形可在一个工序完成，省去了粉末冶金制粉、混料、压坯和烧结等多道工序，且可有效地控制材料中的氧含量与纯净度，因而可使材料坯件的制造成本大幅降低。

2. 喷射成形加工的特点

喷射成形加工的主要特点如下。

1) 由于雾化过程中的热量快速散失，故宏观偏析及晶粒粗大现象基本消失，且喷射过程中惰性气体的包围，减少了表面氧化物等有害杂质含量。

2) 加工效率较高。

7.3.2 喷射成形加工方法

1. 镍基高温合金喷射成形

喷射成形 IN718 合金的室温和 650 ℃ 屈服强度及疲劳寿命高于铸、锻态合金，塑性也保持了较高的水平，当施以热等静压处理后，室温与高温性能得到显著提高，如表 7-1 所示。

表 7-1 喷射成形 IN718 合金拉伸及开裂性能

工艺条件	拉伸性能（室温）				拉伸性能（650 ℃）				持久寿命（650 ℃）	
	$\sigma_{0.2}$ /MPa	σ_b /MPa	δ/%	ψ/%	$\sigma_{0.2}$ /MPa	σ_b /MPa	δ/%	ψ/%	应力 /MPa	寿命 /h
锻造	1 186	1 358	21	37	1 000	1 158	21	31	724	193
铸造	917	1 089	11	—	—	—	—	—	586	100
喷射成形	1 213	1 351	9	17	1 013	1 117	14	25	724	201
喷射成形+锻造	1 310	1 455	11	20	1 048	1 200	14	28	724	243

2. 金属粉末喷射成形

金属粉末喷射成形（Metal Powder Injection Molding，MIM）是将现代塑料喷射成形技术引入粉末冶金领域而形成的一门新型粉末冶金成形技术。金属粉末喷射成形技术是集塑料成形工艺学、高分子化学、粉末冶金工艺学和金属材料学等多学科渗透与交叉的产物。利用模具可喷射成形坯件并通过烧结快速制造高密度、高精度、三维复杂形状的结构零件，能够快速、准确地将设计思想物化为具有一定结构、功能特性的制品，并可直接批量生产零件，是制造技术领域一次新的变革。该工艺技术不仅具有常规粉末冶金工艺工序少、无切削或少切削、经济效益高等优点，而且克服了传统粉末冶金工艺制品材质不均匀、力学性能低、不易成形薄壁、复杂结构等缺点，特别适合于大批量生产小型、复杂以及具有特殊要求的金属零件。

美国加州 Parmatech 公司于 1973 年发明了该技术，20 世纪 80 年代初欧洲许多国家以及日本也都投入了极大精力开始研究该技术，并使其得到迅速推广。特别是 20 世纪 80 年代中期，这项技术实现产业化以来更获得突飞猛进的发展，每年都以惊人的速度在增长。到目前为止，在美国、日本、西欧等 10 多个国家和地区有 100 多家公司从事该工艺技术的产品开发、研制与销售工作。MIM 技术成为新型制造业中最为活跃的前沿技术领域，被称为世界冶金行业的开拓性技术，代表着粉末冶金技术发展的主要方向。

其基本工艺过程是：首先将固体粉末与有机黏结剂均匀混炼，经制粒后在加热塑化状态下（约 150 ℃）用喷射成形机注入模腔内固化成形；然后用化学或热分解的方法将成形坯中的黏结剂脱除，最后经烧结致密化得到最终产品。MIM 工艺采用微米级细粉末，既能加速烧结收缩，有助于提高材料的力学性能，延长材料的疲劳寿命，又能改善耐应力腐蚀及磁性能。与传统工艺相比，MIM 工艺具有制品精度高、组织均匀、性能优异、生产成本低等特点，其产品可广泛应用于电子信息工程、生物医疗器械、办公设备、汽车、机械、五金、体育器械、钟表、兵器及航空航天等领域。因此，国际上普遍认为该技术的发展将会导致零部件成形与加工技术的一场革命，因此被誉为"当今最热门的零部件成形技术"和"21 世纪的成形技术"。

7.3.3 喷射成形加工的应用领域、产品实例及现状

1. 喷射成形加工的应用领域

目前喷射成形加工主要应用于板、管、圆锭等坯件的制造。例如，镍基高温合金管材，其材质为 Alloy625，主要用于鱼雷管、导弹垫圈、轴套及轴承座等。镍基合金/碳钢复合管材，用作市政焚化炉材料。

金属粉末喷射成形技术加工的产品广泛应用于电子信息工程、生物医疗器械、办公设备、汽车、机械、五金、体育器械、钟表业、兵器及航空航天等工业领域。

当今，各工业发达国家利用喷射成形技术在高速钢、高温合金、铝合金、铜合金等先进材料的开发和生产方面已经取得很大进展。其中，高性能铝合金是喷射成形技术领域中最具吸引力的开发方向。

国外喷射成形技术的应用开发主要集中在圆锭坯和管坯上，在平板产品上应用得较少。目前，已经能生产直径为 450 mm、长度为 2 500 mm 的棒材，其成品率可高达 70%~80%。所生产的管坯直径为 150~1 800 mm、长度为 8 000 mm，其成品率为 80%~90%。而成形的合金材料主要有铝硅合金、铝锂合金、2000 及 7000 系列铝合金、各种铜合金、不锈钢和特种合金等。这些材料已经用于火箭壳体、尾翼、涡轮发动机涡轮盘、海洋中

耐腐蚀管道（IN625 合金）、轧辊、导电材料（Cu-Cr、Cu-Ni-Sn 等）、汽车连杆、活塞及体育器材等。

其中，德国 Peak 公司从 20 世纪 90 年代末期开始采用喷射成形技术批量生产过共晶 Al-Si 合金，并将其用于德国 Daimler-Benz 轿车发动机气缸内衬套，成为号称世界最先进的 V6 和 V8 轿车发动机的标准部件，其年产量在 2000 年已达到 6 000 t 左右。日本住友轻金属工业株式公社（Sumitomo Light Metal Industries Ltd.）从 20 世纪 90 年代开始用喷射成形技术生产最大尺寸为 ϕ250 mm×1 400 mm 的过共晶 A1-Si 系合金圆锭，其年产量已达 1 000 t 以上，主要供给 Mazda 公司制造轿车发动机中的一些关键零部件。此外，美国的福特汽车公司、韩国的大宇汽车公司等分别与美国加州大学和韩国 KIST 等单位合作开发了 A1-Si 系合金，用于生产发动机气缸内衬材料等，已经批量生产。

国内喷射成形技术的研究与开发起步相对较晚，直到 20 世纪 80 年代末期北京航空材料研究院才研制成功真空感应熔炼的多功能喷射成形装置，并开展了喷射成形高温合金的研究。其后，国内的其他一些科研院所和大学也开展了许多基础和应用研究，也取得了不少的研究成果。

从各国研究和应用的情况分析，喷射成形技术可在以下几个方面得到应用。

1）高强度、高刚度、高阻尼、大尺寸鱼雷壳体是喷射成形技术最适宜的应用对象，这对提高材料性能和降低成本都具有重要作用。

2）采用喷射成形技术制备各种装甲车辆的发动机铝合金部件具有化学成分均匀、金相组织细小、少无夹杂和净化材质等优点，对提高材料的强度、改善疲劳性能和耐蚀性能都极为有利。

3）采用喷射成形工艺可直接成形导弹舱体铝锂合金大规格薄壁壳体件，这将大幅降低导弹的制造成本，对于研制新一代高性能导弹具有非常重要的意义。

4）采用喷射成形技术制备各种舰船和水陆两栖装甲车辆的螺旋桨、喷水管等可极大地降低成本并提高材料对海水和盐雾的耐蚀性能。

2. 喷射成形加工产品实例及现状

（1）双金属复合管

这种金属复合管的一个典型应用实例是城市垃圾焚烧炉用锅炉蒸发器水冷壁和过热器蒸气管道。这种复合管是在普通碳素钢或低合金钢管表面上采用喷射成形技术沉积一层低碳、高 Cr、高 Mo、高 Si 的镍基合金。这种管能很好地解决垃圾焚烧炉烟气中因 Cl$^-$ 离子参与反应引起的严重腐蚀问题，且经济效益十分可观。

（2）铝合金挤压坯

喷射成形技术用于铝合金生产的实例主要是 A1-Si 系合金在汽车发动机零部件上的应用。例如，德国 JK 公司用扫描双喷嘴系统和优化沉积工艺，得到的 1 400 mm×1 300 mm 铝合金棒坯，密度十分接近理论密度，径向尺寸公差小于 1%，不经任何机械加工即可进行挤压加工，材料的收缩率达 90%~95%。其 A1Si17Cu4Mg 合金的沉积坯经挤压和冷轧制成管材，再经机械加工成成品零件用于 Mercedes-Benz 最新一代的 V8 和 V12 发动机气缸衬套。为满足生产需要，Peak 公司建成了两台年产量分别为 900 t 和 1 500 t 的设备，已形成年产量超过 3 000 t 的生产能力。

（3）宇航环形件

目前，Howmet 公司已经研制成多种不同型号发动机的喷射成形环形件，其最大尺寸为 $\phi850$ mm×500 mm。

（4）铜合金挤压坯

德国的 Wieland 工厂从 20 世纪 90 年代开始致力于铜合金喷射成形技术的开发。用喷射成形 Cu-Cr-Zn 系合金可以获得均匀细小的显微组织，极大地改善了电极的性能，使用寿命比连续铸锭方法制备的电极提高一倍多。另外，他们还开发了用于镀锌板焊接的 Cu-Cr-Zr+$A_{12}O_3$ 的复合材料电极，在解决电极头表面局部合金化影响使用寿命方面取得了成效。

（5）高温合金涡轮盘

喷射成形高温合金用于航空发动机涡轮盘，是喷射成形技术产业化的重要方向之一。由于涡轮盘是航空发动机的核心部件，除要求材料必须达到一系列性能指标外，还对直接影响使用可靠性和安全寿命的显微组织和冶金质量等都有严格的要求。高性能的发动机涡轮盘是由复杂合金化的高强度镍基合金来制备的，由于镍基合金会存在严重的成分偏析以及热加工工艺性能极差的特性，因此用常规变形方法无法进行成形。美国 GE 发动机公司大力发展粉末高温合金技术，如采用氩气雾化快速凝固粉末工艺，使合金元素的偏析限制在单个粉末颗粒之内，其产品性能优于一般的变形合金，满足了高性能发动机的需要，把涡轮盘的制造技术大大推进了一步。但是，由于这种涡轮盘的价格昂贵，各大公司为了降低成本，开展了喷射成形涡轮盘的研制工作。随着工艺技术的不断完善，以较低的费用制造出性能和质量与粉末冶金涡轮盘相当的喷射成形涡轮盘将成为现实。

喷射成形技术经过多年来的不断发展和完善，已逐步进入产业化的发展阶段，欧美工业发达国家已经将该技术应用于制造高性能的零部件，取得了显著的技术效果和可观的经济效益，并将成为高新技术的支柱产业。我国的科研院所和企业目前正致力于喷射成形技术的工艺研究和产品开发，已取得显著的技术进步和一大批科研成果，有的产品已在汽车行业和军工产品上得到应用。

7.3.4 喷射成形加工的典型设备

1. 喷射成形加工典型设备

图 7-15 所示为可实现完全自动化控制的喷射成形设备。该设备可生产内径为 $\phi300$~600 mm，最大壁厚为 200 mm，最大单件质量为 1 000 kg 的管坯；可完成多种规格不同合金系列质量稳定的喷射成形管坯和锭坯的生产；可根据产品设计的不同要求，完成多种型号规格复杂的，具有高性能的铝合金制件的试制。图 7-16 所示为该设备制备的大型铝合金管坯。

2. 喷射成形设备的主要特点

（1）自动化程度高

喷射成形设备采用 PLC 全程自动控制，生产自动化程度高，质量稳定，可实现批量化生产，而且劳动强度低，生产效率高。

（2）材料性能指标优异

与铸造的工艺相比，喷射成形设备生产的同种合金牌号的材料，不但强度有大幅的提升（约30%），材料的塑性也得到显著的改善（提高2~3倍）。

图7-15　可实现完全自动化控制的喷射成形设备

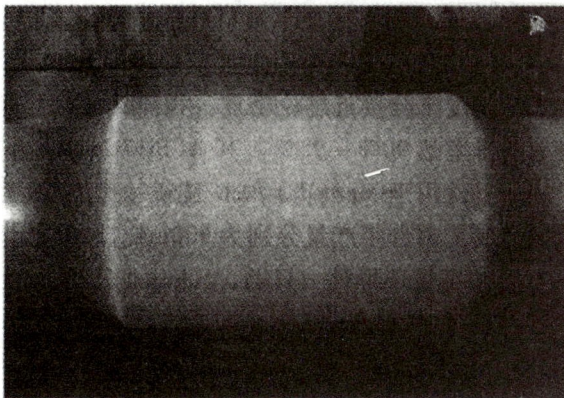

图7-16　喷射成形设备制备的大型铝合金管坯

（3）制件规格大

设备可生产内径为$\phi300$~600 mm的制件，最大壁厚为200 mm，最大单件质量为1 000 kg的管坯，可完成多种规格不同合金系列质量稳定的喷射成形管坯和锭坯的生产。

想一想

喷射成形技术应用的领域有哪些？

任务实施

步骤一：上中国知网检索近年来喷射成形加工技术的相关文献。

步骤二：总结近年来喷射成形加工技术的发展现状。

步骤三：针对某一应用领域做具体论述。

问题探究

1）喷射成形技术的基本原理是利用_____用雾化器将熔融金属雾化成弥散的_____，并将其直接沉积在金属沉积器（基板）上焊合在一起，迅速形成具有一定形状的、高致密度的预制坯。

2）喷射成形加工的基本特点是_____、_____。

3）喷射成形加工产品实例有_____、_____、_____、_____。

4）喷射成形设备的主要特点是_____、_____、_____。

任务评价

任务评价按照学生任务分配表中的项目和评分标准进行。

活动过程小组评价表

喷射成形加工技术							
序号	考核评价指标		评价要素	学生自评	小组互评	教师评价	配分	成绩
1	过程考核	专业能力	复述喷射成形加工技术的概念和特点				30	
			概括喷射成形加工技术的基本原理					
			概括喷射成形加工技术的应用					
2		方法能力	喷射成形加工技术基础知识信息搜集，自主学习，分析、解决问题，归纳总结及创新能力				30	
3		社会能力	团队协作、沟通协调、语言表达能力及安全文明、质量保障意识				10	
4	常规考核		自学笔记				10	
5			课堂纪律				10	
6			回答问题				10	

总结反思

1）学到的新知识有哪些？

_____

_____

_____

_____

_____

2）掌握的新技能有哪些？

_____

_____

_____

_____

_____

3）你对自己在本次任务中的表现是否满意？写出课后反思。

_____

_____

_____

_____

_____

7.4　水射流加工技术

任务描述

通过学习本部分内容，能够复述水射流加工的基本原理、系统、分类和特点，并能够概括其主要应用。要求：以小组为单位，通过查阅相关文献、网站等，总结关于当前水射流特种加工的应用，并提交一份对应的研究分析报告。

学前准备

水喷射加工（Water Jet Machining，WJM）又称水射流加工、水力加工或水刀加工，它是利用超高压水（数百 MPa，3 倍声速）射流及混合于其中的磨料对各种材料进行切割、穿孔和表层材料的去除等，其加工机理是综合了由超高速液流冲击产生的穿透割裂作用和由悬浮于液流中磨料的游离磨削作用，故称之为磨料水喷射（Abrasive Water Jet，AWJ）技术。

水射流加工的用途十分广泛，几乎适用于加工所有的材料，除钢铁、铝、铜等金属材料外，还可能加工特别硬脆、柔软或切屑尘飞扬的非金属材料，如塑料、皮革、木材、石棉、玻璃、陶瓷等。在航空工业中，水射流加工技术已广泛用于纤维增强复合材料和钛合金的切割以及用于去除发动机涡轮盘、火焰筒中孔缘、沟槽、螺纹、交叉孔和盲孔上的毛刺，而不会引起其表层组织的变化。你能查阅资料，了解水射流加工技术的相关知识及最新的应用吗？请扫描二维码进行任务学前的准备。

学习目标

1）能复述水射流加工技术的概念。

2）能复述常见的水射流加工系统。

3）能复述水射流加工的分类和特点。

4）能概括水射流加工技术的应用。

知识导图

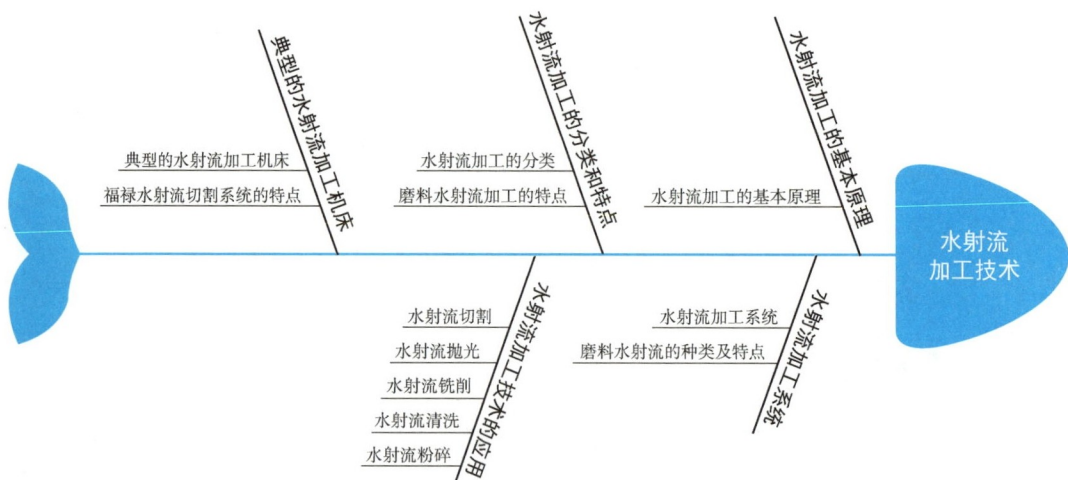

典型的水射流加工机床

典型的水射流加工机床
福禄水射流切割系统的特点

水射流加工的分类和特点

水射流加工的分类
磨料水射流加工的特点

水射流加工的基本原理

水射流加工的基本原理

水射流加工技术的应用

水射流切割
水射流抛光
水射流铣削
水射流清洗
水射流粉碎

水射流加工系统

水射流加工系统
磨料水射流的种类及特点

水射流
加工技术

相关知识

7.4.1　水射流加工的基本原理

水射流加工是以高速水流为载体带动高速、集中的磨料流冲击被加工表面，实现对材料有规律和有控制的去除过程。它不同于传统的喷砂过程，因为磨料水射流的磨粒尺寸更细，对加工性能和加工参数控制得更加准确。其基本原理是利用液压系统把水压增加到 $200\sim 400$ MPa，使高压水通过一个专门设计的一级水喷嘴（直径 $0.1\sim 0.6$ mm，或称前级喷嘴），形成 $2\sim 3$ 倍声速的高速水射流，冲击待加工表面从而去除材料。按照水中是否混有磨料，分为纯水射流（WJ）和磨料水射流（AWJ）加工两种类型。

WJ 主要用于软的、非金属材料的切割等。AWJ 依照磨料和水的混合方式不同又分为前混合式和后混合式两种。前混合式是将磨料和水在管道中混合均匀后，送到喷嘴进行加工。这种方式由于磨料吸收能量充分，因而切割性能好，所需工作压力低（$50\sim 250$ MPa）。后混合式是将磨料输送到一级水喷嘴后的混合腔入口，利用水射流的高速负压作用将磨料吸入混合腔，磨料经过混合和加速后喷出喷嘴。由于磨料进入混合腔的时间短，磨料吸收射流的能量不充分，因而切割性能较低，所需工作压力高（$200\sim 400$ MPa）。目前，磨料水射流加工应用以后混合式为主，主要应用在金属材料、复合材料等用常规方法不能加工或难加工材料的场合。磨料水射流特别适用于硬脆材料，如锗、硅、云母、陶瓷等微电子产品的原材料加工以及玻璃和大理石等建筑材料的加工，其加工原理如图 7-17 所示。

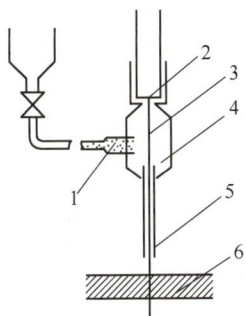

图 7-17　磨料水射流加工原理

1—磨料；2—前级喷嘴；3—高压水；4—混合腔；5—喷嘴；6—工件

7.4.2　水射流加工系统

1. 水射流加工系统

一套磨料水射流加工系统中有水处理单元、调压泵、高压增压器、水射流发生系统、磨料供给系统及辅助元件（如管路、控制阀）等，有喷嘴运动执行装置、机械手、三坐标工作台等，还有在工作台下起支撑、阻尼、缓冲和回收水射流的水箱，以及必要的观察、检验工具和安全、保护设施等，如图 7-18 所示。

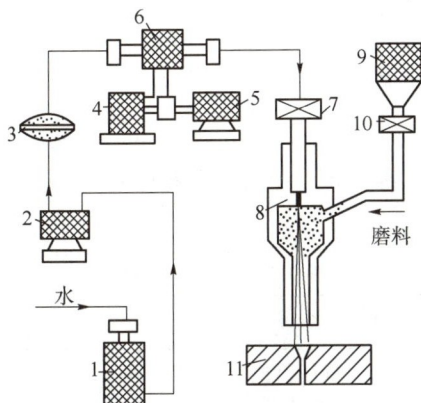

图 7-18　磨料水射流传输系统示意图

1—水处理单元；2—调压泵；3—过滤器；4—储油器；5—液压泵；6—高压增压器；7—开关阀；
8—喷嘴；9—磨料供给系统；10—磨料计量阀；11—工件

2. 磨料水射流的种类及特点

根据流体介质分类的不同，射流可以是纯水射流、可溶添加剂水射流和不溶磨料水射流。纯水高压射流一般用来切割软质材料。磨料水射流根据它们的产生和添加磨料的方式不同可以再分为两种。

（1）间接混合系统

在传输磨料水射流系统中，一般有两级喷嘴，第一级喷嘴称为形成水射流喷嘴，第二级喷嘴称为混合加速水射流喷嘴。第一级喷嘴被用来形成水射流，即从高压水到水射流的转换。第二级喷嘴被用来连接混合腔实现磨料与水射流的混合，然后加速和喷出用于加工的磨料水射流，如图7-19所示。

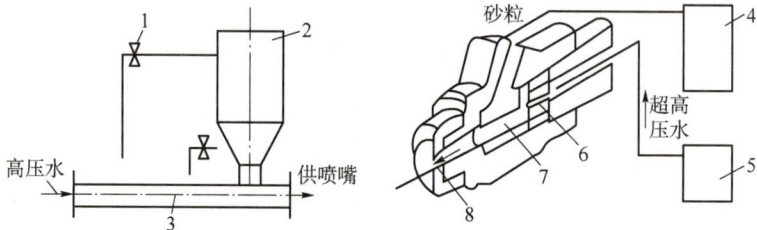

图7-19　磨料水射流加工系统

1—减压阀；2—容料罐；3—管道；4—砂罐；5—泵；6—第一级喷嘴；7—混合室；8—第二级喷嘴

这类磨料水射流传输系统的优点是结构简单、装置实用；缺点是喷嘴容易磨损以及磨料与水射流混合不均匀，因而影响磨料水射流的切割性能。因此，该装置适用于普通的尺寸、结构和精度要求的加工。

（2）直接泵压系统

在直接泵压的磨料水射流系统中，与间接混合系统的主要区别是磨料与水射流的混合方式不同。该系统采用磨料在使用前与水混合成稀浆。直接泵压系统的优点是磨料与水射流混合均匀，缺点是会引起系统的磨料磨损等。因此，该装置主要适用于切割性能要求较高以及相对压力较低的加工。

7.4.3　水射流加工的分类和特点

1. 水射流加工的分类

高速水流包括若干种水射流的类型，归纳起来大致可分为如表7-2所示的几种类型。

表7-2　水射流的分类

分类方式	分类	
按水压高低	低压射流	低压低于270 MPa
	高压射流	高压高于400 MPa
按水流连续与否	连续射流	
	不连续射流	单次冲击
		多次冲击
按流体介质	纯水射流	
	添加剂水射流	
	磨料水射流	三相射流（注入式）
		两相射流（悬浮式）

多学一点

因为存在着不同的界限或标准，从技术上讲，定义一个临界压力来区分低压与高压射流都是不容易的。有专家建议靠柱塞泵产生的射流可定义为低压射流，靠液压驱动的水压倍增产生的射流可定义为高压射流，所以这里对射流类型的划分仅供参考。随着技术的发展，原来定义的高压范围可能逐渐成为低压范围，如新研制的商用柱塞泵产生的水压为 270 MPa，达到了水压倍增器的压力范围。

相对于加工对象系统，一般可分为连续射流和不连续射流。在不连续冲击载荷情况下，将其定义为不连续射流。但是也有专家指出，由于压力波动和射流的过渡，每种射流在冲击加工对象过程中都会产生不连续相。因此，建议把由于外因引起的不连续射流与加工区自身原因引起的射流波动分开。连续射流自然是不受外部条件影响的情况。

根据射流介质的不同，一般又可分为纯水射流、添加剂水射流和磨料水射流。有报道研究试图把添加剂和磨料混合起来加入水射流中，分析其射流性质与加工效果，这是值得注意和进一步研究的课题。磨料水射流的进一步划分要依据其产生方式和它的成分组成。注入式水射流包括水、磨料和空气，因而称其为三相射流。与其对比，悬浮式水射流不包含空气，因此是二相射流。在机械制造领域应用的主要是注入式磨料水射流。

2. 磨料水射流加工的特点

（1）磨料水射流加工技术的优点

1）高的加工通用性。

2）可加工各种形状。

3）几乎无切削热产生。

4）切削力小，装置简单。

5）环境友好，有效性。

（2）磨料水射流加工技术的缺点

1）高的一次投入成本和运行成本。

2）切割的噪声大。

3）有限的加工能力。

4）喷嘴磨损。

5）较低的表面质量，较低的工件几何精度。

7.4.4　水射流加工技术的应用

1. 水射流切割

（1）工程陶瓷的水射流切割

工程陶瓷有许多固有的特点，如高硬度、高耐蚀性、高耐磨性和低电磁感应性，所以被不断应用于光学、电子、机械和生物工程等领域。但由于其特殊的力学性能，对传统加工技术来说，陶瓷属于难加工材料。此外，依据切割精度、质量和效率等高性能切割的要求，需要利用先进的切割技术，如磨料水射流切割技术等。

过去多年的研究和使用磨料水射流切割各种工业陶瓷的实践表明，磨料水射流切割技术是用于加工工程陶瓷材料的最有效手段之一。

（2）石材的水射流切割

石材以其丰富多彩及天然的质感成为地台、墙身的装饰材料，深受人们的喜爱，尤其是以不同颜色的石材组合拼成的拼花图案更是高级宾馆装饰必不可少的。如何把石材切割成拼花所需的尺寸和形状，确实令一些石材厂商大伤脑筋。因为组成拼花需要切割的石材是任意形状的，要切割的有直线、圆弧、多段曲线组合或复杂的曲线，而且大多数情况下需要断点切割。断点切割是指在一块板材上的不同位置有切割起点。切完一块材料后，需要切割别的颜色的材料与第一块料镶嵌，而且相互镶嵌的石材的曲线必须是吻合的。因此，使用传统的加工方法，如手工修磨、金刚石锯片、线切割等都是难以做到的。

（3）玻璃的切割

当今，玻璃在各行各业中的使用越来越多，一方面促进了玻璃行业的发展，另一方面也对玻璃制品的加工提出了多样化的需求。水刀切割技术的加入，为玻璃制品的多样性提供了一种快速、方便的解决方案。

（4）水射流引导激光切割技术

1993年，瑞士联邦科技研究所的科学家在洛桑应用光学协会上宣告了水射流导引激光（Water Jet Guided Laser）技术，亦称之为激光微射流（Laser Micro-jet，LMJ）的诞生。最初，水射流导引激光加工主要是用于减少切割区域附近的热效应，但事实上用水射流取代传统激光切割中的辅助气体束流还有很多别的优点，特别是在微电子和半导体制造行业，被证明是有效且可靠的。

2. 水射流抛光

（1）水射流抛光的基本原理

磨料水射流加工是自19世纪80年代迅速发展起来的一种新技术，和传统加工技术相比，它具有加工时无工具磨损、无热影响、反作用力小、加工柔性高等优点，目前已被广泛应用到多种加工行业，用于加工陶瓷、石英、复合材料等多种材料。

磨料水射流抛光技术是在磨料水射流加工技术的基础上发展起来的集流体力学、表面技术于一体的一种新型精密加工技术。目前，国内外对于它的研究还比较少，只有少数学者进行了探索性试验研究，尚未形成系统的研究成果。

一般认为，磨料水射流以一定角度冲击抛光工件时，磨料对工件的冲击力可分解为水平分力和垂直分力。水平分力对工件上的凸峰产生削凸整平作用，垂直分力对工作表面产生挤压，使工件表面产生冷硬作用。

（2）工艺参数对抛光效果的影响

利用磨料水射流进行抛光加工时，加工质量受到诸多因素的影响。例如，射流压力，射流喷嘴直径，靶距，倾角，砂喷管的直径、形状和长度，作用时间，磨粒的流量、大小、形状和硬度以及被加工材料的性质等，都会对抛光效果产生影响。

（3）目前磨料水射流抛光技术存在的主要问题

理想的磨料水射流抛光加工结果是材料去除量小，表面质量高。若想得到理想的抛光结果，需选用压力低、磨料尺寸小的磨料水射流，即微磨料水射流。但目前微磨料水射流的理论还不成熟，存在表 7-3 所列的主要问题。

表 7-3 磨料水射流抛光技术存在的主要问题

问题	说明
微细磨料水射流的形成	普通的磨料水射流形成是利用文杜里效应引射使磨料进入水射流的，但 Miller 发现，当射流直径小于 300 μm 时，这种使磨料进入水射流的方式已不能应用。现在对于微磨料水射流混合机理的研究报道还很少见
磨料团聚	当磨料颗粒为纳米级时，磨料的表面能很大，在磨料水射流形成的过程中，磨料颗粒有团聚的趋势。在磨料水射流精抛光加工时，需要用到纳米级的磨料，而对于磨料水射流中纳米级磨料的分散问题目前还没有解决
微细磨料加工时发生喷嘴堵塞	由于微细磨料水射流喷嘴尺寸较小，在射流开关的过程中，极易堵塞。有的学者利用阀门控制磨料进入喷嘴的时间，但同时阀门的快速磨损破坏又成为一个新的问题
材料去除机理没有定论	因为对磨料水射流抛光技术的研究刚处于起步阶段，从实验到理论都还没有。磨料水射流精抛光加工时，材料去除机理是微观去除，各种材料的微观去除机理至今还没有定论
尺寸效应	磨料水射流抛光加工（尤其是精抛光加工时），选用的磨料尺寸很小，而喷嘴尺寸由于经济和技术的原因，很难做到很小。这时，由于喷嘴尺寸与磨料尺寸比很大而引起的尺寸效应，其中的规律尚不清楚

3. 水射流铣削

（1）水射流铣削的基本原理

磨料水射流铣削是通过提高喷嘴的横移速度、降低射流压力或增加靶距，以确保射流不切穿工件，在工件上只留下一定深度和宽度的切口，众多切口组合起来在工件上留下一定深度和一定形状的凹坑的加工工艺。磨料水射流铣削加工如图 7-20 所示。

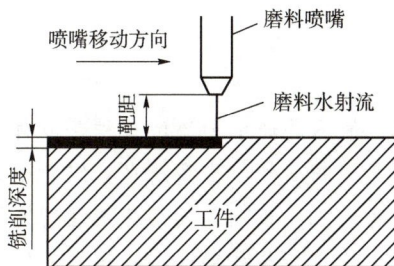

图 7-20 磨料水射流铣削加工

（2）水射流铣削试验

磨料水射流铣削可分为单次铣削和多次铣削。单次铣削是通过提高喷嘴的横移速度或增加靶距，以确保射流不切穿工件，而只留下一定深度和宽度切口的加工。多次铣削就是把单次铣削组合起来在工件上留下一定深度和一定形状的凹坑的加工。为了研究各铣削参数对铣削表面形状的影响，这里对氧化铝材料进行了单次铣削和两次铣削加工。图 7-21 所示为单次铣削加工，图 7-22 所示为两次铣削加工。

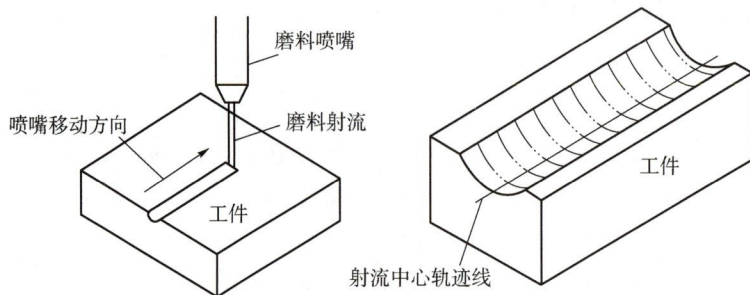

图 7-21　单次铣削加工

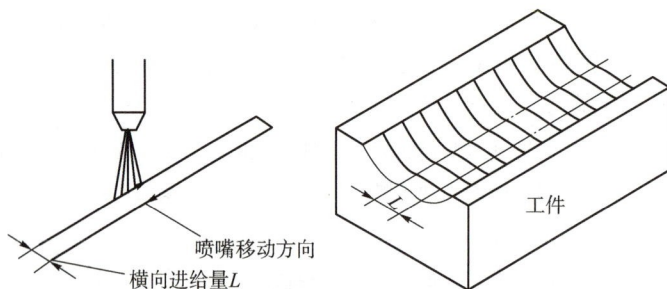

图 7-22　两次铣削加工

4. 水射流清洗

（1）水射流清洗的基本原理

水射流清洗的机理主要取决于附着层和基体的材料性能，以及它们与射流的相互影响。由于附着层与基体在材质上往往是相异的，对高压水射流清洗的主要要求是能有效地清除附着层而不损伤基体，因此射流的特性随着附着层的不同，在压力、距离和喷嘴类型方面要相应变化，射流的加载时间、横移的速度和次数也应随之变化。

> **多学一点**
>
> 所谓高压水射流清洗，就是使用高速水射流使一种或多种材料从另一种材料表面脱离的过程。高压水射流清洗的原理是用高压泵打出高压水，经管子到达喷嘴，喷嘴则把高压、低流速的水转换为低压、高流速的射流，正向或切向冲击被清洗件的表面；射流在垢层或沉积物上产生足够的压力使其粉碎，一旦垢层被射透，流体插入垢层和清洗件表面间，使垢层脱落而露出被清洗件的表面。呈层状或多孔状的垢物容易碎裂，因为喷射流的撞击可击中一个孔，在垢层表面以下形成一个内压而使上部垢层裂开。在许多喷射操作中，冲碎的颗粒夹杂在射流中能够帮助冲击出更多的颗粒。高压水射流清洗与化学清洗相比较，具有不污染环境、不腐蚀清洗对象、清洗效率高及节省能源等特点，且对一些化学药剂难溶或不溶的特殊垢层可有效去除。因此，高压水射流清洗技术在清洗领域中成为一支后起之秀，在很大程度上代替了传统的人工机械清洗和部分化学清洗。

（2）高压水射流清洗装置的结构

高压水射流清洗装置主要由高压柱塞泵、动力部分、喷嘴、高压软管及工作附件等组成，如图 7-23 所示。

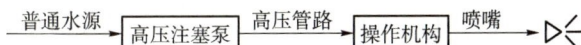

图 7-23 高压水射流清洗装置的结构框图

5. 水射流粉碎

（1）水射流粉碎的基本原理

高压水射流是以极高的速度和高度聚集的能量加载于被粉碎物料，加之在粉碎过程中通常可以形成的空化作用，使物料的裂隙和解理面中产生压力瞬变而使物料发生解理破碎。由于高压水射流具有良好的解理性，因此采用这种粉碎技术在降低粉碎能耗的同时，还可以制备高质量、高纯度、保持颗粒的原始结晶形状与表面光泽的超细粉体。

高压水射流对物料的粉碎作用主要体现在水射流对颗粒冲击和水楔作用、颗粒相互之间以及颗粒与管壁之间的摩擦剪切作用、颗粒与靶物之间的冲击作用等。

多学一点

高压水射流粉碎技术是近年来发展起来的一门新的超细粉体制备技术。与传统的能耗大、效率低、成本高、污染严重的粉碎工艺相比，高压水射流粉碎技术具有设备简单、解离与分离特性良好、清洁、节能、高效等优点。目前，高压水射流粉碎技术已被应用于木材制浆、水煤浆、云母、原盐、铁鳞等矿物的粉碎生产中。

（2）水射流粉碎系统装置

水射流超细粉碎系统是一个典型的多相流系统，除了液相的水之外，还包括固相的煤粉和与煤粉一起加入振荡腔的气泡。图 7-24 所示为水射流对撞式超细粉碎系统。

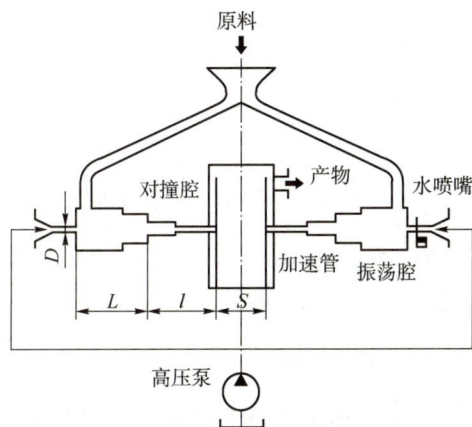

图 7-24 水射流对撞式超细粉碎系统

在振荡腔内，大涡流以一定的频率卷吸周围的流体形成混合脉冲，在低压区，随煤粉进入系统的空气提供了大量气泡；气泡在低压区逐渐涨大，伴随混合脉冲进入高压区；在高压区，气泡突然破裂，造成微气蚀，高压水射流在颗粒表面的微裂纹内形成水楔；在水楔作用下，微裂纹得以扩张。混合脉冲在加速管中加速，与对应部分在对撞室相互碰撞，使颗粒得以进一步粉碎。

7.4.5 典型的水射流加工机床

1. 典型的水射流加工机床

福禄超高压水射流技术有限公司（以下简称福禄公司）是业界知名的超高压水刀和加砂水刀设备制造商，是机器人和装配设备的供应商。福禄公司的产品线包括多功能水刀和工业清洗系统、超高压食品加工、超高压工业压制以及自动化装配系统。福禄公司可为航空、汽车、石材和陶瓷、工具和模具、加工车间、造纸、工业清洗和食品生产提供整套的系统解决方案。

图 7-25 所示为福禄水切割系统的典型机床。该系统可用一个步骤切割用户所需的任意形状，切边品质好，无须二次加工。可切割厚度从 1.5 mm 到 200 mm 的各种材料。

图 7-25　福禄水切割系统的典型机床

2. 福禄水射流切割系统的特点

福禄水射流切割系统的特点见表 7-4。

表 7-4　福禄水射流切割系统的特点

特点	说明
切割材料品种多	从玻璃到石材，从复合材料再到金属，各种软性材料，如食品、纸张、婴儿尿布、橡胶和泡沫等都可切割
效率高	因为使用福禄公司的加砂水刀切割时不存在侧向力，设置和固定的时间是最少的。因此，可以快速切换工件——上午切割 12 mm 的铝材，下午切割 50 mm 的玻璃，晚上切割 150 mm 的不锈钢

续表

特点	说明
成本低	加砂水刀是通过软件控制和机器人运动系统工作的，无须工装，因此没有工装成本，多种材料切割更换所需的时间最少
产能高	福禄公司的加砂水刀系统的冷切割工艺能够把材料叠加在一起加工，增加产能，在一个加工过程中就能加工多个零件。使用多刀头切割可进一步提高生产效率
无须昂贵的辅助加工	从钢材到复合材料，水刀可以切割网状和接近网状的零件。加砂水刀用侵蚀法切割，而不是剪切或者加热，因此能产生极高的边缘质量，且无热效应和机械变形。原材料保持了结构完整性，通常不需要去毛刺等其他辅助加工
可节省原材料	因为水刀切缝窄，没有热效应，因此可以把零件紧密地嵌套在一起，最大化地利用原材料

想一想

水射流加工技术的应用领域还有哪些？

任务实施

步骤一：上中国知网检索近年来水射流加工技术的相关文献。
步骤二：总结近年来水射流加工技术的发展现状。
步骤三：针对某一应用领域做具体论述。

问题探究

1）水射流加工是以_____为载体带动高速、集中的_____冲击被加工表面，实现对材料有规律和有控制的去除过程。

2）根据流体介质分类的不同，射流可以是_____、_____和_____。

3）高压水射流清洗就是使用_____使一种或多种材料从另一种材料表面_____的过程。

任务评价

任务评价按照学生任务分配表中的项目和评分标准进行。

活动过程小组评价表

水射流加工技术							
序号	考核评价指标		评价要素	学生自评	小组互评	教师评价	配分	成绩
1	过程考核	专业能力	复述水射流加工技术的概念和特点				30	
			概括水射流加工技术的分类					
			概括水射流加工技术的应用					
2		方法能力	水射流加工技术基础知识信息搜集，自主学习，分析、解决问题，归纳总结及创新能力				30	
3		社会能力	团队协作、沟通协调、语言表达能力及安全文明、质量保障意识				10	
4	常规考核		自学笔记				10	
5			课堂纪律				10	
6			回答问题				10	

总结反思

1）学到的新知识有哪些？

_____

_____

_____

_____

2）掌握的新技能有哪些？

_____

_____

_____

_____

3）你对自己在本次任务中的表现是否满意？写出课后反思。

_____

_____

_____

_____

拓展知识

请扫描二维码进行拓展知识的学习。

项目思考与练习

7-1 简述超声加工的基本原理。

7-2 简述超声加工的速度、精度、表面质量及其影响因素。

7-3 简述超声加工的应用。

7-4 磨料流加工的基本原理和特点是什么？

7-5 简述喷射成形加工的基本原理。

7-6 简述喷射成形加工产品的实例和现状。

7-7 举例说明喷射成形加工的典型设备。

7-8 简述水射流加工的分类和特点。

7-9 简述水射流加工技术的应用。

7-10 典型水射流加工机床的特点是什么？

项目8　微细特种加工技术

项目学习导航

学习目标	➢ 素质目标 1）塑造学生爱国敬业、使命奉献的核心价值观。 2）培养学生严谨细致、精益求精的工匠精神。 3）培养学生实践应用、自主探究的创新精神。 4）培养学生团队协作、安全质量的职业素养。 ➢ 知识目标 1）掌握微细特种加工的概念、特点、方法及应用。 2）理解光刻技术、LIGA 技术的基本工艺流程，掌握微细电火花加工技术的原理。 3）了解 MEMS 系统概念，了解微细电解加工技术。 ➢ 能力目标 1）能掌握微细特种加工的概念、特点、方法及应用。 2）能理解光刻技术、LIGA 技术的基本工艺流程，掌握微细电火花加工技术的原理。 3）能了解 MEMS 系统概念，了解微细电解加工技术
教学重点	微细特种加工的概念、特点、方法及应用
教学难点	光刻技术、LIGA 技术、微细电火花加工技术的原理
建议学时	4 学时

项目导入

　　现代制造技术的发展有两个趋势：一个是向着自动化、柔性化、集成化、智能化等方向发展，使现代制造成为一个系统，即现代制造系统的自动化技术；另一个就是寻求固有制造技术的自身微细加工极限，探索有效实用的微细加工技术，并使其能在工业生产中得到应用，已经成为 21 世纪制造技术必须解决的问题之一。

　　随着微/纳米科学与技术（Micro/Nano Science and Technology）的发展，以形状尺寸微小或操作尺寸极小为特征的微机械已成为人们在微观领域认识和改造客观世界的一种高新技术。微机械由于具有能够在狭小空间内进行作业而又不扰乱工作环境和对象的特点，在航空航天、精密仪器、生物医疗等领域有着广阔的应用潜力，受到世界各国的高度重视。

　　美国麻省理工大学、加州大学伯克利分校、斯坦福大学等院所的 15 名科学家在 20 世纪 80 年代末提出了"小机器、大机遇：关于新兴领域——微动力学的报告"的国家建议书。美国宇航局投资了 1 亿美元着手研制"发现号微型卫星"。美国国家科学基金会把 MEMS 作为一个新崛起的研究领域制订了资助微型电子机械系统的研究计划。从 1997 年到 2001 年，仅美国 DARPA（美国国防部先进研究计划署）每年投入的研究经费就达 7 000 万美元。日本在此领域的研究虽然起步晚于美国，但目前的注重程度和投资强度均超过美国。日本通产省 1991 年开始启动一项为期 10 年、耗资 250 亿日元的微型机械大型研究计划，研制两台样机，一台用于医疗，进入人体进行诊断和微型手术；另一台用于工业，对飞机发动机和原子能设备的微小裂纹实施维修。日本政府又投资 3 000 万美元，筹建了一座新的"微型机器人中心"。欧洲工业发达国家也相继对微型系统的研究开发进行了重点投资，德国自 1988 年开始微加工 10 年计划项目，并把微系统列为 21 世纪初科技发展的重点。德国首创了 LIGA 工艺，制作出微机械和微光学元件与系统。法国 1993 年启动了"微系统与技术"项目。瑞士在其传统的钟表制造行业和小型精密机械工业的基础上也投入了 MEMS 的开发工作。英国政府也制订了纳米科学计划。1993 年起欧盟将各国研究机构组织起来进行 MEMS 的联合研究，推出了 EUROPRACTICE 和 NEXUS 计划，从科研和产业化两个方面推进 MEMS 的发展。在美国，不仅大学和研究所参与研究微型机械，企业部门也投资参与或组成联合体投资微机械研究。现在美国的大学、国家实验室和公司共有 30 多个 MEMS 研究小组，日本共有 66 个小组，欧洲共有 31 个小组。目前，国际范围内的微型机械研究，不仅侧重于基础理论和基础工艺研究，同时已经开展了系统组成和应用研究。在我国，微机械研究也逐渐开始得到重视，国家科学技术部、国家自然科学基金委员会等部门已将其列入重点发展项目。

任务分组

学生任务分配表

班级		组号		指导教师	
组长		学号			
组员	学号	姓名	学号	姓名	
任务分工					

8.1 微细加工技术

任务描述

通过学习本部分内容，能够复述微细特种加工的概念、特点、方法，并能够概括其主要应用。要求：以小组为单位，通过查阅相关文献、网站等，总结关于当前微细特种加工的应用，并提交一份对应的研究分析报告。

学前准备

微机械或微机电系统（Micro Electro Mechanical System，MEMS）是20世纪80年代后期发展起来的一门新兴学科。随着大规模集成电路中微细加工技术和超精密加工技术的发展，近几年来微机械发展极其迅猛，部分已进入实用化和商品化阶段。微机械体积小、耗能低，能方便地进行精细操作。其主要应用领域有医疗、生物工程、信息、航空航天、半导体工业、军事、汽车领域等。它已给国民经济、人民生活和国防、军事等带来了深远的影响，被列为21世纪关键技术之一。

微机械涉及的基本技术主要有微机械设计、微机械材料、微细加工、集成技术、微装配和封接、微测量、微能源、微系统控制等。微机械的制造和生产离不开微细加工技术。你能查阅资料，了解微细特种加工的相关知识及最新的应用吗？请扫描二维码进行任务学前的准备。

学习目标

1）能复述微细加工技术的概念。
2）能复述常见微细加工技术的方法。
3）能辨析并概括微细加工与一般尺寸加工的主要区别。
4）能概括微细加工技术的应用。

知识导图

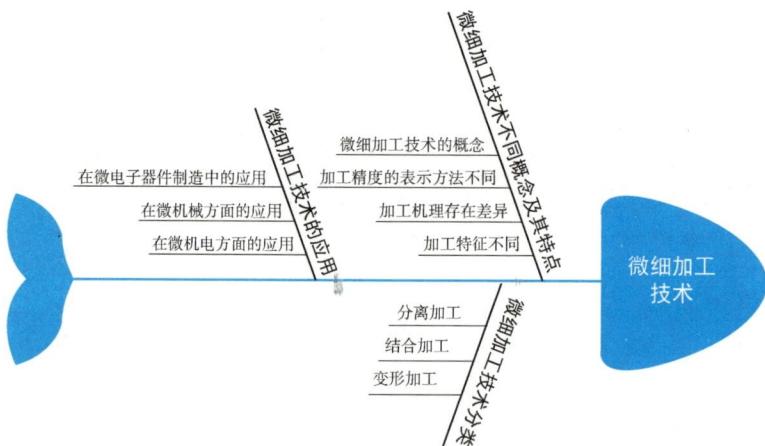

相关知识

8.1.1　微细加工技术的概念及特点

微细加工技术的产生和发展一方面是加工技术自身发展的必然，同时也是新兴的微型机械技术发展对加工技术需求的促进。超精加工在 20 世纪的科技发展中做出了巨大贡献，同时又将自身的加工精度提高了 2～3 个数量级。原来所提出的精密和超精密的含义随着时间的推移和技术的进步已不适应实际可达到的加工精度。东京理工大学的谷口纪男教授首先提出了纳米技术术语，明确提出以纳米精度为超精密加工的奋斗目标。

微机械的发展离不开微细加工技术的进步。所谓微细加工技术，就是指能够制造微小尺寸零件的加工技术的总称。

多学一点

广义地讲，微细加工技术包含了各种传统精密加工方法和与其原理截然不同的新方法，如微细切削加工、磨料加工、微细电火花加工、电解加工、化学加工、超声波加工、微波加工、等离子体加工、外延生长、激光加工、电子束加工、离子束加工、光刻加工、电铸加工等；狭义地讲，微细加工技术目前主要是指半导体集成电路的微细制造技术，因为微细加工技术是在半导体集成电路制造技术的基础上发展起来的，如化学气相沉积、热氧化、光刻、离子束溅射、真空蒸镀、LLGA 等。

目前从国际上微细加工技术的研究与发展情况看，主要形成了以美国为代表的硅基 MEMS 技术、以德国为代表的 LGA 技术和以日本为代表的传统加工方法的微细化等主要流派。他们的研究与应用情况基本代表了国际微细加工的水平和方向。

想一想

微细加工技术除了以上介绍的主要流派之外还有哪些典型的技术？

微细加工技术是获得微机械、微机电系统 MEMS 的必要手段。微细加工的加工尺寸从亚毫米到亚微米量级，而加工单位从微米到原子或分子线度量级（Å，1 nm = 10 Å）。微细加工与常规尺寸的加工机理是截然不同的。微细加工与一般尺寸加工的主要区别如下。

1. 加工精度的表示方法不同

在一般尺寸加工中，加工精度常用相对精度表示；而在微细加工中，其加工精度则用绝对精度表示。

一般尺寸加工时，精度是用其加工误差与加工尺寸的比值（即相对精度）来表示的。如现行的公差标准中，公差单位是计算标准公差的基本单位，它是基本尺寸的函数，基本尺寸越大，公差单位也越大。因此，属于同一公差等级的公差，对不同的基本尺寸，其数值就不同，但认为具有同等的精确程度，所以公差等级就是确定尺寸精确程度的等级，这是现行公差制定的原则。但这种精度的表示方法显然是存在缺陷的，如切削直径分别为 $\phi10\ mm\pm0.1\ mm$ 和 $\phi0.1\ mm\pm0.001\ mm$ 的软钢材料时，尽管其相对精度相同（$\pm1\%$），但由于两者尺寸的差异，将使两者所采用的刀具、夹具和量具各不相同。

在微细加工时，由于加工尺寸的微小化，精度就必须用尺寸的绝对值来表示，即用去除（或添加）的一块材料（如切屑）的大小来表示，从而引入加工单位的概念，即一次能够去除（或添加）的一块材料的大小。当微细加工（包括电子束、离子束、激光束等多种非机械切削加工）0.01 mm 尺寸零件时，必须采用微米加工单位进行加工；当微细加工微米尺寸零件时，必须采用亚微米加工单位来进行加工；现如今的超微细加工已经采用纳米加工单位。

想一想

还有哪些加工工艺的精度进入了纳米级别？

2. 加工机理存在很大的差异

由于在微细加工中加工单位的急剧减小，此时必须考虑晶粒在加工中的作用。假定把软钢材料毛坯切削成一根直径为 0.1 mm、精度为 0.01 mm 的轴类零件，在实际加工中，对于给定的要求，车刀至多只允许产生 0.01 mm 切屑的吃刀深度；而且在对上述零件进行最后的精车时，吃刀深度要更小。由于软钢是由很多晶粒组成的，晶粒的大小一般为十几微米，直径为 0.1 mm 就意味着在整个直径上所排列的晶粒只有 20 个左右。如果吃刀深度小于晶粒直径，那么切削就不得不在晶粒内进行，这时就要把晶粒作为一个个不连续体来进行切削。相比之下，如果是加工较大尺寸的零件，由于吃刀深度可以大于晶粒线度，切削不必在晶粒中进行，就可以把被加工体看成是连续体。这就导致加工尺寸在亚毫米、加工单位在数微米的加工方法与常规加工方法的微观机理的不同。另外，还可以从切削时刀具所受的阻力大小来分析微细切削加工和常规切削加工的明显差别。

多学一点

实验表明，当吃刀深度在 0.1 mm 以上进行普通车削时，单位面积上的切削阻力为196～294 N/ mm^2；当吃刀深度在 0.05 mm 左右进行微细铣削加工时，单位面积上的切削阻力约为 980 N/ mm^2；当吃刀深度在 1 μm 以下进行精密磨削时，单位面积上的切削阻力将高达 12 740 N/mm^2，接近于软钢的理论剪切强度 $G/(2\pi)\approx13\ 720\ N/mm^2$（$G$ 为剪切弹性模量$\approx8.3\times10^3\ kg/mm^2$）。因此，当切削单位从数微米缩小到 1 μm 以下时，刀具的尖端要承受很大的应力作用，使单位面积上产生很大的热量，导致刀具的尖端局部区域上升到极高的温度。这就是越是采用微小的加工单位进行切削，就越要求采用耐热性好、耐磨性强、高温硬度和高温强度都高的刀具的原因。

3. 加工特征明显不同

一般加工以尺寸、形状、位置精度为特征；微细加工则由于其加工对象的微小型化，目前多以分离或结合原子、分子为特征。

新视野

例如，超导隧道结的绝缘层只有 10Å 左右的厚度。要制备这种超薄层的材料，只能用分子束外延等方法在基底（或衬底、基片等）上通过一个原子层一个原子层（或分子层）地以原子或分子线度（Å 级）为加工单位逐渐积淀，才能获得纳米加工尺寸的超薄层。再如，利用离子束溅射刻蚀的微细加工方法，可以把材料一个原子层一个原子层（或分子层）地剥离下来，实现去除加工。这里，加工单位也是原子或分子线度量级，也可以进行纳米尺寸的加工。因此，要进行 1 nm 的精度和微细度的加工，就需要用比它小一个数量级的尺寸作为加工单位，即要用 0.1 nm 的加工方法进行加工。这就明确告诉我们必须把原子、分子作为加工单位。扫描隧道显微镜和原子力显微镜的出现，实现了以单个原子作为加工单位的加工。

想一想

还有哪些先进制造工艺以原子、分子作为加工单位？

8.1.2　微细加工技术的分类

微细加工技术起源于平面硅工艺，但随着半导体器件、集成电路、微型机械等技术的发展与需求，微细加工技术已经成为一门多学科交叉的制造系统工程和综合高新技术。它已不再是一种孤立的加工方法或单纯的工艺技术，它涉及微机械学、微动力学、微电子学、微摩擦学以及微量分离、结合、材料、环境、检测、可靠性工程等一系列科学与技术，其技术手段遍及传统和非传统加工等方法。

从被加工对象的形成过程上看，微细加工可大致分为分离加工、结合加工、变形加工三大类。分离加工——将材料的某一部分分离出去的加工方式，如切削、分解、刻蚀、溅射等，大致可分为切削加工、磨料加工、特种加工及复合加工等。结合加工——同种或不同种材料的附加或相互结合的加工方式，如蒸镀、沉积、生长、渗入等，可分为附着、注入和接合三类：附着是指在材料基体上附加一层材料；注入是指材料表层经处理后产生物理、化学、力学性能的改变，也可称之为表面改性；接合则是指焊接、粘接等。变形加工——使材料形状发生改变的加工方式，如塑性变形加工、流体变形加工等。

8.1.3　微细加工技术的应用

1. 微细加工技术在微电子器件制造中的应用

微细加工技术最典型的应用就是大规模和超大规模集成电路的加工制造。资料表明，集成电路图形的最小线宽若减小为原来的 $1/n$，则它的电流、电压和电路的工作延迟时间也将缩减为原来的 $1/n$，功耗下降为原来的 $1/n^2$，单元芯片上的集成元件数可望增加到 n^2 倍。例如，一个双稳态振荡器，用电子管制造时其尺寸约为 5 cm，造价数美元；而用微细加工制造的集成芯片，其尺寸只有几微米，造价仅为千分之几美分。今日的一台计算机，其体积和造价已经是早期计算机的数十万分之一，而其运算和制造速度则可提高数百倍。正是借助于微细加工技术，众多的微电子器件和技术蓬勃兴起，并在科学研究、生产实践和日常生活中创造了无数的人间奇迹，给人类带来了信息社会的文明。可以说正是由于微细加工技术的产生和实用化，才使人类社会迎来了信息革命。

在大规模和超大规模集成电路制造过程中，从制备晶片和掩膜开始，经历多次氧化、光刻（曝光）、刻蚀、外延、注入（或扩散）等复杂工序，到划片、引线焊接、封装、检测等一系列工艺直至最后得到成品，几乎每道工序都要采用微细加工技术。因此，微细加工技术在这里得到了最全面的应用。下面介绍微细加工技术在微机械和微机电系统中的应用。

2. 微细加工技术在微机械和微机电系统方面的应用

1959 年，Richard P Feynman（1965 年诺贝尔物理学奖获得者）就提出了微型机械的设想。1962 年第一个硅微型压力传感器问世，之后开发出尺寸为 50~500 μm 的齿轮、齿轮泵、气动涡轮及连接件等微机械。1965 年，斯坦福大学研制出硅脑电极探针，后来又在扫描隧道显微镜、微型传感器方面取得成功。1987 年美国加州大学伯克利分校研制出转子直径为60~120 μm的硅微型静电机，显示出利用硅微加工工艺制造微型可动结构并与集成电路兼容以制造微型系统的潜力。利用微细加工技术，可以将机载产品的硬件比例大幅缩小，以满足其体积小、质量轻的空间特殊要求。

新视野

目前已有大量的微型机械或微型系统被研究出来，如尖端直径为 5 μm 的微型镊子可以夹起一个红细胞，尺寸为 7 mm×7 mm×2 mm 的微型泵流量可达 250 μL/min，在磁场中飞行的机器蝴蝶，以及集微型速度计、微型陀螺和信号处理系统于一体的微型惯性组合等。德国创造了 LIGA 工艺，制成了悬臂梁、执行机构以及微型泵、微型喷嘴、湿度/流量传感器以及多种光学器件。美国加州理工学院在飞机翼面粘上相当数量的 1 mm 的微梁，控制其弯曲角度以影响飞机的空气动力学特性。美国大批量生产的硅加速度计把微型传感器（机械部分）和集成电路（电信号源、放大器、信号处理和校正电路等）一起集成在硅片上3 mm×3 mm 的范围内。日本研制的数厘米见方的微型车床可加工精度达 1.5 μm 的微细轴。1992年，麻省理工学院研制出了转子直径为 1.5 mm 的薄膜式微型压电超声电机。日本 Takeshi Morita 等人研制的 PZT 压电薄膜圆柱微型超声电机，电机定子换能器的外径为1.4 mm，内径为 1.2 mm，长度为 5 mm，PZT 薄膜的厚度为 12 μm，定子换能器的共振频率为227 kHz，在 4.0 V 的驱动电压下振幅为 58 nm，转子靠摩擦力驱动并可以反转，最大转速为680 r/min，最大转矩为 0.67 μN·m。

想一想

除了以上的应用领域之外，微细加工技术还应用在哪些领域？

任务实施

步骤一：上中国知网检索近年来微细加工技术的相关文献。

步骤二：总结近年来微细加工技术的发展现状。

步骤三：针对某一应用领域（微机械、微机电、微电子等）做具体论述。

问题探究

1) 微细加工技术就是指能够制造_____零件的加工技术的总称。

2) 在微细加工时，由于加工尺寸的微小化，精度就必须用尺寸的绝对值来表示，即用去除（或添加）的一块材料（如切屑）的大小来表示，从而引入_____的概念，即一次能够去除（或添加）的一块材料的大小。

3) 微细加工的加工尺寸从亚毫米到亚微米量级，而加工单位从微米到_____。

4) 一般加工以尺寸、形状、位置精度为特征；微细加工则由于其加工对象的微小型化，目前多以_____为特征。

5) 从被加工对象的形成过程上看，微细加工可大致分为三大类：_____、_____、_____。

任务评价

任务评价按照学生任务分配表中的项目和评分标准进行。

活动过程小组评价表

微细加工简介						
序号	考核评价指标	评价要素	学生自评	小组互评	教师评价	配分	成绩
1	过程考核 专业能力	复述微细加工技术的概念和特点				30	
		概括微细加工技术的分类					
		概括微细加工技术的应用					
2	方法能力	微细加工技术基础知识信息搜集，自主学习，分析、解决问题，归纳总结及创新能力				30	
3	社会能力	团队协作、沟通协调、语言表达能力及安全文明、质量保障意识				10	
4	常规考核	自学笔记				10	
5		课堂纪律				10	
6		回答问题				10	

总结反思

1）学到的新知识有哪些？

_____

_____

2）掌握的新技能有哪些？

_____

_____

_____

3）你对自己在本次任务中的表现是否满意？写出课后反思。

_____

_____

_____

8.2　微细加工典型工艺与应用

任务描述

通过学习本部分内容，能够复述并运用 MEMS、LIGA 等微细加工的典型工艺。要求：以小组为单位，查阅相关文献或网站，总结关于当前微细加工典型工艺的使用场合、优缺点等，并提交一份研究分析报告。

学前准备

各种微加速度计目前已经广泛应用在汽车安全气囊控制系统中（图 8-1），用于检测和监控前面和侧面的碰撞，并且已经开发出多种类型的微加速度计，如压阻型、电容型、隧道型、共振型、热敏型等。微加速度计具有测试功能，可靠性很高，能检测到十分微小的加速度。微加速度计就是一个典型的微机电系统。微机电系统是指集微型传感器、执行器以及信号处理和控制电路、接口电路、通信和电源于一体的微型机电系统，是一个独立的智能系统。微机电系统的大小一般在微米到纳米之间。它们一般是由类似于生产半导体的技术如表面微加工、体型微加工等技术制造的，其中还包括 LIGA 技术、微细电火花加工、微细电解加工等微细特种加工技术。本任务以微机电系统为引导。你能查阅资料，简要地介绍几种微细加工技术的概念、原理、工艺流程及应用吗？请扫描二维码进行任务学前的准备。

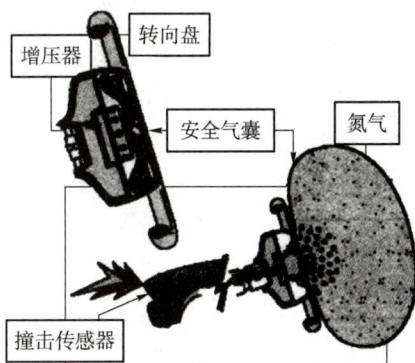

图 8-1　微加速传感器在汽车安全气囊上的应用

学习目标

1）能复述 MEMS 技术的原理及工艺流程。
2）能复述光刻技术的基本工艺流程。
3）能复述硅微结构加工原理及工艺流程。
4）能复述 LIGA 技术基本原理及工艺流程。

知识导图

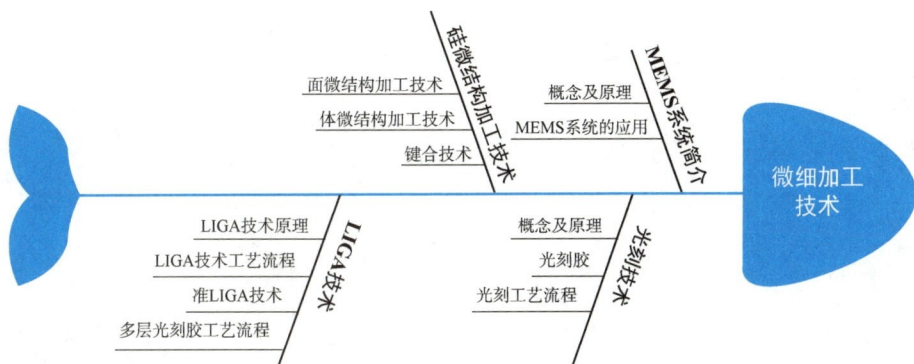

相关知识

8.2.1　MEMS 系统简介

1. MEMS 系统的概念及原理

MEMS 系统即微机电系统，专指外形轮廓尺寸在毫米级以下，构成它的机械零件和半导体元器件尺寸在微米至纳米级，可对声、光、热、磁、压力、运动等自然信息进行感知、识别、控制和处理的微型机电装置。

MEMS 是微电子技术的拓宽和延伸，是将传统机电一体化系统中的控制部分通过微电子技术微型化，并将精密机械加工技术应用到机械与传感执行机构，从而构成微电子与机械融为一体的系统，如图 8-2 所示。MEMS 将电子系统和外部世界有机地联系起来，它不仅能感受运动、光、声、热、磁等自然界的外部信号，使之转换成电子系统可以识别的电信号，而且还能通过电子系统控制这些信号，进而发出指令，控制执行部件完成所需的操作。完整的 MEMS 是由微传感器、微执行器、信号处理单元和控制电路、通信接口和电源等部分组成的一体化微型器件系统（图 8-3）。其目标是把信息的获取、处理和执行集成在一起，组成具有多功能的微型系统，集成于功能系统中，从而大幅提高了系统的自动化、智能化和可靠性水平。

图 8-2　MEMS 与机电一体化系统差异图

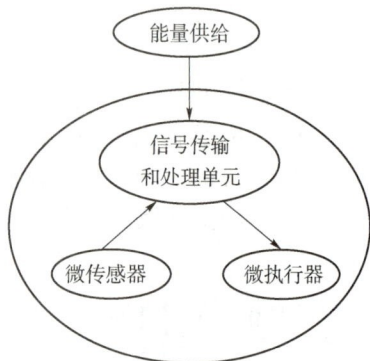

图 8-3　MEMS 系统组成

想一想

MEMS 系统的概念及原理与快速成形技术有什么区别？

多学一点

MEMS 技术是一种典型的多学科交叉的前沿性研究成果，几乎涉及自然及工程科学的所有领域，如电子技术、机械技术、光学、物理学、化学、生物医学、材料科学、能源科学等。MEMS 技术是通过系统的微型化、集成化来探索具有新原理、新功能的元件和系统，它的发展开辟了一个全新的技术领域和产业。采用 MEMS 技术制作的微传感器、微执行器、微型构件、微机械光学器件、真空微电子器件、电力电子器件等在航空、航天、汽车、生物医学、环境监测、军事以及几乎人们所接触到的所有领域中都有着十分广阔的应用前景。MEMS 技术正发展成为一个巨大的产业，就像近几十年来微电子产业和计算机产业给人类带来的巨大变化一样，MEMS 技术也正孕育一场深刻的技术变革并对人类社会产生新一轮的影响。

2. MEMS 系统的应用

目前 MEMS 市场的主导产品为压力传感器、加速度计、微陀螺仪、墨水喷嘴和硬盘驱动头等。MEMS 器件的销售额已呈迅速增长之势，这对机械电子工程、精密机械及仪器、半导体物理等学科的发展提供了极好的机遇和严峻的挑战。MEMS 从早期以喷墨式打印机喷头与汽车电子为最大应用市场，到任天堂 Wi 推出后，MEMS 应用正式跨入消费性电子领域。Apple 的 iPhone 采用 MEMS 麦克风、加速器等 MEMS 元件后，更让市场看到了 MEMS 应用无限宽广的可能性。

MEMS 元件应用领域的拓展如图 8-4 所示。

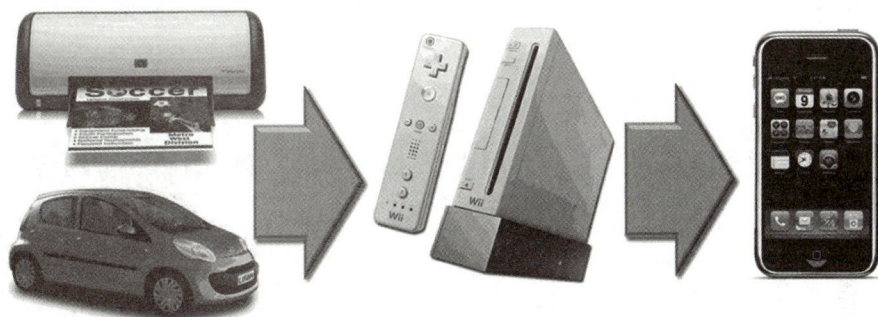

图 8-4　MEMS 元件应用领域的拓展

目前 MEMS 产品主要的应用领域及主要厂商见表 8-1。

表 8-1　MEMS 产品主要的应用领域及主要厂商

产品	主要应用领域	主要厂商
加速器	安全气囊、主动式悬架系统、GPS、硬盘防振应用	STM、Bosch、Freescale
陀螺仪	数码相机防振系统、卫星导航系统、游戏机运动感测方案	ADI、Murada、Invensense
打印机喷头	打印机与多功能打印机喷头	HP、Seiko、Epson、Lexmark
压力测试仪	医疗电子、轮胎用气压传感器	Cannon
MEMS 麦克风	手机麦克风、免提听筒、网络电话、助听器、脉搏传感器	Knowles、Omron、ADI
光学 MEMS	家用投影机、微投影机	TI、Microvision
RF MEMS	手机与无线网络	RFDM、Seiko、Epson

多学一点

MEMS 是美国的叫法，在欧洲被称为微系统，在日本被称为微机械。对应的技术主要有三种：第一种是以美国为代表的利用化学腐蚀或集成电路工艺技术对硅材料进行加工，形成硅基 MEMS 器件；第二种是以德国为代表的 LIGA 技术，利用 X 射线光刻技术，通过电铸成形和注塑形成深层微结构，它是进行非硅材料三维立体微细加工的首选工艺；第三种是以日本为代表的利用传统精密机械加工手段，即利用大机器制造小机器，再利用小机器制造微机器。第一种方法与传统 IC 工艺兼容，可以实现微机械和微电子的系统集成，而且适合批量生产，目前已经成为 MEMS 的主流技术。LIGA 技术可用来加工各种金属、塑料和陶瓷等材料，并可用来制作大深宽比的精细结构（加工深度可以达到几百微米），自 20 世纪中期由德国开发出来后得到迅速发展，人们已利用该技术开发和制造出微齿轮、微马达、微加速度计、微射流计等。第三种加工方法可以用于加工一些在特殊场合应用的微机械装置，如微型机器人、微型手术台等。

想一想

除了压力传感器、加速度计、微陀螺仪之外，你了解的 MEMS 市场的产品还有哪些？

8.2.2 光刻技术

光刻源于两个希腊词语：Litho（石版）和 Graphein（写上）。光刻技术源于微电子集成电路制造技术，是在微结构制造领域应用较早并仍被广泛采用且不断发展的类加工方法。光刻是加工集成电路和 MEMS 器件微细图形结构的关键工艺技术，也是刻蚀技术的关键技术。光刻工艺是利用成像和光敏胶膜在基底上图形化，即将掩膜上的图形经过曝光后转移到薄膜或基底表面上，通过选择性刻蚀获得所需微结构的方法。在微电子方面，光刻主要用于集成电路的 PN 结、二极管、晶体管、整流器、电容器等元器件的制造，并将它们连接在一起构成集成电路。而在 MEMS 方面，光刻技术主要用来制作掩膜板、体硅工艺的空腔腐蚀、表面工艺中牺牲层薄膜的淀积和腐蚀以及传感器和执行器初级电信号处理电路的图形化处理。

1. 光刻胶

在集成电路的生产中，每层薄膜以及不同的区域都有不同的电特性。电特性的不同可通过改变硅基片的性质得到，如采用掺杂、氧化、蒸发、溅射等方法。但这些工艺方法必须首先通过光刻技术产生所需要的图形，即把设计好的图形投影到涂有光刻胶的表面层上。根据光刻胶在曝光前后溶解特性的变化不同，可分为负胶和正胶两种。对于负胶而言，被曝光部分的光刻胶变成坚硬的抗蚀剂层，而未被曝光的光刻胶则在某一溶剂中被溶解；对于正胶而言，情况则刚好相反。光刻胶是树脂、感光剂及溶剂等材料的混合物。其中，树脂是黏结剂，感光剂是一种光活性极强的化合物，它在光刻胶里的含量和树脂相当，两者同时溶解在溶剂中，以液态形式保存。

2. 光刻工艺流程

在集成电路生产中，要经过数百次光刻，虽然每次光刻的目的、要求和工艺条件有所不同，但其工艺过程基本相同。光刻工艺一般要经过涂胶、前烘、曝光、显影、坚膜、刻蚀和去胶 7 个步骤，下面以负胶光刻为例来说明光刻工艺的流程（见图 8-5）。

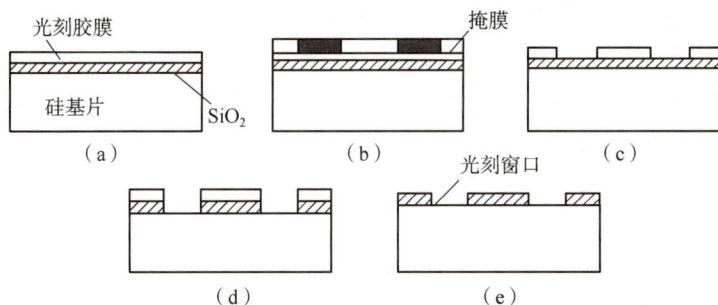

图 8-5　光刻工艺的基本流程

(a) 涂胶、前烘；(b) 曝光；(c) 显影、坚膜；(d) 刻蚀；(e) 去胶

（1）涂胶

涂胶就是在 SiO_2 或其他待加工薄膜表面涂一层黏附性良好、厚度适当、厚薄均匀的光刻胶膜。涂胶前的基片表面必须清洁干燥。生产中最好在硅基片氧化或蒸发后立即涂胶，此时基片表面清洁干燥，光刻胶的黏附性较好，涂胶的厚度要适当，胶膜太薄，针孔多，抗蚀能力差；胶膜太厚，则分辨率低。一般情况下，可分辨线宽为膜厚的 5~8 倍。

（2）前烘

前烘就是在一定温度下，使胶膜里的溶剂缓慢挥发出来，使胶膜干燥，并增加其黏附性和耐磨性。前烘的时间和温度随胶的种类及膜厚的不同而有所差别，一般由实验确定。

（3）曝光

曝光就是对涂有光刻胶的基片进行选择性的光化学反应，使曝光部分的光刻胶在显影液中的溶解性改变，经显影后在光刻胶膜上得到和掩膜相对应的图形。曝光一般用紫外光（波长 200~400 nm），采用接触曝光、接近曝光或投影曝光的方法进行。由于光学曝光系统的分辨率受光衍射的限制，有效分辨率的极限只能达到 400~800 nm。所以采用波长更短的曝光源是提高曝光分辨率的主要渠道之一。虽然电子束、离子束、X 射线的波长更短，但也受到诸如电子束产生散射的影响，分辨率并未有大幅的提高。目前采用工作波长为 11~14 nm 的极紫外光是提高分辨率的一种有效途径。

（4）显影

显影是把曝光后的基片放在适当的溶剂里，将应去除的光刻胶膜溶解干净，以获得刻蚀时所需要的光刻胶膜的保护图形。显影液的选择原则是：需要去除的胶膜溶解得快，溶解度大；需要保留的胶膜溶解度极小；显影液内所含有害的杂质少，毒性小。显影时间随胶膜的种类、膜厚、显影液种类、显影温度和操作方法不同而异，一般由实验确定。

（5）坚膜

坚膜是在一定温度下对显影后的基片进行烘焙，除去显影时胶膜所吸收的显影液和残留水分，改善胶膜与基片的黏附性，增强胶膜的抗蚀能力。

（6）刻蚀

刻蚀就是用适当的刻蚀剂，对未被胶膜覆盖的 SiO_2 或其他待加工薄膜进行刻蚀，以获得完整、清晰、准确的光刻图形，达到为选择性扩散或金属布线做准备的目的。光刻工艺对刻蚀剂的要求是：只对需要除去的物质进行刻蚀，而对胶膜不刻蚀或刻蚀量很小；要求刻蚀图形的边缘整齐、清晰，刻蚀液毒性小，使用方便。刻蚀分为湿法和干法两种。湿法刻蚀是利用化学溶液，通过化学反应将不需要的薄膜去掉的图形转移方法；干法刻蚀是利用具有一定能量的离子或原子通过物理轰击、化学腐蚀，或者两者的协同作用，以达到刻蚀的目的。

（7）去胶

去胶就是把在 SiO_2 或其他薄膜上的图形刻蚀出来后，将覆盖在基片上的胶膜去除干净。经过光刻以后的硅基片上的 SiO_2 薄膜已经按设计要求选择性地被去除，而将对应的基片部分暴露出来。因此，后续就可以通过采用掺杂、氧化、蒸发、溅射及外延等工艺方法，在硅基片的指定区域形成不同电特性的薄膜，从而完成基本元器件的制造。光刻后的基片侧面如图 8-6 所示。

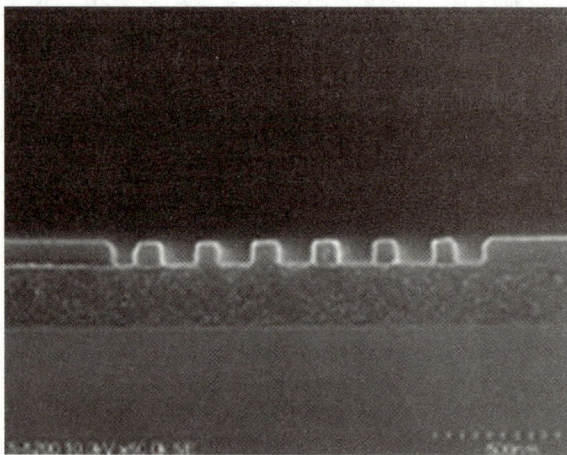

图 8-6 光刻后的基片侧面

想一想

光刻工艺流程与洗照片的流程相似吗？

8.2.3 硅微结构加工技术

硅具有优良的机械、物理性质，具有机械品质因数高、机械稳定性好、密度小等优点。目前大部分微结构器件都是用硅制造的，这不仅是因为硅有着良好的机械性能和电性能，更重要的是可以利用硅的微加工技术制作出从亚微米到纳米级的微型组件和结构。硅微结构加工技术主要包括面微结构加工技术和体微结构加工技术。面加工是指各种薄膜的制备及其加工的技术，主要是物理气相沉积（Physical Vapor Deposition, PVD）和化学气相沉积（Chemical Vapor Deposition, CVD）；而体加工主要指各种硅刻蚀技术，分为湿法刻蚀和干法刻蚀两类。硅面微结构及体微结构加工技术对比见表 8-2。

表 8-2　硅面微结构及体微结构加工技术对比

	面微结构	体微结构
核心材料	多晶硅	硅
牺牲层	磷硅玻璃（PSG）或二氧化硅	无
尺寸	小（精确控制膜厚，典型尺寸为几微米）	大（典型的空腔尺寸为几百微米）
工艺要素	单面工艺（正面） 选择性刻蚀，各向同性 残余应力（取决于淀积、掺杂、退火）	单面或双面工艺（正面或反面） 材料选择性刻蚀，各向异性（取决于晶体结构），刻蚀停止 图形加工

1. 面微结构加工技术

面微结构加工以硅片为基体，通过薄膜淀积和图形加工制成三维微结构，硅片本身不被加工，器件的结构部分由淀积的薄膜层加工而成。面微结构加工器件由三种典型的部分组成：牺牲层部分、结构层部分和隔离层部分。其基本过程是：首先在硅片上淀积一隔离层，用于电绝缘或基体保护层；然后淀积牺牲层并进行图形加工，再淀积结构层并加工图形；最后溶解牺牲层，形成一个悬臂的微结构。

利用面微结构加工技术，可以加工制造各种悬式微结构，如微型悬臂梁、微型桥、微型腔等，这些结构可以用于微型谐振式传感器、加速度传感器、流量传感器和电容式、应变式传感器（图 8-7）。利用面微结构加工技术还可以加工制造各种执行器，如静电式微电动机、多晶硅步进执行器等。

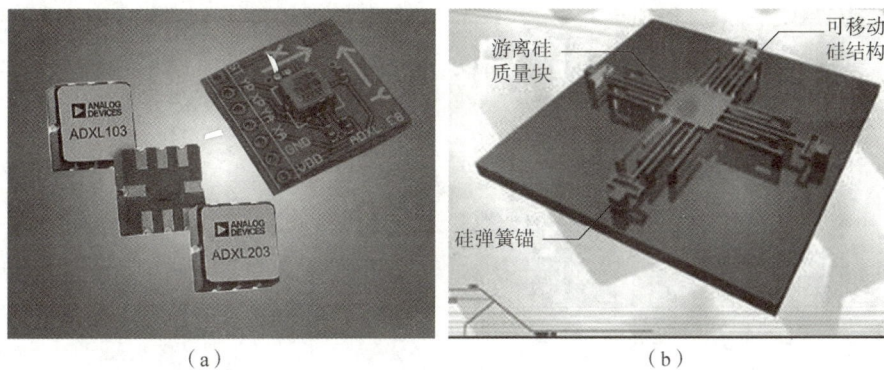

（a）　　　　　　　　　　　　　　（b）

图 8-7　面微结构加工实体

（a）加速度传感器；（b）应变式传感器

多学一点

下面以单自由度微细梁的加工为例，说明面微结构加工的一般工艺过程（图 8-8），主要包括以下 5 个步骤。

1）在基片上沉积一层隔离层后再淀积一层磷硅玻璃作为牺牲层。

2）利用光刻技术在牺牲层上刻蚀出窗口，由于磷硅玻璃牺牲层在氢氟酸中的刻蚀速率比二氧化硅要高，可以用二氧化硅作为光刻掩膜。

3）在刻蚀出的窗口及牺牲层上生长一层多晶硅（或金属、合金、绝缘材料）作为结构层。

4）用化学或物理腐蚀方法在结构层上进行第二次光刻，进一步加工微细机构。

5）腐蚀牺牲层获得与硅基片略微连接或者完全分离的悬臂式结构。

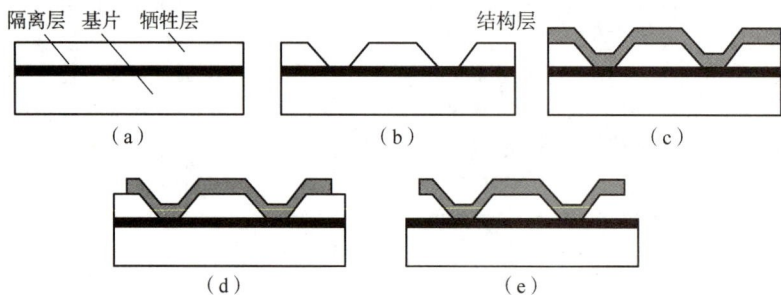

图 8-8　单自由度微细梁加工的工艺过程

（a）淀积牺牲层；（b）光刻牺牲层；（c）淀积结构层；（d）光刻结构层；（e）腐蚀牺牲层

2. 体微结构加工技术

体微结构加工技术是指利用腐蚀工艺，选择性去掉硅衬底，对体微结构进行三维加工，形成微结构元件（如槽、平台、膜片、悬臂梁、固支梁等）的一种工艺。目前，体微结构加工主要用来制作微传感器和微执行器，如压力传感器、加速度传感器、触觉传感器、微热板、红外源、微泵、微阀等（图 8-9）。

图 8-9　体微结构加工实体

（a）压力传感器；（b）触觉传感器

想一想

面微结构加工技术与体微结构加工技术的区别是什么？

体微结构加工技术包括腐蚀和自停止腐蚀两种关键技术。腐蚀又分为采用液体腐蚀剂的湿法腐蚀和采用气体腐蚀剂的干法腐蚀，对应不同的自停止腐蚀方法。

（1）湿法腐蚀

湿法腐蚀是一个纯粹的化学反应过程，根据腐蚀剂的不同，可分为各向同性腐蚀和各向异性腐蚀。各向同性腐蚀是指硅在各个晶向有相同的腐蚀速率，因而适用于圆形结构的加工，为了去掉结构下的牺牲层，也常常采用各向同性腐蚀。各向同性自停止腐蚀技术系统在高稀释的情况下，对掺杂浓度不同的硅进行选择性腐蚀，可实现硅的各向同性自停止腐蚀，图8-10所示为各向同性湿法腐蚀形成的结构。

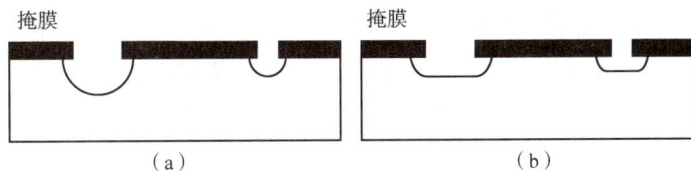

图8-10 各向同性湿法腐蚀形成的结构

（a）经过搅拌；（b）未经搅拌

各向异性腐蚀是指硅的不同晶向具有不同的腐蚀速率。基于这种腐蚀特性，靠调整器件结构面，使它和快刻蚀的晶面或慢刻蚀的晶面方向相对应，而刻蚀速率依赖于杂质浓度和外加电位这一特点又可用于控制适时停止刻蚀，从而可在硅衬底上加工出各种各样的微结构，如悬臂梁、齿轮等微型传感器和微型执行器的精密三维结构。例如，硅材料的 {111} 晶面的腐蚀速率最低，如果选用的硅晶片是（100），则腐蚀后所显露出来的是腐蚀速率最低的 {111} 面，与表面成54.74°。在（100）晶面或（110）晶面的硅材料上，以及不同的晶面上开出腐蚀窗口，可以腐蚀出不同形状的微细结构，如图8-11所示。

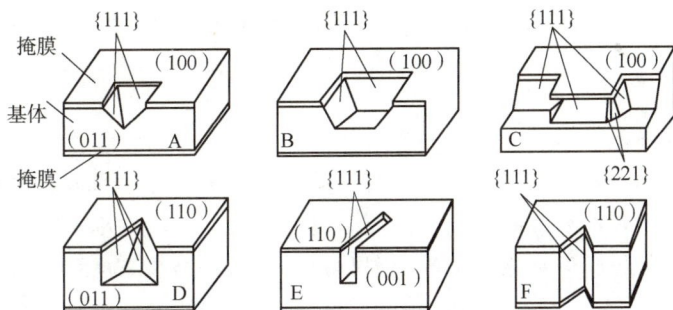

图8-11 在（100）和（110）衬底上的各向异性腐蚀图形

（2）干法腐蚀

干法腐蚀不需要大量的有毒化学试剂，不需要清洗，而是利用气体腐蚀剂来进行基底材料的去除，而且具有分辨率高、各向异性腐蚀能力强、腐蚀的选择比大、可得到较大深宽比以及进行自动控制等优点。干法腐蚀包括以物理作用为主的离子腐蚀（Ion Etching，IE），以化学反应为主的等离子体腐蚀（Plasma Etching，PE），以及兼有物理、化学作用的反应离子腐蚀（Reactive Ion Etching，RIE）。

想一想

湿法腐蚀与干法腐蚀的主要区别是什么？

新视野

1）离子腐蚀技术。离子腐蚀是利用纯物理作用进行的蚀刻，等离子体内的离子轰击固体表面，其组成物质以"溅射"原子的形式抛射出来，从而实现蚀刻作用，因此也称为溅射（阴极溅射）蚀刻。溅射装置如图 8-12（a）所示，将硅晶放置在气体放电等离子体中，作为气体放电的阴极。气体放电形成电子和正离子，等离子体区域内的正离子在阴极区电场的加速作用下，以较高的能量（和动量）轰击硅晶，与硅晶物质的原子及离子碰撞后，由于动量的交换发生硅晶物质原子的反冲，在适当条件下反冲的原子获得向外运动的动量而被抛射出来，其溅射的物理过程如图 8-12（b）所示。

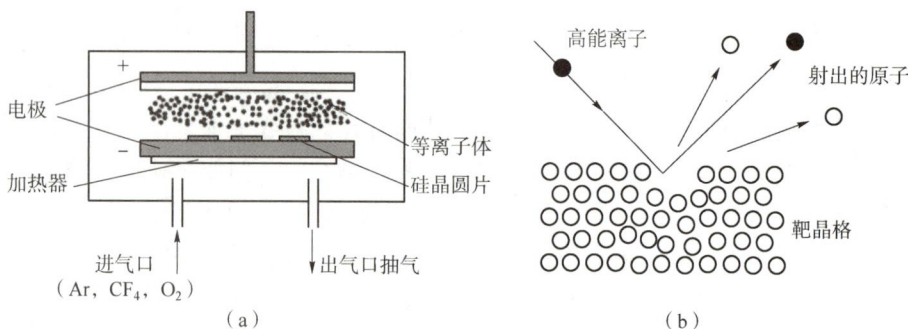

图 8-12　离子溅射蚀刻过程
（a）溅射装置；（b）溅射的物理过程

离子腐蚀的方向是纵向的，各向异性性能好，易获得小的特征尺寸和良好的纵横比，其过程可以由气体放电的电参数控制，蚀刻产生的结构质量较好，均匀度达到 $\pm1\% \sim \pm2\%$，重复性较好，并且没有液相腐蚀的废液和废渣颗粒等问题，故环境污染少。其主要缺点是蚀刻选择性较差，因为对掩膜同样有一定的蚀刻作用，所以在加工深度较大的结构时，就需要很厚的掩膜。

2）等离子体腐蚀技术。等离子体腐蚀是化学腐蚀，过程气体在高频或直流电场中受到激发并分解，然后与被腐蚀材料起反应形成挥发物质，再由抽气泵排出。在等离子体腐蚀中，化学过程是主要的，有较好的选择性，并且物理过程中高的过程压力减少了各向异性，腐蚀过程一般为各向同性，腐蚀速率也比离子腐蚀高。为了提高腐蚀物质排出的速度，在腐蚀过程中，所选择的气体压力一般为 $10 \sim 100$ Pa。

3）反应离子腐蚀技术。由于物理腐蚀所具有的各向异性和化学腐蚀所具有的高选择性，目前主要将这两种方法结合起来使用，它可以兼具物理腐蚀和化学腐蚀的优点。反应离子腐蚀是干法腐蚀技术中的重点，兼有离子腐蚀和等离子体腐蚀的优点，腐蚀方向强，掩膜选择性高，腐蚀速率良好，应用极为广泛。

在反应离子腐蚀过程中，既有化学反应发生，又有离子的轰击效应，其过程主要有：离子轰击表面产生物理溅射；引起表面晶格损伤而形成化学活性点，加速化学反应；轰击加速表面反应产物脱离；轰击破坏了表面阻挡层；引起化学溅射。

在反应离子腐蚀中，被腐蚀样品放在小的电极上，气体压力选择为 $0.1 \sim 1$ Pa。

3. 键合技术

MEMS 是将微传感器、微执行器及处理器集成于一体的复杂智能微系统。当这个智能微系统按照不同工艺要求制作在同一个芯片上时，复杂结构的实现有时是十分困难的。因此，要把整个 MEMS 按结构、材料、微加工工艺的不同，分别在不同基片上进行微加工，然后将两片或者多片基片在超精密装配设备上对准，通过键合手段，把它们连接成一个完整的微系统。这是 MEMS 获得低成本、高合格率、可靠质量的复杂微结构的有效途径。

键合技术是指不利用任何黏合剂，只是通过化学键和物理作用将硅片与硅片、硅片与玻璃或其他材料紧密地结合起来的方法。键合技术虽然不是微结构加工的直接手段，却在微结构加工中有着重要的地位。它往往与其他手段结合使用，既可以对微结构进行支撑和保护，又可以实现微结构之间或微结构与集成电路之间的电学连接。在 MEMS 工艺中最常用的是硅/硅直接键合和硅/玻璃阳极键合技术，最近又发展了多种新的键合技术，如硅化物键合、有机物键合等。

想一想

键合技术与硅微结构加工技术的主要区别是什么？

多学一点

阳极键合又称静电键合或协助键合，在强大的静电力作用下，将两个被键合的表面紧压在一起；在一定温度下，通过氧-硅化学价键合，将硅及淀积有玻璃的硅基片牢固地键合在一起。此法所需设备简单，键合温度较低，与其他工艺相容性较好，键合强度及稳定性较高。

硅/硅阳极键合技术在微电子器件中制造 SOI (Silicon on Insulate) 结构有许多应用，以下介绍一种具体工艺流程，如图 8-13 所示。

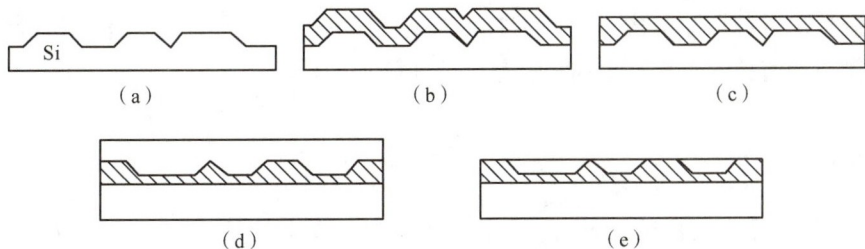

图 8-13　阳极键合在 SOI 结构中的应用

(a) 刻沟槽后再氧化；(b) 沉积 $100\ \mu m$ 多晶硅；(c) 平面化后再氧化；(d) 与另一基片键合；(e) 减薄、抛光

1）在第一块 Si 基片上用各向异性刻蚀技术刻出沟槽，并作氧化处理。

2）在上述氧化处理的表面上淀积 100 m 厚的多晶硅。

3）将多晶硅表面磨平，抛光后再氧化。

4）选择合适的阳极键合工艺参数，将该基片与另一硅基片进行阳极键合。

5）对第一块硅片进行减薄，SOI 结构基本完成，可用作专用器件的制造。

阳极键合技术还大量应用于微结构的制造技术，如微泵、微阀、微压力传感器和加速度传感器，以及微机电系统的封装技术。图 8-14 所示为利用直接键合制造微压力传感器芯片的示意图。图中两片晶体硅，其中一片为 P 型硅，在衬底上外延一层 N 型硅膜；另一片 N 型硅用各向异性腐蚀法腐蚀出锥形槽；将两片硅直接键合在一起；腐蚀掉第一片硅的 P 型衬底（即减薄了第一个硅片），并在其上制作（离子注入）电阻；用抛光的方法，按照设计的尺寸减薄第二片硅，最后形成压力传感器芯片。

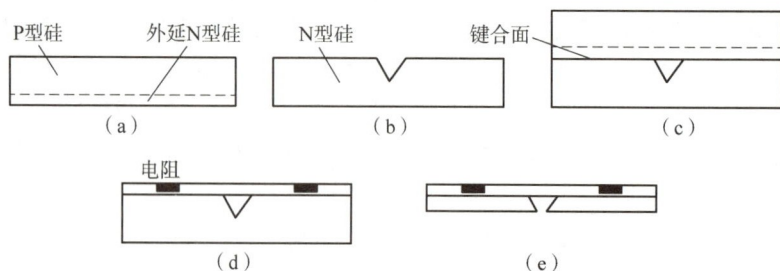

图 8-14　硅直接键合制造微压力传感器芯片

（a）P 型硅基体外延 N 型硅；（b）各向异性腐蚀锥形槽；（c）直接键合；
（d）腐蚀 P 型硅并制作电阻；（e）抛光、减薄形成压力传感器芯片

8.2.4　LIGA 技术

1. LIGA 技术原理

LIGA 技术是一种基于 X 射线光刻技术的 MEMS 加工技术。由于 X 射线有着非常高的平行度、极强的辐射强度和连续的光谱，LIGA 技术能够制造出高宽比达到 500：1、厚度大于 1 500 mm、结构侧壁光滑且平行度偏差在亚微米范围内的三维立体结构。利用 LIGA 技术，不仅可以制造出微纳尺寸结构，而且还能加工微观尺寸的结构（尺寸为毫米级的结构），因此被视为微纳制造技术中最有生命力、最有前途的加工技术。

多学一点

LIGA 技术利用 X 射线进行光刻，能够制作出形状复杂的大深宽比微结构，可加工的材料也比较广泛，如金属及其合金、陶瓷、塑料、聚合物等，是非硅微细加工技术的首选方法。用 LIGA 技术可以制作各种各样的微器件、微结构和微装置。目前用 LIGA 技术已开发和制造了微传感器、微电动机、微制动器、微机械零件、集成光学和微光学元件、微波元件、真空电子学元件、微型医疗器械和装置、流体技术微元件、纳米技术元件及系统、各种

层状和片状微结构等。

LIGA 技术由多道工序组成，可以进行三维微器件的大批量生产，主要包括溅射隔离层、涂光刻胶、同步辐射光、曝光、显影、微电铸、去除光刻胶、去除隔离层，以及制造微塑铸模具、微塑铸和第二次微电铸等。LIGA 工艺的基本步骤共分 8 步，其工艺流程如图 8-15 所示。

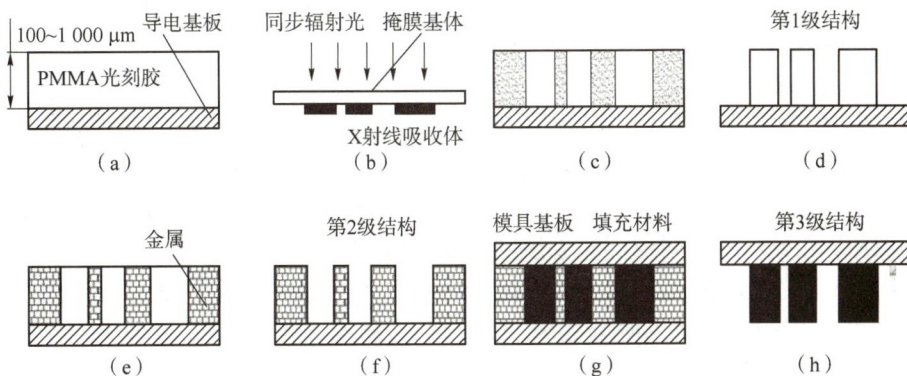

图 8-15　LIGA 技术的工艺流程

（a）光刻；（b）制作掩膜；（c）曝光；（d）显影；（e）微电铸；（f）去除光刻胶；（g）注塑；（h）脱模

1）涂胶工艺。在金属衬底的导电基板上聚合一层 PMMA 胶（聚甲基丙烯酸甲酯），厚度为几百至一千微米。

2）LIGA 掩膜板制造工艺。LIGA 掩膜板必须有选择地透过和阻挡 X 射线，一般的紫外光掩膜板不适合做 LIGA 掩膜板。

3）X 射线深层光刻工艺。该工艺需平行的 X 射线源，由于需要曝光的光刻胶的厚度要达到几百微米，用一般的 X 射线源需要很长的曝光时间，而同步辐射 X 射线源不仅能提供平行的 X 射线（波长 0.2~0.5 nm），并且强度是普通 X 射线的几十万倍，这样就可以大大缩短曝光时间。

4）形成第 1 级结构。对已受 X 射线照射的 PMMA 进行显影，将曝光部分溶解而形成第 1 级结构。

5）微电铸工艺。对显影后的样件进行微电铸，就可获得由各种金属组成的微结构器件。微电铸的原理是在电压的作用下，阳极的金属失去电子，变成金属离子进入电铸液，金属离子在阴极获得电子，沉积在阴极上。当阴极的金属表面有一层光刻胶图形时，金属只能沉积到光刻胶的空隙中，形成与光刻胶相对应的金属微结构。

6）形成第 2 级结构。将第 1 级结构清除，从而得到一个全金属的第 2 级结构。

7）微复制工艺。由于同步辐射 X 射线深层光刻代价较高，无法进行大批量生产，所以 LIGA 技术的产业化只有通过微复制技术来实现。将聚合物注入第 2 级结构中进行模塑。

8）从金属模子中抽出模塑的聚合物从而形成第 3 级结构。

与其他微细加工方法相比，LIGA 技术具有以下特点。

1）可制作任意截面形状图形结构，加工精度高，可制造高宽比 500∶1 以上的微细结构，其厚度可达到几百微米，并且侧壁陡峭，表面光滑。

2）通过注塑工艺形成的第 3 级结构，注塑不同的材料可以形成金属、陶瓷、玻璃等微细结构。

3）第 2 级和第 3 级结构通过电铸和注塑工艺可以重复复制，符合工业化大批量生产要求，制造成本相对较低。

4）LIGA 工艺与牺牲层技术相结合可在一个工艺步骤中同时加工出固定的和活动的金属微结构，省去了调整和装配的步骤，特别适合制作电容式微加速度传感器这样带有活动结构的三维金属微器件。

2. 准 LIGA 技术

LIGA 技术可加工出有较大高宽比和很高精度的微结构产品，且加工温度较低，使它在微传感器、微执行器、微光学器件及其他微结构产品加工中显示出突出的优点。然而，它需要用的高能量 X 射线来自同步回旋加速器，这一昂贵的设施和复杂的掩膜制造工艺限制了它的广泛应用。为此，人们研究了便于推广的准 LIGA 技术。

准 LIGA 技术是利用常规光刻机上的深紫外光对厚胶或光敏聚酰亚胺光刻，形成电铸模，结合电镀、化学镀或牺牲层技术，由此获得固定的或可转动的金属微结构。它不需要像 LIGA 技术所需的昂贵设备，制作也方便，故是微结构加工的一项重要技术，它与 LIGA 技术的特点列于表 8-3。

表 8-3　LIGA 技术与准 LIGA 技术的特点

	LIGA 技术	准 LIGA 技术
光源	同步辐射 X 射线	常规紫外光（波长为 350~450 nm）
掩膜板	以 Au 为吸收体的 X 射线掩膜板	标准 Cr 掩膜板
光刻胶	常用聚甲基丙烯酸甲酯 PMMA	正性或负性光刻胶、聚酰亚胺、SU-8 胶
深宽比	一般 ≤100，最高可达 500	一般 ≤10，最高可达 50
胶膜厚度	几十微米至一千微米	几微米至几十微米
生产成本	很高	较低，约为 LIGA 技术的 1%
侧壁垂直度	可大于 89.9°	可达 88°
最小尺寸	亚微米	一微米至数微米
加工温度	常温至 5 ℃左右	常温至 5 ℃左右
加工材料	多种金属、陶瓷及塑料等	多种金属、陶瓷及塑料等

自 20 世纪 90 年代以来，MEMS 研究者们就一直在努力开发准 LIGA 工艺，其目的在于降低微结构器件的生产成本和缩短器件生产周期。目前，利用准 LIGA 技术已制作出微齿轮、微线圈、光反射镜、磁传感器、加速度传感器、射流元件、微陀螺、微电动机等多种微结构。图 8-16 所示为利用准 LIGA 技术制备的微型零件。

想一想

LIGA 技术与准 LIGA 技术的主要区别是什么？

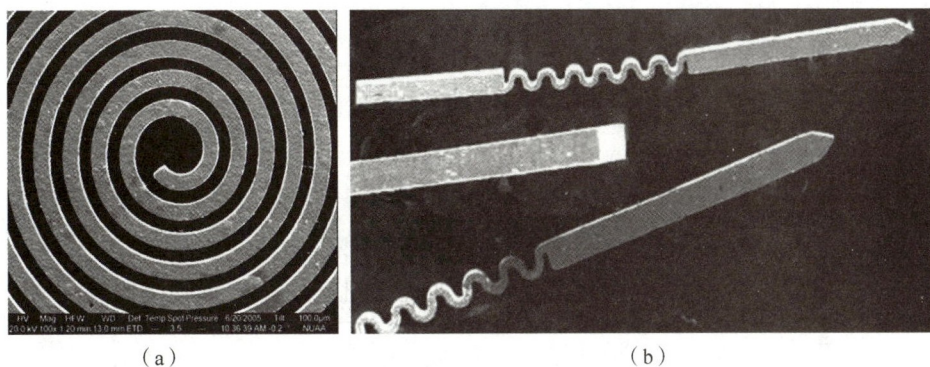

（a）　　　　　　　　　　　　　　　（b）

图 8-16　准 LIGA 技术制备的微型零件

（a）电铸镍微型线圈　（b）电铸镍微接触探针

3. 多层光刻胶工艺

由于一般情况下用紫外光对光刻胶进行大剂量的曝光时，光刻胶不能太厚，而且显影后光刻胶图形的侧壁陡峭度不好。为此，将多层光刻胶工艺应用于准 LIGA 技术上进行光刻，可以得到较高的光刻分辨率，光刻后光刻胶的侧面陡直，截面形状近似为矩形。多层光刻胶工艺有多种，如两层光刻胶工艺、三层光刻胶工艺等。其中，三层光刻胶工艺是应用最多的一种多层光刻胶工艺。

三层光刻胶工艺包括上层光刻胶层、中间介质层及下层光刻胶层三层结构。下层光刻胶层一般应足够厚以使其表面平整，有利于光刻分辨率的提高。中间介质层一方面将上下两层光刻胶分离开来，另一方面还为采用干法腐蚀工艺中的反应离子刻蚀技术（RE）刻蚀下层光刻胶来转移图形提供阻挡作用，因此中间介质层不宜太厚，足以阻挡对下层光刻胶的 RIE 刻蚀即可（如 100 nm）。中间介质层可以用等离子体增强化学气相沉积法（PECVD）方式形成，也可以用溅射、涂敷等方式生成，但中间介质层生长时温度一定要低，以防下层光刻胶发生龟裂。由于此时的表面已经相当平整，上层光刻胶可以涂得很薄（如 600 mm），以提高紫外光刻的分辨率。

多学一点

图 8-17 所示为三层光刻胶光刻工艺的流程。

具体的工艺流程如下。

1）在硅衬底上涂敷较厚的下层光刻胶层并进行烘干，然后在其上形成中间介质层，在中间介质层上涂敷较薄的上层光刻胶层并进行前烘，形成三层结构。

2）制造用于紫外光光刻的掩膜。

3）对上层光刻胶进行光刻，得到光刻后的图形。

4）以上层光刻胶的图形作掩蔽，RIE 刻蚀中间介质层。

5）去除上层光刻胶。

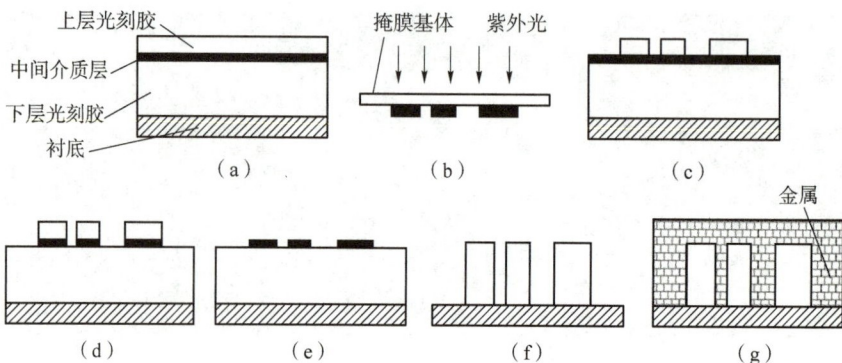

图 8-17 三层光刻胶光刻工艺的流程

（a）三层结构；（b）制造掩膜；（c）紫外光光刻；（d）RIE 刻蚀中间介质层；

（e）去除上层光刻胶；（f）RIE 刻蚀下层光刻胶；（g）电铸

6）用中间介质层的图形作掩蔽，RIE 刻蚀下层光刻胶，从而实现光刻图形向下层光刻胶的转移，从而得到适合进行电铸的结构。

7）利用 LIGA 工艺中相应的电铸、制模、脱模等工艺步骤制作高质量、低成本的微机械结构。

在利用三层光刻胶工艺的准 LIGA 技术中，RIE 刻蚀下层光刻胶工艺步骤很关键，它直接影响着下层光刻胶的刻蚀深度和刻蚀的深宽比。只要 RIE 刻蚀的各向异性足够好，刻蚀的深宽比就可以做得很大，下层光刻胶的刻蚀深度也就可以做得较大。

三层光刻胶工艺有如下优点：由于表面较平整而使光刻分辨率较高；光刻胶图形的侧壁几乎是垂直的，其截面为矩形；仅有对上层光刻胶的一次曝光。

图 8-18 是利用准 LIGA 工艺制造的微电容加速度传感器的结构。质量块用悬臂梁支持，并被固支在基片上，它可以在两个固定于基片的静电电极之间摆动，从而与两个静电电极之间形成电容，电容量随着加速度大小的变化而变化。

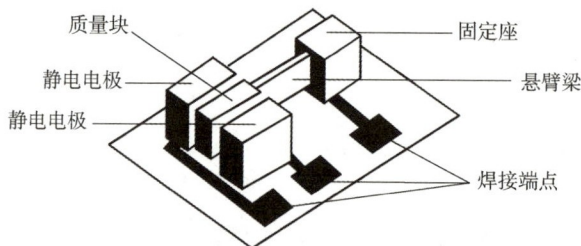

图 8-18 微电容加速度传感器的结构

想一想

多层光刻胶工艺与光刻工艺流程的主要区别是什么？

任务实施

1）了解微细电火花技术及其应用，请扫描二维码进行学习。

2）了解微细电解加工及其应用，请扫描二维码进行学习。

任务实施

步骤一：上中国知网检索近年来微细加工典型工艺的相关文献。

步骤二：总结近年来微细加工典型工艺的发展现状。

步骤三：针对某一典型工艺（MEMS、光刻技术、LIGA等）做具体论述。

问题探究

1）MEMS是微电子技术的拓宽和延伸，是将传统_____系统中的控制部分通过_____微型化，并将_____应用到机械与传感执行机构，从而构成_____的系统。

2）光刻是加工_____和_____微细图形结构的关键工艺技术，也是_____的关键技术。光刻工艺是利用_____在基底上图形化，即将_____上的图形经过曝光后转移到薄膜或基底表面上，通过选择性_____获得所需微结构的方法。

3）硅微结构加工技术主要包括_____技术和_____技术。

4）键合技术是指不利用_____，只是通过化学键和物理作用将_____、_____或其他材料紧密地结合起来的方法。

5）LIGA技术由多道工序组成，可以进行三维微器件的大批量生产，主要包括_____、涂光刻胶、_____、显影、_____、去除光刻胶、去除隔离层，以及制造微塑铸模具、微塑铸和第二次微电铸等。

任务评价

任务评价按照学生任务分配表中的项目和评分标准进行。

活动过程小组评价表

序号	考核评价指标		评价要素	学生自评	小组互评	教师评价	配分	成绩
			微细加工技术的典型工艺与应用					
1	过程考核	专业能力	复述 MEMS 技术原理及工艺流程				30	
			复述光刻技术的基本工艺流程					
			复述硅微结构加工原理及工艺流程					
			复述 LIGA 技术基本原理及工艺流程					
2		方法能力	微细特种加工典型工艺信息搜集，自主学习，分析、解决问题，归纳总结及创新能力				30	
3		社会能力	团队协作、沟通协调、语言表达能力及安全文明、质量保障意识				10	
4	常规考核		自学笔记				10	
5			课堂纪律				10	
6			回答问题				10	

总结反思

1）学到的新知识有哪些？

_____

_____

2）掌握的新技能有哪些？

_____

_____

3）你对自己在本次任务中的表现是否满意？写出课后反思。

_____

_____

拓展知识

请扫描二维码进行拓展知识的学习。

项目思考与练习

8-1　请举例说明 MEMS 技术应用常见的场合。

8-2　光刻加工技术的基本过程通常包括哪些步骤？如何提高其加工精度

8-3　简述光刻加工的原理、工艺过程、特点及应用。

8-4　说明键合技术的作用及特点。

8-5　简述 LIGA 技术的工艺流程，并说明准 LIGA 技术产生的原因。

8-6　微细电火花加工电极的制备方法有哪些？关键技术是什么？

8-7　微细电解加工有哪些常用方法？

8-8　微细电解加工过程中为什么要采用脉冲电源？

项目 9 其他特种加工技术（二维码）

项目 9 其他特种加工技术	9.1 化学加工	9.1.1 化学铣切 9.1.2 化学抛光 9.1.3 化学镀膜 9.1.4 化学沉积
	9.2 微弧氧化表面处理技术	9.2.1 微弧氧化表面处理技术的基本原理 9.2.2 微弧氧化表面处理技术的工艺特点 9.2.3 微弧氧化后表面陶瓷层的功能和用途 9.2.4 微弧氧化表面处理技术在铝、镁、钛等合金中的应用前景
	9.3 其他切割特种加工技术	9.3.1 阳极机械切割 9.3.2 砂线切割
	9.4 其他磁性特种加工技术	9.4.1 电磁成形 9.4.2 电泳磨削
	9.5 复合加工技术	9.5.1 电解–电火花复合加工 9.5.2 常见超声复合加工 9.5.3 复合电解加工
	9.6 纳米技术和纳米加工	9.6.1 纳米技术概述 9.6.2 纳米级测量和扫描探针测量技术 9.6.3 纳米级精密加工和原子操纵
	9.7 难加工零件的特种加工技术	9.7.1 发动机燃油附件的特种加工 9.7.2 超硬材料工件的特种加工方法 9.7.3 弹性、低刚度细长轴零件及蜂窝薄壁件的特种加工 9.7.4 小深孔、斜孔、群孔、排孔、小方孔的特种加工

参考文献

[1] 刘晋春，白基成，郭永丰. 特种加工 [M]. 5 版. 北京：机械工业出版社，2014.

[2] 白基成. 特种加工 [M]. 6 版. 北京：机械工业出版社，2016.

[3] 周旭光. 模具特种加工技术 [M]. 2 版. 北京：人民邮电出版社，2014.

[4] 刘志东. 特种加工 [M]. 北京：北京大学出版社，2014.

[5] 李玉青. 特种加工技术 [M]. 北京：机械工业出版社，2016.

[6] 白基成，郭永丰，杨晓冬. 特种加工技术 [M]. 哈尔滨：哈尔滨工业大学出版社，2015.

[7] 申如意. 特种加工技术 [M]. 北京：中国劳动社会保障出版社，2014.

[8] 杨武成. 特种加工 [M]. 西安：西安电子科技大学出版社，2009.

[9] 石庚辰. 微机电系统技术 [M]. 北京：国防工业出版社，2002.

[10] 郑启光. 激光先进制造技术 [M]. 武汉：华中科技大学出版社，2002.

[11] 盛新志，娄淑琴. 激光原理 [M]. 北京：清华大学出版社，2010.

[12] 邵丹，胡兵，郑启光. 激光先进制造技术与设备集成 [M]. 北京：科学出版社，2009.

[13] ［德］REINHART POPRAWE. 激光制造工艺：基础、展望和创新应用实例 [M]. 张冬云，译. 北京：清华大学出版社，2008.

[14] 张通和，吴瑜光. 离子束表面工程技术与实用 [M]. 北京：机械工业出版社，2005.

[15] 刘金声. 离子束技术及应用 [M]. 北京：国防工业出版社，1995.

[16] 范玉殿. 电子束和离子束加工 [M]. 北京：机械工业出版社，1989.

[17] 徐家文，云乃彰，王建业. 电化学加工技术 [M]. 北京：国防工业出版社，2008.

[18] 金庆同. 特种加工 [M]. 北京：航空工业出版社，1988.

[19] 文秀兰，林安，谭昕，等. 超精密加工技术与设备 [M]. 北京：化学工业出版社，2006.

[20] 张辽远. 现代加工技术 [M]. 北京：机械工业出版社，2002.

[21] 孔庆华. 特种加工 [M]. 上海：同济大学出版社，1997.

[22] 范植坚，李新忠，王天诚. 电解加工与复合电解加工 [M]. 北京：国防工业出版社，2008.

[23] 王建业，徐家文. 电解加工原理及应用 [M]. 北京：国防工业出版社，2001.

[24] 张建华，张勤河，贾志新. 复合加工技术 [M]. 北京：化学工业出版社，2005.

[25] 王贵成，张银喜. 精密与特种加工 [M]. 武汉：武汉理工大学出版社，2002.

[26] 颜永年. 快速成形与铸造技术 [M]. 北京：机械工业出版社，2008.

［27］ 郭戈，颜旭涛，唐果. 快速成形技术［M］. 北京：化学工业出版社，2005.

［28］ 朱荻，云乃彰，汪炜. 微机电系统与微细加工技术［M］. 哈尔滨：哈尔滨工程大学出版社，2008.

［29］ 莫锦秋. 微机电系统设计与制造［M］. 北京：化学工业出版社，2004.

［30］ 刘广玉，樊尚春，周浩敏. 微机械电子系统及其应用［M］. 北京：北京航空航天大学出版社，2003.

［31］ ［美］格雷戈里 T. A. 科瓦奇. 微传感器与微执行器全书［M］. 张文栋，译. 北京：科学出版社，2003.